ABITUR

Prüfungsaufgaben mit Lösungen

2011

W0362628

Biologie

Erhöhtes Anforderungsniveau
Gymnasium • Gesamtschule
Niedersachsen
2007–2010

STARK

ISBN 978-3-89449-835-1

© 2010 by Stark Verlagsgesellschaft mbH & Co. KG
6. neu bearbeitete und ergänzte Auflage
www.stark-verlag.de

Das Werk und alle seine Bestandteile sind urheberrechtlich geschützt. Jede vollständige oder teilweise Vervielfältigung, Verbreitung und Veröffentlichung bedarf der ausdrücklichen Genehmigung des Verlages.

Inhalt

Erhöhtes Anforderungsniveau 2008

Erhöhtes Anforderungsniveau 2009

Erhöhtes Anforderungsniveau 2010

Autoren

Brigitte Borchert	Übungsaufgabe 2
Dr. Klaus Goedeke	Lösungen zu den Abituraufgaben 2007/II und 2010/I, Übungsaufgabe 3
Angela Heßke	Lösungen zu den Abituraufgaben 2007/I, 2008, 2009 und 2010/II, Beispielaufgabe
Dr. Christiane Högermann	Übungsaufgabe 1

Vorwort

Liebe Schülerinnen und Schüler,

das vorliegende Buch bietet Ihnen die Möglichkeit, sich optimal auf die zentral gestellte schriftliche Abiturprüfung im „Erhöhten Anforderungsniveau" in Niedersachsen vorzubereiten. Dazu stellen wir Ihnen reichhaltige Materialien zur Verfügung, mit deren Hilfe Sie das im Unterricht Erlernte trainieren und aufarbeiten können, biologische Sachverhalte in neuer Darstellung erfassen und unbekannte biologische Daten analysieren und beurteilen lernen.

Im ersten Kapitel erhalten Sie „**Hinweise und Tipps zum Zentralabitur**". Diese werden Ihnen helfen, die formalen Rahmenbedingungen für das Zentralabitur in Niedersachsen kennenzulernen. Erläuterungen zu den Prüfungsanforderungen, zum Umgang mit den sogenannten Operatoren und zu den vom Kultusministerium festgesetzten thematischen Schwerpunkten lassen Sie die Prüfungssituation besser einschätzen.

Die anschließenden „**Tipps zum Umgang mit Prüfungsaufgaben**" zeigen Ihnen konkret, wie Sie erfolgreich an die Aufgaben der Abiturklausur herangehen können. Anhand einer **Beispielaufgabe** können Sie die vorgestellte Lösungsstrategie leicht nachvollziehen.

Dieses Buch besteht aus typischen (**Abitur-)Klausuren** zu Ihrer eigenen Übung, wie sie inhaltlich und vom zeitlichen Ausmaß her auch im Zentralabitur 2011 auf Sie zukommen könnten. Außerdem sind die **Original-Prüfungsaufgaben des Zentralabiturs** der letzten Jahre für das **„Erhöhte Anforderungsniveau"** enthalten. Zu allen Aufgaben bieten wir Ihnen **ausführliche, kommentierte Lösungsvorschläge mit Tipps und Hinweisen zur Lösungsstrategie**.

Das Autorenteam wünscht Ihnen viel Erfolg in der Abiturprüfung!

Stichwortverzeichnis

Hinweise und Tipps zum Zentralabitur

Die Anforderungen des Zentralabiturs im Fach Biologie

1 Rahmenbedingungen

Auch im Jahre 2011 findet in Niedersachsen die Abiturprüfung als Zentralabitur statt. Landesweit werden Ihnen für den EA-Kurs Biologie jeweils zwei Prüfungsaufgaben zur Auswahl vorgelegt und innerhalb von 20 Minuten müssen Sie sich für die Bearbeitung **einer** der Aufgaben entscheiden. Sie haben dann 300 Minuten Zeit, um das gewählte Thema erfolgreich zu bearbeiten.
Grundlagen für die Aufgaben stellen einerseits die Einheitlichen Prüfungsanforderungen in der Abiturprüfung (EPA) der Kultusministerkonferenz (KMK) für Biologie von 2004 sowie letztmalig die Rahmenrichtlinien (RRL) für die gymnasiale Oberstufe – Biologie – von 1999. Ab dem Abitur 2012 werden diese ersetzt durch das Kerncurriculum (KC) Biologie für die gymnasiale Oberstufe. Wenn Sie sich für diese Erlasse interessieren, können Sie entweder Ihre Lehrer fragen oder sich im Internet unter **www.nibis.de** (Niedersächsischer Bildungsserver) informieren.

2 Schwerpunktthemen 2011 und 2012

Für die Abiturprüfung werden nicht alle Inhalte der RRL Biologie in gleicher Tiefe und Breite vorausgesetzt. Das Kultusministerium legt zum letzten Mal jeweils drei thematische Schwerpunkte für die Qualifikationsphase fest. Diesen werden die geeigneten fachlichen Inhalte aus den RRL Biologie (sog. Bausteine) zugeordnet, wobei die als besonders prüfungsrelevant geltenden Inhalte detailliert ausformuliert werden. (Weitere Details erhalten Sie bei Ihrem/r Biologielehrer/in bzw. im Internet unter www.nibis.de). Hier finden Sie auch die speziell für den EA-Kurs ausgewiesenen Inhalte.
Im Jahr 2012 tritt das neue Kerncurriculum in Kraft (http://www.nibis.de/nibis.phtml?menid=203), das ab 2012 Grundlage für die Aufgabenstellung der Abiturprüfung sein wird. Für das Abitur 2012 wurde vom Kultusministerium als einmalige Übergangsregelung noch einmal ein Schwerpunktthema festgelegt. Außerdem bleiben bestimmte Kompetenzen des Kerncurriculums unberücksichtigt (weitere Informationen finden Sie im Internet unter: http://www.nibis.de/nli1/gohrgs/zentralabitur/zentralabitur_2012/15BiologieHinweise2012.pdf).
Für 2011 und 2012 wurden die in der folgenden Tabelle zusammengestellten thematischen Schwerpunkte festgelegt.

Schwerpunkte 2011	Schwerpunkt 2012
Thematischer Schwerpunkt 1: Aufbauender Energiestoffwechsel – Fotosynthese – Bau und Funktion von Chloroplasten – Ablauf von Primär- und Sekundärreaktionen – Stoff- und Energiebilanz	**Thematischer Schwerpunkt: Evolution** – Ursachen der Evolution – Verlauf der Evolution
Thematischer Schwerpunkt 2: Aquatische Ökosysteme – Reaktionen von Lebewesen auf Umweltfaktoren – Wechselwirkungen zwischen Lebewesen – Veränderungen von Ökosystemen – Naturschutz und Landschaftspflege	
Thematischer Schwerpunkt 3: Evolution – Ursachen der Evolution – Verlauf der Evolution	

3 Semesterübergriff und Klausuren unter Prüfungsbedingungen

Die Themen und Inhalte der Prüfungsaufgaben werden auf der Grundlage der o. g. Vorgaben immer so konzipiert sein, dass die Aufgaben Aspekte aus verschiedenen Schwerpunkten erfassen, d. h. sie werden **themenbereichs- und kurshalbjahrübergreifend** sein. Sie haben in den Klausuren unter Abiturbedingungen die Möglichkeit, diesen Ansatz einzuüben. Diese Klausuren unter Prüfungsbedingungen finden am Ende des 3. bzw. am Anfang des 4. Kurshalbjahres statt. Außerdem bietet Ihnen das vorliegende Buch zahlreiche Aufgaben dieses Typs, sodass Sie den „Ernstfall“ üben können. Wie Sie im Einzelnen an solche komplexen Aufgaben herangehen können, wird in den „Tipps zum Umgang mit Prüfungsaufgaben“ ab Seite X beschrieben.

4 Aufbau und Auswahl der Prüfungsaufgaben

Die beiden Ihnen vorgelegten Prüfungsaufgaben stehen jeweils unter einem zusammenfassenden Thema, das durch einen kurzen Hinführungstext vorgestellt wird, und sind in Teilaufgaben untergliedert, die weitgehend unabhängig voneinander bearbeitet werden können. Meist bestehen diese Teilaufgaben aus einzelnen, in einem sachlogischen Kontext zusammenhängenden Arbeitsaufträgen und beziehen sich auf bestimmte Materialien im Anhang der Aufgabe. Da Sie aus zwei Prüfungsaufgaben die für Sie am besten geeignete auswählen müssen, sollten Sie sich zunächst anhand des Einführungstextes und der Teilaufgaben einen Überblick verschaffen, welche thematischen Schwerpunkte (s. o.) mit der Prüfungsaufgabe abgedeckt werden, und dann die Materialien kurz betrachten, um das für Sie „richtige“ Thema auszuwählen (vgl. auch Seite X).

5 Qualifikationen/Kompetenzen

Einerseits geht es in der Abiturprüfung um einen guten Überblick über das geforderte Basiswissen der Biologie, wie es in den Rahmenrichtlinien und in den thematischen Schwerpunkten skizziert ist. Andererseits ist es auch wichtig, Strukturen und Inhalte neuer biologischer Aufgabenstellungen erfassen zu können, mit dem eigenen Wissen zu verknüpfen und zu angemessenen Lösungen zu kommen. Diese Fähigkeiten, die über das reine, angelernte Wissen hinausgehen, werden als **Qualifikationen** oder **Kompetenzen** bezeichnet. Daraus ergibt sich, dass der hauptsächliche Anspruch der Prüfungsaufgaben nicht im Wiedergeben von lückenlosem Detailwissen liegt, sondern in der Anwendung Ihres Fachwissens und im kompetenten, selbstständigen Umgang mit neuen, bisher unbekannten biologischen Sachverhalten. Diese werden Ihnen in den Materialien zur Prüfungsaufgabe z. B. in Form von Versuchsbeschreibungen, Diagrammen, Tabellen und Skizzen biologischer Objekte vorgelegt. (Die eigenständige, praktische Durchführung biologischer Experimente ist in der zentralen Abiturprüfung in Niedersachsen nicht vorgesehen.)
Sie sollen bei Ihrer Bearbeitung Kompetenzen in den folgenden vier Bereichen nachweisen können.

5.1 Kompetenzbereich Fachkenntnisse

„Fachwissen" bedeutet hier nicht die bloße Wiedergabe von Fakten. Sie sollen vielmehr Ihre Kenntnisse zur Anwendung bringen. Mithilfe der in den Materialien dargestellten biologischen Phänomene, Zusammenhänge und Modelle sollen Sie die relevanten Teile Ihres Wissens gezielt abrufen und in strukturierten Darstellungen und Erklärungen anwenden können.

5.2 Kompetenzbereich Methoden

Unter „Methodenkompetenz" versteht man, dass Sie biologische Systeme analysieren und deren Eigenschaften beschreiben und erklären können. Ebenso müssen Sie in der Lage sein, biologische Ergebnisse und Erkenntnisse in komplexere Zusammenhänge zu stellen. Dazu sollten Sie z. B.

- Informationsquellen erschließen und nutzen (also Texte analysieren und interpretieren und die Informationen daraus gezielt auswählen, die Kernaussagen erkennen und diese mit dem erworbenen Wissen verknüpfen)
- Hypothesen entwickeln und überprüfen können
- unterscheiden können, welche Fragestellungen sich naturwissenschaftlich untersuchen lassen und welche nicht
- naturwissenschaftliche Modelle anwenden und deren Gültigkeitsbereiche prüfen, ggf. neue Modellvorstellungen entwickeln können
- Definitionen, Regeln und Gesetzmäßigkeiten formulieren können
- Sachverhalte mithilfe von Tabellen, Diagrammen, Grafiken, Skizzen o. Ä. veranschaulichen können
- biologische Phänomene begrifflich präzise beschreiben, vergleichen und erklären können
- zwischen funktionaler und kausaler Betrachtungsweise unterscheiden (d. h. den Zweck und die Ursache eines biologischen Phänomens auseinander halten) können

- komplexe und dynamische Systeme wie Organismen und Ökosysteme untersuchen, analysieren und Zusammenhänge klären
- auch die Denkweisen und Erkenntnisse der Natur-, Gesellschafts- oder Geisteswissenschaften mit einbeziehen können.

5.3 Kompetenzbereich Kommunikation

Dieser Bereich zielt auf Ihr Verständnis und Ihren Umgang mit den vielfältigen Materialien und deren sprachliche Verwertung ab. Sie sollen beweisen, dass Sie die relevanten Informationen aus den Materialien herausziehen und Ihre Darstellung der Aufgabenstellung angemessen auf das Wesentliche reduzieren können (und nicht etwa einfach alles aufschreiben, was Sie zu dem Thema wissen).
Entscheidend ist auch, dass Sie in der schriftlichen Prüfung einerseits die angemessene Fachsprache verwenden, um biologische Phänomene und Sachverhalte sowie naturwissenschaftliche Ergebnisse und Erkenntnisse darzustellen und zu diskutieren. Andererseits sollen Sie Ihre Aufzeichnungen auch allgemein verständlich, übersichtlich und strukturiert gestalten.

5.4 Kompetenzbereich Reflexion

Da die Forschungsergebnisse der Biologie immer stärkere Bedeutung z. B. in der medizinischen Anwendung erhalten, sollen Sie hier biologische Ergebnisse und Erkenntnisse in fachübergreifenden Zusammenhängen analysieren und bewerten. Besonders wichtig ist es, Anwendungsmöglichkeiten sowie Chancen und Risiken biologischer Forschungsergebnisse in Bereichen wie Gesundheit und Ernährung, Biotechnologie, Reproduktionsbiologie, Medizin und Umwelt angemessen diskutieren zu können.

6 Die Anforderungsbereiche

Die Prüfungsanforderungen gliedern sich in sog. **Anforderungsbereichen (AFB)** mit unterschiedlichen Niveaustufen, die dann zusammen mit der Komplexität der vorgelegten Materialien den Schwierigkeitsgrad einer Aufgabe bestimmen. Die Anforderungsbereiche unterscheiden sich vor allem im Grad der Selbstständigkeit bei der Bearbeitung der Aufgaben sowie in der Komplexität der gedanklichen Verarbeitungsprozesse.
Während die Reproduktion einfacher Inhalte zum AFB I gehört, wird die selbstständige Anwendung von Fachwissen und Fachmethoden am vorgelegten Material sowie die Herstellung neuer Zusammenhänge dem AFB II zugeordnet. Zum AFB III gehören relativ komplexe Anforderungen wie das fundierte Beurteilen und Bewerten des Materials, das Planen geeigneter Experimente zur Lösung biologischer Probleme oder das Entwickeln von aus dem Material oder dem eigenen Fachwissen sinnvoll begründeten Hypothesen.

Im Einzelnen bedeutet dies:

Der **Anforderungsbereich I** umfasst im Fach Biologie u. a.
- die Reproduktion von Basiswissen (Kenntnisse von Fakten, Zusammenhängen und Methoden)
- die Nutzung bekannter Methoden und Modelle in vergleichbaren Beispielen
- die Entnahme von Informationen aus Fachtexten und Umsetzen der Informationen in einfache Schemata (Stammbäume, Flussdiagramme o. Ä.)
- die Darstellung von Daten, Tabellen, Diagrammen oder Abbildungen mithilfe der Fachsprache

Der **Anforderungsbereich II** beinhaltet im Fach Biologie u. a.
- die Anwendung des Basiswissens in neuartigen Zusammenhängen
- die Übertragung und Anpassung von Modellvorstellungen auf unbekannte Beispiele
- die sachgerechte und strukturierte Darstellung komplexer biologischer Abläufe im Zusammenhang einer Aufgabenstellung
- die Auswahl bekannter Daten, Fakten und Methoden zur Herstellung neuer Zusammenhänge
- die gezielte Entnahme von Informationen aus vielschichtigen Materialien oder einer wissenschaftlichen Veröffentlichung unter einem vorgegebenen Aspekt
- die Auswertung von unbekannten Untersuchungsergebnissen unter bekannten Aspekten
- die Beurteilung und Bewertung eines bekannten biologischen Sachverhalts
- die Unterscheidung von Alltagsvorstellung und wissenschaftlicher Erkenntnis

Der **Anforderungsbereich III** umfasst im Fach Biologie u. a.
- die Entwicklung eines eigenständigen Zugangs zu einem biologischen Phänomen, z. B. die Planung eines geeigneten Experimentes oder Gedankenexperimentes
- die selbstständige, zusammenhängende Verarbeitung verschiedener Materialien unter einer selbstständig entwickelten Fragestellung
- die Entwicklung eines komplexen gedanklichen Modells bzw. die eigenständige Modifizierung einer bestehenden Modellvorstellung
- die Entwicklung fundierter Hypothesen auf der Basis verschiedener Fakten, experimenteller Ergebnisse, Materialien und Modelle
- die Reflexion biologischer Sachverhalte in Bezug auf das Menschenbild
- die materialbezogene und differenzierte Beurteilung und Bewertung biologischer Anwendungen
- die Argumentation auf der Basis nicht eindeutiger Rohdaten: Aufbereitung der Daten, Fehleranalyse und Herstellung von Zusammenhängen
- die kritische Reflexion biologischer Fachbegriffe vor dem Hintergrund komplexer und widersprüchlicher Informationen und Beobachtungen

Der **Schwerpunkt aller Prüfungsaufgaben** liegt dabei immer auf dem **AFB II**, daneben werden der AFB I und – in deutlich geringerem Maße als der AFB I – der AFB III berücksichtigt. Das heißt, dass Sie nur durch reine Reproduktion keine ausreichende Leistung erzielen können.

7 Umgang mit Operatoren

Die in den einzelnen Arbeitsaufträgen zum Tragen kommenden Anforderungsbereiche können Sie oft schon anhand der Beschreibungen der jeweiligen Tätigkeiten, die von Ihnen verlangt werden, abschätzen. Solche Handlungsanweisungen, sogenannte **Operatoren**, signalisieren Ihnen z. B., was genau Sie mit den angebotenen Materialien machen sollen.
Während z. B. beim „Nennen" biologische Sachverhalte, Phänomene und Merkmale einfach wiedergegeben oder aufgezählt werden dürfen (AFB I), erfordert das „Bewerten" selbstständige Deutungen und Begründungen in Form strukturierter, zusammenhängender Texte unter Verwendung der komplexen Materialien (AFB III). Mit dem Arbeitsauftrag „Erläutern Sie" wird die verständliche, anschauliche Darstellung eines Sachverhalts unter Verwendung weiterer Informationen z. B. aus dem Material erwartet, sodass der Leser den Sachverhalt nachvollziehen kann (AFB II).
Die Operatoren sowie deren Beschreibung in der folgenden Tabelle sollten Sie daher sehr genau studieren, damit Sie exakt wissen, was von Ihnen verlangt wird. In der Aufgabensammlung finden Sie außerdem viele Beispiele zum Einsatz dieser Operatoren, an denen Sie den Umgang mit solchen Handlungsanweisungen üben können.

Operator	**Beschreibung der erwarteten Leistung**	**AFB** ungefähre Zuordnung	**Beispiele***
Ableiten	auf der Grundlage wesentlicher Merkmale sachgerechte Schlüsse ziehen	II, III* *evtl.	2008 I, 1.5; 2009 I, 2.4
Analysieren, Untersuchen	wichtige Bestandteile oder Eigenschaften auf eine bestimmte Fragestellung hin herausarbeiten	II	2008 II, 3.3
Auswerten	Daten, Einzelergebnisse usw. in einen Zusammenhang stellen und ggf. zu einer Gesamtaussage zusammenführen	II, III	2007 II, 2.3; 2010 II, 2.4
Begründen	Sachverhalte auf Regeln und Gesetzmäßigkeiten bzw. kausale Beziehungen von Ursachen und Wirkung zurückführen	II, III	2007 I, 3.1; 2010 I, 3.1
Beschreiben	Strukturen, Sachverhalte oder Zusammenhänge strukturiert und fachsprachlich richtig mit eigenen Worten wiedergeben	I (II)	Ü1, 1.1; 2007 I, 1.4
Beurteilen	zu einem Sachverhalt ein selbstständiges Urteil unter Verwendung von Fachwissen und -methoden formulieren und begründen	III	Ü2, 1.2; Ü3, 2.2

Bewerten	einen Gegenstand an erkennbaren Wertkategorien oder an bekannten Beurteilungskriterien messen	III, (II)	Ü1, 3.3
Darstellen	Sachverhalte, Zusammenhänge, Methoden etc. strukturiert und ggf. fachsprachlich wiedergeben	I (II)	B, 2.2; 2009 I, 2.3
Diskutieren *Synonym*: Erörtern	Argumente und Beispiel zu einer Aussage oder These einander gegenüberstellen und abwägen	III	–
Erklären	einen Sachverhalt mithilfe eigener Kenntnisse in einen Zusammenhang einordnen sowie ihn nachvollziehbar und verständlich machen	(I), II	Ü1, 2.2; Ü3, 3.2; 2010 II, 3.2
Erläutern	einen Sachverhalt veranschaulichend darstellen und durch zusätzliche Informationen verständlich machen	II	Ü1, 1.3; 2009 II, 2.2; 2010 I, 1.2
Ermitteln	einen Zusammenhang oder eine Lösung finden und das Ergebnis formulieren	II, III* *evtl.	2009 I, 2.2
Hypothese entwickeln; *Synonym:* Hypothese aufstellen	begründete Vermutung auf der Grundlage von Beobachtungen, Untersuchungen, Experimenten oder Aussagen formulieren	III	Ü1, 3.1; 2008 I, 1.2
Interpretieren *Synonym:* Deuten	fachspezifische Zusammenhänge in Hinblick auf eine gegebene Fragestellung begründet darstellen	(II), III	2008 II, 3.5
Nennen *Synonym:* Angeben	Elemente, Sachverhalte, Begriffe, Daten ohne Erläuterungen aufzählen	I	Ü1, 2.1; Ü2, 3.1
Protokollieren	Beobachtungen oder die Durchführung von Experimenten detailgenau zeichnerisch einwandfrei bzw. fachsprachlich richtig wiedergeben	I	–
Skizzieren	Sachverhalte, Strukturen oder Ergebnisse auf das Wesentliche reduziert übersichtlich grafisch darstellen	I, II	2008 I, 1.3; 2010 I, 1.1

Stellung nehmen	zu einem Gegenstand, der an sich nicht eindeutig ist, nach kritischer Prüfung und sorgfältiger Abwägung ein begründetes Urteil abgeben	III	–
Überprüfen bzw. Prüfen	Sachverhalte oder Aussagen an Fakten oder innerer Logik messen und eventuelle Widersprüche aufdecken	II, III	2009 I, 3.2; 2010 I, 2.3
Vergleichen	Gemeinsamkeiten, Ähnlichkeiten und Unterschiede ermitteln	II	Ü1, 2.1; 2007 II, 2.2; 2009 I, 1.2
Zeichnen	eine möglichst exakte grafische Darstellung beobachtbarer oder gegebener Strukturen anfertigen	I, (II)	–
Zusammenfassen	das Wesentliche in konzentrierter Form herausstellen	I, II	Ü3, 1.1; 2010 II, 2.1

*B = Beispielaufgabe, Ü = Übungsaufgabe,
2007, 2008, 2009, 2010 = Prüfungsaufgaben 2007, 2008, 2009, 2010
Angegeben ist die Nummer der jeweiligen Aufgabe und der darin befindlichen Teilaufgabe

8 Bewertung der Abiturprüfung

Die Bewertung Ihrer Prüfungsarbeit wird von einer Fachprüfungskommission vorgenommen. Diese besteht aus Ihrem Kursleiter als Referent, der die Arbeit als erster durchsieht und bewertet, einer zweiten Lehrkraft als Korreferent, der die Arbeit ebenfalls genau durchsieht und gleichfalls eine Note festsetzt, und dem Fachprüfungsleiter. Der Fachprüfungsleiter überprüft die Bewertung vor allem auf formale Richtigkeit und gibt dann noch eine zusätzliche Stellungnahme ab, wenn sich die Noten von Referent und Korreferent unterscheiden. In einem solchen Fall entscheidet der Vorsitzende der Prüfungskommission an Ihrer Schule, das ist i. d. R. Ihr Schulleiter.
Als Grundlage für die Beurteilung erhalten die Schulen zusammen mit den Prüfungsaufgaben einen detaillierten **Bewertungsbogen**, in dem für jede einzelne Teilaufgabe der erwartete Inhalt und die möglichen Bewertungseinheiten aufgelistet sind. Eine Zuordnung der o. g. Anforderungsbereiche (AFB I–III) zu den erwarteten Teilleistungen ist ebenfalls enthalten. An diesem Bewertungsbogen muss sich die Fachprüfungskommission orientieren und kann nur in begründeten Fällen hiervon abweichen. Bei der Bewertung werden alle von Ihnen in der Reinschrift erarbeiteten Teillösungen berücksichtigt. Falls Sie in zeitliche Probleme geraten sind, können auch noch Ihre Entwürfe herangezogen werden, wenn sie zusammenhängend konzipiert sind und Ihre Reinschrift etwa drei Viertel des angestrebten Umfangs umfasst. Neben der detaillierten Korrektur Ihrer Ausführungen in Form von Randbemerkungen werden

zu jeder Teilaufgabe auch die Vorzüge und Mängel Ihres jeweiligen Lösungsansatzes zusammengefasst.
Dabei werden nicht nur die fachliche Richtigkeit und Vollständigkeit berücksichtigt sondern auch die Schlüssigkeit Ihrer Argumentation, die Qualität Ihrer Darstellung (klarer Aufbau und richtige Verwendung der Fachsprache) sowie gegebenenfalls die Kreativität und Eigenständigkeit bei Ihren Lösungen.

- Zur **Qualität** gehören u. a. das Erfassen der Aufgabe, die Genauigkeit der Kenntnisse und Einsichten, die Sicherheit in der Beherrschung der Methoden und der Fachsprache, Stimmigkeit und Differenziertheit der Aussage, Herausarbeitung des Wesentlichen, Anspruchsniveau der Problemerfassung, Fähigkeit zur kritischen Würdigung der Bedingtheit und Problematik eigener und fremder Auffassungen, Differenziertheit und Adäquatheit des Urteils.
- Zur **Quantität** gehören u. a. der Umfang der Kenntnisse und Einsichten, die Breite der Argumentationsbasis und Vielfalt der Aspekte und Bezüge.
- Die **Kommunikations- und Darstellungsfähigkeit** in der Prüfung erweist sich in dem Vermögen, die Aufgabenstellung zu erfassen, und in der Fähigkeit, sich in einer angemessenen Weise (u. a. durch Klarheit und Eindeutigkeit der Aussage, durch Übersichtlichkeit der Gliederung und der inhaltlichen Ordnung) verständlich zu machen.

Als Grundlage für die Einordnung der Qualität Ihrer Leistungen dienen die Angaben im Bewertungsbogen, mit dessen Hilfe Ihre Teilleistungen in Bewertungseinheiten umgesetzt werden. Auch zur Aufgabenstellung passende Lösungen, die im Bewertungsbogen nicht erfasst worden waren, fachlich aber richtig sind und schlüssig dargestellt wurden, werden angemessen berücksichtigt. (Das kann z. B. der Fall sein, wenn Sie einen biologischen Sachverhalt durch eine eigene Meinung beurteilen oder begründete Hypothesen aufstellen sollten.)
Ihre Arbeit kann mit ausreichend bewertet werden, wenn Sie annähernd die Hälfte der im Bewertungsbogen beschriebenen Bewertungseinheiten erreicht haben, d. h. hierfür müssen Sie mehr als nur reproduktive Leistungen des AFB I erbringen. Ein mit sehr gut beurteiltes Prüfungsergebnis erreichen Sie nur mit Leistungen auch aus dem AFB III.
Bei allem Bemühen um korrekte Inhalte dürfen Sie aber auch die äußere Form und die sprachliche Richtigkeit nicht vernachlässigen, denn schwerwiegende und gehäufte Verstöße gegen Grammatik, Rechtschreibung und Zeichensetzung oder gegen die äußere Form führen zu einem **Abzug von ein bis zwei Punkten bei der einfachen Wertung**. Unübersichtliche Textstellen werden u. U. erst gar nicht bewertet.
Die Bewertung mündet letztendlich in einer auf die Teilaufgaben bezogenen Aufstellung der erhaltenen Bewertungseinheiten und in einem Gutachten, in dem die Vorzüge und Mängel Ihrer Teilleistungen zusammengefasst werden und Ihre Arbeit insgesamt beurteilt wird. Dieses Gutachten, das mit einer Benotung abschließt, können Sie nach Abschluss der Abiturprüfung auf Ihren Antrag hin einsehen.

Tipps zum Umgang mit Prüfungsaufgaben

Im Folgenden können wir Ihnen nur eine kurze Auflistung der wichtigsten Punkte geben, die Sie beim Bearbeiten der Aufgaben beachten sollten. Ebenso kann an dieser Stelle nur exemplarisch auf einige Aspekte der Analyse von Materialien eingegangen werden.
Weiterführende Hilfestellungen zum Umgang mit Prüfungsaufgaben finden Sie in dem Buch „Training Methoden – Biologie", Stark Verlag Freising (Best.-Nr. 94710), mit dem Sie anhand einer Reihe konkreter Beispiele die prüfungsrelevanten Arbeitstechniken im Fach Biologie trainieren können.

1 Zeiteinteilung bei der Prüfung

Wie bereits angesprochen, sollte die Auswahl Ihres Prüfungsthemas sorgfältig erfolgen. Wichtig ist hierbei, dass Sie sich zunächst einen Überblick über alle Aufgaben und Materialien verschaffen, auch wenn Sie aufgrund der thematischen Überschriften schon eine Vorentscheidung gefällt haben. Vielleicht verbirgt sich in der Aufgabe ein „Haken", den Sie bei der schnellen Durchsicht nicht gesehen haben!
Für die weitere Bearbeitung setzen Sie sich einen Zeitplan, damit Ihnen nicht am Ende die Zeit für die letzte Aufgabe oder das Korrekturlesen fehlt. Die Einzelschritte, die im Folgenden noch genauer erläutert werden, sollten sein:
A. Lesen der Gesamtaufgabe (ca. 10 Minuten)
B. Analysieren der Teilaufgaben (ca. 50 Minuten)
C. Anfertigen einer Stoffsammlung (ca. 50 Minuten)
D. Erstellen einer Gliederung für die Einzelaufgaben (ca. 60 Minuten)
E. Überprüfen auf Vollständigkeit (ca. 30 Minuten)
F. Darstellen der Ergebnisse (ca. 80 Minuten)

Zum Schluss sollten Sie – sofern es möglich ist – 10 bis 20 Minuten einplanen, um Ihre Lösungen ein weiteres Mal zu lesen und eventuelle Fehler (Grammatik, Rechtschreibung, Zeichensetzung) zu berichtigen. Denken Sie daran, dass Ihnen für eine mangelhafte äußere Form bis zu zwei Notenpunkte abgezogen werden können! Eine lesbare Schrift und eine übersichtliche Gestaltung sind deshalb besonders wichtig. Zuletzt sollten Sie die Seiten vollständig durchnummerieren.

2 Bearbeitung der Aufgaben

Nachdem Sie sich einen Überblick anhand der Teilaufgaben und Materialien über die in den zwei Prüfungsaufgaben angesprochenen thematischen Schwerpunkte geschaffen und die für Sie am besten geeignete Aufgabe herausgesucht haben, muss diese nun entsprechend der Kompetenzen, Anforderungsbereiche und Operatoren von Ihnen bearbeitet werden. Dabei erleichtern Ihnen einige systematische Arbeitsschritte das Erarbeiten der zu den Anforderungen jeder Teilaufgabe passenden Lösung. Die Beispielaufgabe ab Seite XV zeigt Ihnen ausführlich die Bearbeitung einer schriftlichen Abituraufgabe nach den folgenden Gesichtspunkten:

A. Lesen der Gesamtaufgabe

Die zu bearbeitenden Aufgaben stehen generell in einem gemeinsamen Kontext, berühren jedoch unterschiedliche Themengebiete der Biologie. In den meisten Fällen gibt ein kurzer Informationstext eine Einführung in die zu bearbeitenden Sachinhalte. Manchmal sind in diesem Text auch wichtige Informationen zur Bearbeitung der Aufgabe „versteckt".

Das in der Aufgabenstellung zu bearbeitende Material ist den einzelnen Teilaufgaben zugeordnet, sodass sich diese weitgehend nacheinander „abarbeiten" lassen. Dennoch ist es sinnvoll, sich zunächst einen Überblick über die Gesamtaufgabe zu verschaffen.

B. Analysieren der Teilaufgaben

Nachdem Sie sich ein Bild von der zu bearbeitenden Thematik gemacht haben, sollten Sie sich gezielt mit den einzelnen Arbeitsaufträgen auseinandersetzen:

- Unterstreichen Sie die Arbeitsanweisungen/Operatoren unter Berücksichtigung der Organisationsebene (z. B. Zelle, Organismus, Ökosystem).
- Kennzeichnen Sie Informationen, die für den zu bearbeitenden Sachverhalt wichtig sein könnten. Beachten Sie dabei auch die eventuellen Einführungstexte zu den Aufgaben!
- Gliedern Sie komplexe Aufgabenstellungen in Teilschritte.
- Kennzeichnen Sie am Material die Zuordnung zur Teilaufgabe.

C. Anfertigen einer Stoffsammlung auf der Grundlage des Materials

Wenn Sie Klarheit über die Arbeitsaufträge gewonnen haben, sollten Sie sich genauer mit den Materialien der einzelnen Aufgaben beschäftigen:

- Markieren Sie wichtige Begriffe bzw. Signalworte, die den zu bearbeitenden Sachverhalt betreffen, ggf. auch in den Einführungstexten.
- Versuchen Sie inhaltliche Schwerpunkte zu finden.
- Grenzen Sie diese gegeneinander ab und kennzeichnen Sie sie am Rand des Materials.
- Notieren Sie zu jedem Material gesondert wichtige Schlüsselbegriffe/Informationen auf einem Konzeptblatt.
- Vermeiden Sie an diesem Punkt zu ausführliche schriftliche Darstellungen (oft genügt ein Stichwort, um den Gedankengang wieder zu finden).

D. Erstellen einer Gliederung für die Einzelaufgaben

- Ordnen Sie die Stichworte übersichtlich vom Allgemeinen zum Detail.
- Behalten Sie auch bei der Auseinandersetzung mit dem Detail immer den Gesamtzusammenhang im Auge.
- Kennzeichnen Sie Zusammenhänge und/oder Beziehungen durch entsprechende Zeichen.
- Beschreiben Sie bei der Auswertung von Grafiken oder Tabellen zunächst kurz die dargestellten Gegebenheiten und erklären Sie diese erst danach.
- Stellen Sie komplexe Sachverhalte wenn möglich grafisch dar (Skizzen, Schaubilder, Fließdiagramme etc.).

E. Überprüfen auf Vollständigkeit

- Prüfen Sie, ob alle wesentlichen Inhalte berücksichtigt wurden.
- Kontrollieren Sie, ob Sie alle Bedingungen und Aspekte der Aufgabenstellung erfasst haben. Beachten Sie erneut die einleitenden Informationen zu den Teilaufgaben.
- Überprüfen Sie, ob das vorgegebene Material sinnvoll und angemessen ausgewertet wurde.

F. Darstellen der Ergebnisse

- Berücksichtigen Sie bei der Ausformulierung Ihrer Antworten nochmals die vorgegebenen Operatoren.
- Achten Sie auf sprachlich korrekte Formulierungen und eine klare, verständliche Ausdrucksweise. Kurze Sätze sind besser als in einander verschachtelte.
- Verwenden Sie sorgfältig die Fachsprache. Fachbegriffe müssen nur bei ausdrücklicher Aufforderung umschrieben werden (oder wenn Sie bei deren Verwendung unsicher sind).
- Konzentrieren Sie Ihre Aussagen auf das Thema und vermeiden Sie weitschweifige Ausarbeitungen. Dadurch geht der rote Faden verloren!
- Achten Sie auf eine angemessene äußere Form Ihrer Ausführungen.

3 Analyse von Grafiken und Tabellen

Ein wesentlicher Bestandteil biologischer Aufgabenstellungen ist die Analyse von Material in Form von Tabellen sowie Grafiken. Die umfassende Untersuchung der dargestellten Sachverhalte ist oft der Schlüssel zu einer erfolgreichen Lösung der Aufgabe.

Daten aus biologischen Experimenten werden häufig in Form von **Tabellen** zusammengefasst. Eine andere Art der Darstellung von Zahlenmaterial sind die zu den Grafiken zählenden **Diagramme**. Zur Auswertung einer Tabelle oder eines Diagramms gibt es einige Grundregeln, die sich auf fast alle Tabellen und Diagramme unterschiedlichen Aufbaus und Inhaltes anwenden lassen.

- Welche Größen sind in der Tabelle/dem Diagramm dargestellt? Achten Sie auf die Überschriften und den Begleittext.
- Was für ein Diagrammtyp liegt vor (z. B. Säulendiagramm, Optimumkurve)?
- Welche Größen sind gegeneinander aufgetragen? Welche ist die variable, welche die abhängige Größe? Vergessen Sie die Einheiten nicht.
- Was sind die Bezugsgrößen: Zahlenarten (absolute Zahlen, Prozentzahlen), Zahlenwerte (gerundet, geschätzt, vorläufig)?
- Welche Auffälligkeiten/Tendenzen sind zu erkennen?
- Was wurde mit welcher Methode untersucht?
- Welche Kategorien werden miteinander in Beziehung gesetzt (z. B. bei Tabellen in Kopfzeile, Spalten und Vorspalten)?
- Welche Besonderheiten weist das Material auf? Bestimmen Sie wesentliche Auffälligkeiten!
- Welche Hauptaussagen lassen sich formulieren (Trends/Tendenzen)?

- Welche Teilaussagen lassen sich machen (Minima, Maxima, Zunahme, Abnahme, Stagnation, Zahlensprünge, Anomalien, Gleichmäßigkeiten und regelhafte Verläufe, unterschiedliche Phasen, Wechselbeziehungen zwischen verschiedenen Variablen/Merkmalen ...)?
- Welcher Arbeitsauftrag ist mit dem Diagramm/der Tabelle verbunden? (Unabhängig davon sollten Sie Ihre Lösung damit beginnen, eine kurze Beschreibung der Darstellung auf der Basis der o. g. Fragestellungen zu geben.)
- Welche Antwort gibt die Tabelle/das Diagramm auf die Fragestellung? Zu welchen Teilbereichen lassen sich keine Aussagen treffen?
- Welche Aussagen werden durch die Daten nahe gelegt?
- Welche neuen Fragen werden durch die Informationen der Tabelle/des Diagramms aufgeworfen?
- Was sind mögliche Ursachen für die der Tabelle/dem Diagramm entnommenen Sachverhalte?

Abbildungen in der Biologie zeigen meist entweder Strukturen (z. B. einen Blattquerschnitt) oder Prozesse (z. B. die Transformation einer Zelle). Der erste Schritt Ihrer Lösung sollte auch hier immer darin bestehen, die bildlich dargestellte Information in Worte zu fassen. Die weitere Analyse ist dann sehr stark von der Art der Abbildung und der damit verbundenen Fragestellung abhängig. Aber auch hier gibt es wieder einige Grundregeln, die zu beachten sind:
- Wie ist die Abbildung zustande gekommen? Ist es z. B. die Skizze eines mikroskopischen Bildes oder die schematische Darstellung eines Experimentes? (Beachten Sie dabei auch den vorangestellten Text, die Bildunterschrift und die angegebene Quelle.)
- Welchem Themengebiet ist die Abbildung zuzuordnen (z. B. Zellbiologie oder Gentechnik)?
- Was wissen Sie über die dargestellten Strukturen oder Abläufe? Welche Fachbegriffe können Sie zuordnen?
- Was sind die wichtigen Merkmale der dargestellten Objekte oder Sachverhalte? Vergleichen Sie Teilabbildungen miteinander. Formulieren Sie Kern- und Teilaussagen.
- Welche Arbeitsanweisung ist mit der Abbildung verknüpft? Sollen Sie z. B. die Abbildung zur Begründung oder Erläuterung eines Sachverhaltes verwenden oder wird von Ihnen eine Hypothese über den Ablauf eines dargestellten Experimentes erwartet?
- Welche für die Beantwortung der Fragestellung relevanten Informationen lassen sich aus den Darstellungen entnehmen und welche Fragen stellen sich?
- Welche Ursachen und Mechanismen könnten hinter den dargestellten Prozessen stecken? Wie sind auftretende Besonderheiten zu erklären?

4 Darstellung der Ergebnisse

Bei der Erstellung Ihrer Lösungen sollten Sie sich, neben der fachlichen Richtigkeit, um **sprachliche Richtigkeit und eine angemessene äußere Form** bemühen. Alle Antworten sollten Sie (sofern es nicht ausdrücklich anders verlangt ist, z. B. die Angabe als Tabelle oder Skizze) durchgehend in vollständigen Sätzen unter Verwendung der passenden **Fachbegriffe** formulieren.
Auch wenn zur Beantwortung der Aufgabe kein Fließtext gefordert wird, sollten die unkommentierte Aufzählung einzelner Schlagworte (Ausnahme: Operator „Nennen“) sowie unbeschriftete Skizzen und Tabellen vermieden werden.
Bei allen Lösungen sollten Sie außerdem beachten,

- dass Sie sich bei der Bearbeitung der Aufgabe an den Operator halten, damit Sie die **Lösung im Sinne der Aufgabenstellung** erstellen. Sie sollten z. B. beim Operator „Nennen/Angeben“ keine weiteren Erklärungen angeben, dies wäre auch nicht im Sinne einer sinnvollen Zeiteinteilung bei der Prüfung.
- dass die Darstellung **logischen und erkennbaren Ordnungsprinzipien** folgt. Für längere Teilantworten bietet sich die „klassische“, aus dem Deutschunterricht bekannte Einteilung in eine kurze Einleitung (meist reichen hier 1–2 Sätze), einen in sinnvolle Absätze gegliederten Hauptteil und Schlusssatz an.
- dass die Ausführungen **eindeutig formuliert** sind und soweit sinnvoll auch mit anderen Teilen Ihrer Klausur verknüpft werden.

Hinweise zur Benutzung dieses Buches

Dieses Buch enthält **drei Übungsklausuren im Stil des Zentralabiturs auf „Erhöhtem Anforderungsniveau“ (EA)** mit Arbeitsaufträgen, Materialien und ausgearbeiteten Lösungen. Außerdem finden Sie in diesem Band die **Original-Prüfungsaufgaben des Zentralabiturs 2007 bis 2010** für den **Kurs auf „Erhöhtem Anforderungsniveau“** mit Musterlösungen.
Vor jedem Lösungsvorschlag sind die in der Aufgabe thematisierten **Schwerpunkte** bzw. die für die Lösung geforderten **Vorkenntnisse** aufgezählt. Darauf folgen die **Lösungsvorschläge**. Jeder Lösungsvorschlag ist zusätzlich mit **methodischen Hinweisen** versehen. Diese Hinweise erläutern – sofern nötig – kurz den Operator sowie die Herangehensweise an die Teilaufgabe und geben Ihnen konkrete Tipps, was bei der jeweiligen Aufgabe zu beachten ist. Alle Tipps und Hinweise erkennen Sie an den Rauten am Seitenrand.

Sollten nach Erscheinen dieses Bandes noch wichtige Änderungen in der Abitur-Prüfung 2011 vom Kultusministerium Niedersachsen bekannt gegeben werden, finden Sie aktuelle Informationen dazu im Internet unter:
www.stark-verlag.de/info.asp?zentrale-pruefung-aktuell.

Das Kesselfallenprinzip des Aronstabs

Aronstabgewächse wie der gefleckte Aronstab *(Arum maculatum)* haben im Laufe der stammesgeschichtlichen Entwicklung eine besondere Methode zur Erhaltung ihrer Art entwickelt, die allgemein als Kesselfallenprinzip bezeichnet wird.
Das Kesselfallenprinzip basiert auf einem besonderen Bau des Blütenstands des Aronstabs (vgl. Abb. 1), der von der Pflanze entwickelt wird, bevor die Laubblätter austreiben. Analysen am Kolben zeigten, dass dieser ausgesprochen stärkehaltig ist. Aus diesem Grund wurden Messungen zum CO_2-Gaswechsel der Pflanze durchgeführt, wobei auch die Temperatur innerhalb und außerhalb der Blüte genauer untersucht wurde. Die Ergebnisse sind in M 2 dargestellt.

1 Blütenstand des Aronstabs

1.1 Beschriften Sie die Abbildungen 1 und 2, indem Sie mittels der Informationen aus Material 1 den Ziffern die zugehörigen Fachbegriffe zuordnen.

1.2 Erläutern Sie anhand der Versuchsergebnisse in M 2 die phänomenologischen Besonderheiten im Stoffwechsel der Blüten des Aronstabs.

2 Stoffwechselbesonderheiten beim Aronstab

2.1 Nennen Sie die wesentlichen Vorgänge der Glucosedissimilation, wie sie unter normalen Bedingungen in allen Geweben der Pflanze stattfindet.
Geben jeweils eine Reaktionsgleichung an.

2.2 Stellen Sie den bedeutsamsten Prozess der Bereitstellung chemisch verfügbarer Energie mithilfe der Abbildung 5 a sorgfältig dar.

2.3 Erklären Sie anhand der Abbildung 5 b die molekularbiologischen Vorgänge im Bereich des Blütenkolbens, die für die mittägliche Temperatur des Blütenstandes verantwortlich sind.

3 Kesselfalle und Fortpflanzung

3.1 Erläutern Sie mithilfe der Informationen aus M 1 das Prinzip der Kesselfalle im Zusammenhang mit der Vermehrung des Aronstabs.

3.2 Erklären Sie die biologische Bedeutung, die der Temperatur des Kolbens für die Fortpflanzung der Pflanze zukommt.

Material

M 1: Der Blütenstand des Aronstabs

Die Aronstabgewächse sind überwiegend krautige Pflanzen, die häufig Knollen oder Rhizome als unterirdische Speicherorgane besitzen. Die Gattung Aronstab *(Arum)* ist mit 12 Arten in Europa und im Mittelmeergebiet bis in den Iran hin verbreitet. In Deutschland kommt jedoch nur der gefleckte Aronstab *(Arum maculatum)* vor. Als Frühjahrsgeophyt siedelt er in feuchten Laubmischwäldern und Auwäldern.
Der gefleckte Aronstab besitzt pfeilförmige Blätter, die oft schwach dunkelgrün bis braun gefleckt sind. Diese entwickeln sich jedoch erst nach der Blüte. Im Frühjahr – April bis Juni – bildet die etwa 15–50 cm große Pflanze ganz besondere Blütenstände aus. Dabei handelt es sich um winzige Blüten, die auf einem aufrecht stehenden Blütenkolben dicht gepackt sind, umgeben von einem modifizierten Blatt, dem sog. Hochblatt. Dieses grünweißliche Hüllblatt ist auf seiner Innenseite von einem dünnen Ölfilm überzogen. Im unteren Bereich umhüllt das Hochblatt den Blütenstand kesselförmig und öffnet sich im oberen Teil, so dass die bräunliche, kolbenartig verdickte Spitze der Blütenstandsachse sichtbar ist.
Die eigentlichen Blüten befinden sich am Blütenkolben im Bereich des Kessels. An der Basis sitzen die größeren, weiblichen Blüten. Darüber sind die kleineren männlichen Blüten angeordnet. Im oberen Bereich des Kessels befindet sich eine Reuse aus sperrigen Haaren, wobei es sich um zu starren Borsten umgewandelte, sterile männliche Blüten handelt. Die Pollensäcke der männlichen Blüten öffnen sich erst einige Stunden nach der Bestäubung der weiblichen Blüten. Zu diesem Zeitpunkt welken auch die borstenartigen Haare. Am Grund des Kessels sammelt sich nektarhaltiges Wasser. An seiner Spitze setzt der Blütenkolben Geruchsstoffe frei, die wie faulendes Fleisch oder wie Mist riechen.

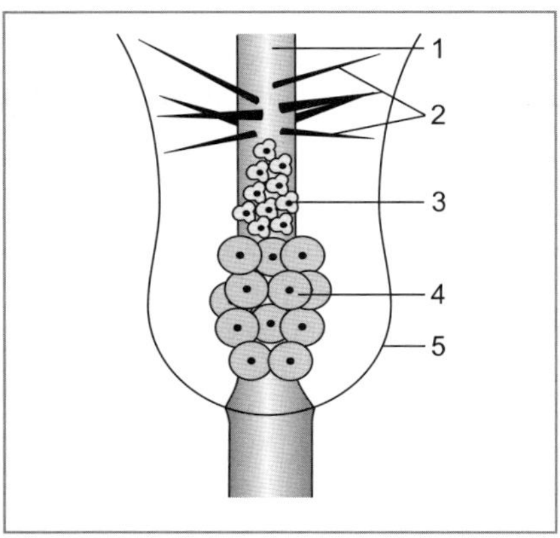

Abb. 1: Schema zum Aufbau des Blütenstandes nach Aufschneiden des Hochblattes im Bereich des Kessels

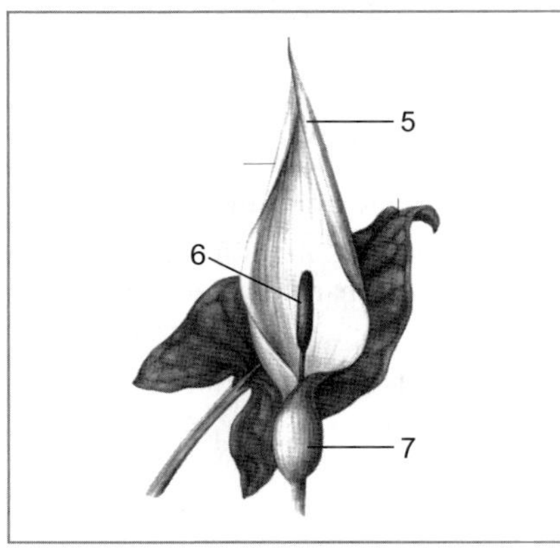

Abb. 2: Blatt und Blütenstand des Aronstabs
Aus: Aichele, Dietmar; Golte-Bechtle, Marianne: Kosmos Naturführer, Was blüht denn da?; Franckh'sche Verlagshandlung, Stuttgart, 1989

M 2: CO_2-Gaswechsel des Aronstabs und Temperatur inner-/außerhalb der Blüte

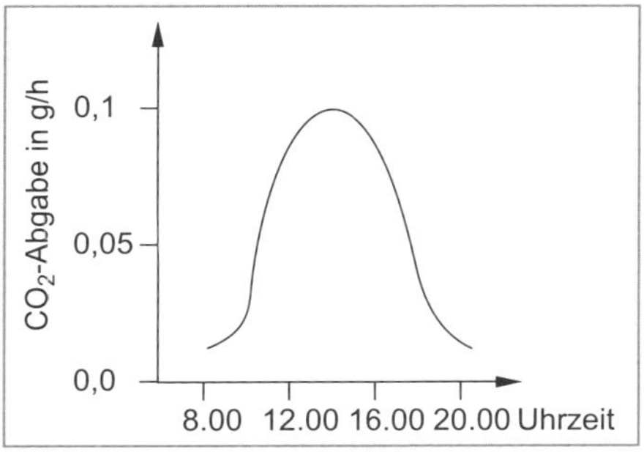

Abb. 3: CO_2-Abgabe während der Blühphase

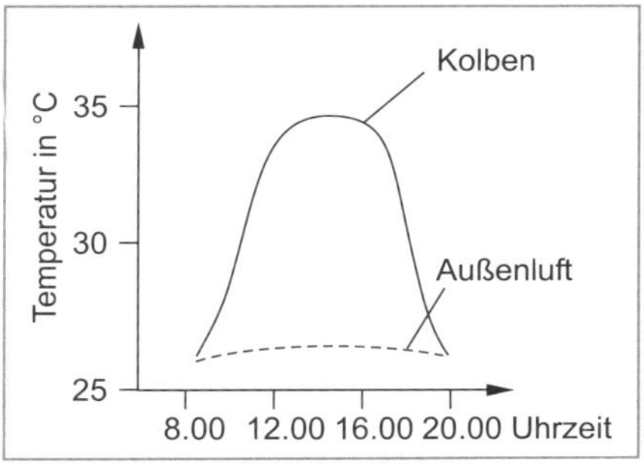

Abb. 4: Temperaturen im Tagesverlauf

M 3: Schema der Atmungskette beim Aronstab

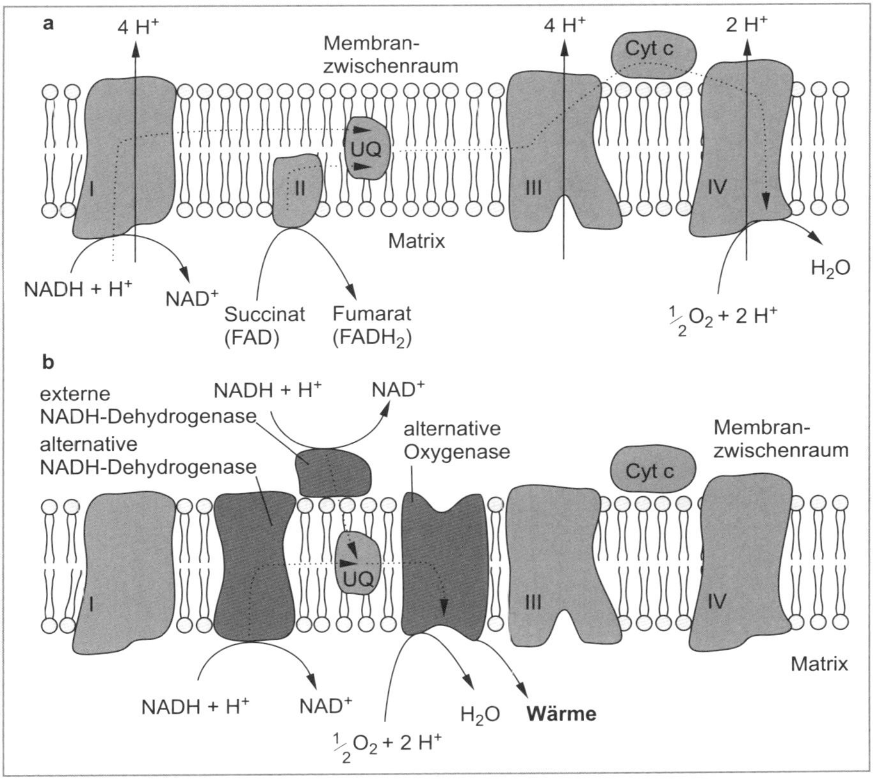

Abb. 5: Schema der herkömmlichen (a) und der alternativen Atmungskette (b)

Lösungsschritte

A Lesen der Gesamtaufgabe

B Analysieren der Teilaufgaben

Bei der Analyse der Teilaufgaben können Sie einerseits die Arbeitsaufträge in der Aufgabenstellung unterstreichen und zusätzlich die zu bearbeitenden Sachinhalte markieren. Dadurch ergeben sich folgende Anforderungen in den einzelnen Teilaufgaben (unter Zuordnung der relevanten Materialien):

1.1 Beschriften der Abbildungen 1 und 2 zum Aufbau des Blütenstands durch Zuordnen von Fachbegriffen, die im Text in M 1 genannt werden

1.2 In diesem Fall ist eine dreischrittige Bearbeitung des Arbeitsauftrags erforderlich:
- a Beschreiben der in Abb. 3 dargestellten Veränderungen in der CO_2-Abgabe
- b Beschreiben der in der Abb. 4 erkennbaren, parallelen Temperaturänderungen am Kolben im Vergleich zur Umgebung
- c Aufgrund der Erkenntnisse aus a und b können Sie nun den Zusammenhang zwischen Temperatursteigerung und CO_2-Abgabe erläutern, auch mithilfe der Angaben, die sich im Aufgabentext finden („Kolben sehr stärkehaltig“)

2.1
- a Nennen der Ihnen bekannten Teilprozesse der Glucosedissimilation
- b Angeben der Reaktionsgleichungen für den Glucoseabbau

2.2 Beschreiben des Ablaufs der Atmungskette, der Ihnen bereits aus dem Unterricht bekannt ist, auf biochemischer Ebene; dabei sollten Sie die in Abb. 5 a dargestellten Einzelheiten berücksichtigen.
Darüber hinaus verlangt die Aufgabe eine Beschreibung der Gewinnung chemisch verfügbarer Energie in Form von ATP, deren Voraussetzung die Atmungskette ist.

2.3 Zur Bearbeitung dieser Aufgabe bieten sich die folgenden Arbeitsschritte an.
- a Beschreiben der biochemischen Prozesse der alternativen Atmungskette, die in Abb. 5 b zu finden ist, im Unterschied zur „herkömmlichen“ Atmungskette, die Sie bereits in Aufgabe 2.2 beschrieben haben (Wiederholungen vermeiden!)
- b Erklären, wie durch die Vorgänge der alternativen Atmungskette die CO_2-Abgabe und Temperaturänderung des Kolbens entstehen (Erkenntnisse aus Aufgabe 1.2 berücksichtigen!)

3.1 Beschreiben der Arbeitsweise der Kesselfalle sowie ihrer Bedeutung für die Vermehrung mithilfe relevanter Passagen des Informationstextes aus M 1

3.2 In dieser Aufgabe müssen Sie neben dem Informationstext (M 1) auch die Erkenntnisse aus den vorangehenden Aufgabenteilen (2.3, 3.1) berücksichtigen, um die Bedeutung der Temperaturänderung des Blütenkolbens für der Fortpflanzung herausstellen zu können.

C Anlegen einer Stoffsammlung

Zu den einzelnen Teilaufgaben werden die zur Bearbeitung relevanten Informationen zusammengetragen:

1.1 Markieren der Schlüsselbegriffe im Text M 1: Blütenkolben, Hochblatt, Blütenstandsachse, Kessel, weibliche Blüten, männliche Blüten, Reuse, Borsten

1.2 a CO_2-Abgabe im Tagesverlauf: glockenförmige Kurve, starker Anstieg zur Mitte des Tages hin (Abb. 3)
b Verlauf der Temperatur am Kolben: parallel zum Gaswechsel; deutlicher Unterschied zur Umgebungstemperatur (Abb. 4)
c Beziehung zum Stoffwechsel: CO_2-Abgabe steigt parallel zur Temperatur, CO_2-Abgabe erfolgt bei Zellatmung, Kolben sehr stärkehaltig, Laubblätter entwickeln sich nach Blüte (s. Text M 1)

2.1 a Glykolyse, oxidative Decarboxylierung, Citratzyklus
b Aufstellen der Reaktionsgleichungen mit allen Ausgangsstoffen und Reaktionsprodukten

2.2 Atmungskette (Abb. 5 a):
- Oxidation von NADH und FADH
- Elektronentransport zum O_2 über Enzymkomplexe
- Aufbau eines Protonengradienten
- ATP-Bildung durch ATP-Synthase; Energiebilanz

2.3 Stärkeabbau in Blütenstandsachse über alternative Atmungskette (Abb. 5 b) liefert CO_2 und Wärme (Kurvenverlauf Abb. 3 und 4!):
- Oxidation von NADH durch alternative Dehydrogenase
- Elektronenübertragung durch alternative Oxidase auf O_2
- Ausschluss der Enzymkomplexe I, III und IV
- kein Protonengradient, daher auch keine ATP-Produktion
- Energiefreisetzung in Form von Wärme

3.1 Notieren der wesentlichen Sachverhalte/Schlüsselbegriffe aus dem Text M 1:
- männliche und weibliche Blüten liegen getrennt vor und
- Öffnung der Pollensäcke erst nach Befruchtung der weiblichen Blüten (Ausschluss der Selbstbestäubung)
- gleichzeitig Welken der Reuse
- Ausschluss von Windbestäubung durch Blütenbau
- Kessel, Ölfilm auf Hüllblatt und Nektar am Boden als Falle für Insekten

3.2 Notieren der wesentlichen Sachverhalte/Schlüsselbegriffe aus dem Text und vorangehenden Aufgabenteilen:
- Frühjahrsgeophyt (M 1)
- Kesselfalle für Insekten (3.1)
- hohe Temperatur am Kolben durch alternative Atmungskette (2.3)
- Abgabe von Geruchsstoffen (M 1: Mist, Aas)

D Erstellen einer Gliederung für die Einzelaufgaben

1.1 Zuordnung der Begriffe zu Ziffern:

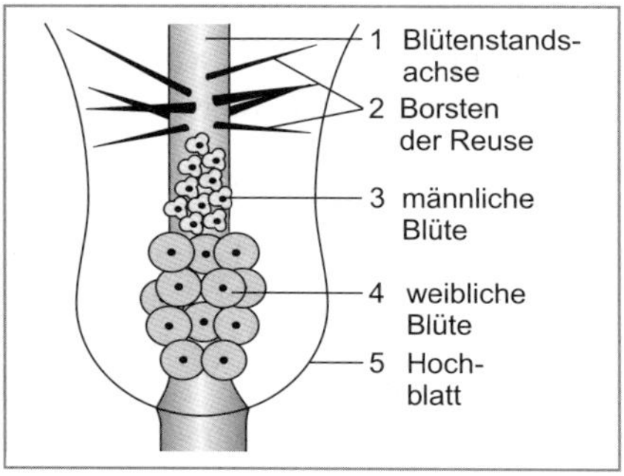

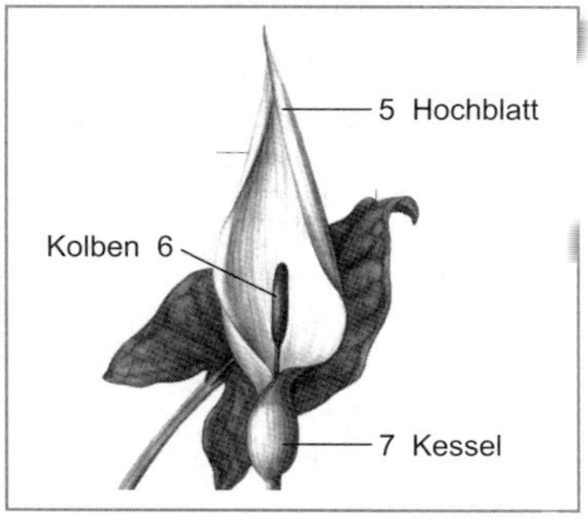

1.2
- Abb. 3: starker Anstieg CO_2-Abgabe von 8.00 bis 14.00 Uhr von ca. 0,01 g/h auf 0,1 g/h; starker Abfall der CO_2-Abgabe von 14.00 bis 20.00 Uhr auf Ausgangswert
- Abb. 4: Kolbentemperatur steigt parallel zu CO_2-Abgabe und sinkt entsprechend; Lufttemperatur verändert sich dagegen kaum, liegt um 8 °C unter der Kolbentemperatur
- paralleler Verlauf von CO_2-Abgabe und Temperatur am Kolben
- Dissimilation von Stärke ⇒ Freisetzung von CO_2 und Wärme
- Blätter nach Blüte ⇒ Stärke aus Überdauerungsorganen

2.1 **Glykolyse** (Zytoplasma):

$$C_6H_{12}O_6 + 2\,[NAD^+] + 2\,ADP + 2\,P_i \longrightarrow 2\,C_3H_4O_3 + 2\,[NADH + H^+] + 2\,ATP$$

Oxidative Decarboxylierung (Matrix Mitochondrium):

$$2\,C_3H_4O_3 + 2\,HS\text{-}CoA + 2\,[NAD^+] \longrightarrow 2\,CO_2 + 2\,C_2H_3\text{-}S\text{-}CoA + 2\,[NADH + H^+]$$

Citratzyklus (Matrix):

$$2\,C_2H_3\text{-}S\text{-}CoA + 6\,[NAD^+] + 2\,FAD + 4\,H_2O + 2\,ADP + 2\,P_i \longrightarrow 2\,HS\text{-}CoA + 4\,[NADH + H^+] + 2\,FADH_2 + 2\,ATP + 4\,CO_2$$

2.2 **Atmungskette** (innere Membran Mitochondrium):
- e^--Transport von $[NADH + H^+]$ über integralen Enzymkomplex I an Ubichinon
- weiter über integralen EK III an peripher an Außenseite gebundenes Cyt c
- weiter über integralen EK IV auf O_2 in Matrix
- Transport von je 4 H^+ durch EK I und III bzw. 2 H^+ durch EK IV gegen Konz.gefälle mittels Energie aus Redoxprozessen in Intermembranraum
- e^--Transport von $FADH_2$ über integralen EK II an UQ und weiter wie oben ⇒ Transport von nur 6 H^+, da EK I nicht beteiligt

⇒ Aufbau einer protonenmotorischen Kraft,

⇒ bei Rückstrom von 3 H^+ in Matrix durch ATP-Synthase ⇒ 1 ATP

- 10 [NADH + H^+] aus Glucoseabbau und 2 $FADH_2$ aus Citratzyklus ⇒ ca. 34 ATP
- 10 [NADH + H^+] + 2 $FADH_2$ + 34 ADP + 34 P_i + 6 O_2 ⟶
  10 [NAD^+] + 2 FAD + 12 H_2O + 34 ATP
- Energiebilanz:

2	ATP aus Glykolyse
2	ATP aus Citratzyklus
34	ATP aus Atmungskette
38	ATP

2.3 Alternative Atmungskette dient Wärmeproduktion
- e^--Transfer von [NADH + H^+] mittels alternativer Dehydrogenase (integral)
- über UQ mittels alternativer Oxidase (integral) an O_2
- e^--Transport von $FADH_2$ über integralen EK II an UQ und weiter wie oben
- externe alternative Dehydrogenase transferiert auch e^- von [NADH + H^+] aus Glykolyse an UQ
- keine Beteiligung der EK mit Protonenpumpen
  ⇒ keine protonenmotorische Kraft ⇒ kein ATP
- Energie aus Redoxprozessen wird in Form von Wärme frei
- Prozess regeneriert NAD^+ und FAD für weiteren Glucoseabbau
  ⇒ CO_2-Abgabe und Wärmeproduktion am Kolben

3.1
- Bestäubung ist notwendig, da getrennt geschlechtliche Blüten
- Ausschluss von Windbestäubung durch Bau ⇒ Insektenbestäubung
- Kessel als Falle für Insekten
- über einen Ölfilm auf Hüllblatt rutschen Insekten in den Kessel
- am Boden Nektar als Nahrung
- mitgebrachte Pollen anderer Aronstabblüten bestäuben weibliche Blüten beim Herauskrabbeln
- Reuse verhindert Flucht
- erst Stunden nach Bestäubung der weiblichen Blüten öffnen sich Pollensäcke an männlichen Blüten
- Reuse vertrocknet ⇒ Aufnahme von Blütenstaub beim Herauskrabbeln
- Falle ermöglicht Befruchtung der Pflanze durch Blütenstaub anderer Individuen
- Selbstbefruchtung ist verhindert ⇒ verbesserte Erbgutdurchmischung
  ⇒ bessere Anpassung an Umweltveränderung

3.2
- als Frühjahrsgeophyt Blüten in kühlerer Jahreszeit
- Glucosedissimilation mittels alternativer Atmungskette ⇒ hohe Temperaturen am Kolben
- gleichzeitig Abgabe stinkender Geruchsstoffe; Wärme fördert Verdunstung Verbreitung ⇒ Anlocken von Fliegen und Käfern, die Nahrung vorzugsweise in Mist oder faulendem Fleisch suchen
- dort ist Temperatur durch aktiven Stoffwechsel von Destruenten meist höher als Umgebung ⇒ doppelte Bedeutung der Temperatursteigerung am Kolben
- direkte und indirekte Lockwirkung auf bestäubende Insekten und damit Fortpflanzung

E Überprüfung auf Vollständigkeit

Vergleichen von Stoffsammlung und Aufgabenstellung

1.1 Allen Ziffern Fachbegriffe zugeordnet?

1.2 Kurvenverläufe in Bezug auf messbare/erkennbare Stoffwechselprozesse grundlegend beschrieben? Besonderheit der Wärmeproduktion durch Pflanze herausgestellt?

2.1 Glucosedissimilation mit Reaktionsgleichungen vollständig?

2.2 Atmungskette vollständig dargestellt?

2.3 Alternative Atmungskette im Bezug auf Wärmeproduktion beschrieben? Bedeutung für Glucosedissimilation herausgestellt?

3.1 Funktion der Kesselfalle beschrieben und erklärt? Bedeutung für Vermehrung herausgestellt?

3.2 Doppelte Bedeutung der Wärmeproduktion für Locksignal an Insekten zur Bestäubung herausgearbeitet?

F Darstellen der Ergebnisse

1.1 1 Blütenstandsachse, 2 Haare der Reuse, 3 männliche Blüten, 4 weibliche Blüten, 5 Hochblatt/Hüllblatt, 6 Kolben, 7 Kessel

1.2 Die Besonderheit im Stoffwechsel der Blüte des Aronstabs besteht zum einen darin, dass sich die CO_2-Abgabe im Verlauf des Tages von 8.00 bis 14.00 Uhr verzehnfacht. Parallel dazu steigt auch die Temperatur der Blütenkolbens um ca. 8 °C an, während sich die Lufttemperatur in der Umgebung der Pflanze kaum ändert, maximal um 0,5 °C. Zum Abend hin sinken dann sowohl die CO_2-Abgabe als auch die Temperatur des Blütenkolbens wieder auf den Ausgangswert.

Die Ergebnisse zeigen deutlich, dass die am Blütenkolben gemessene Temperatursteigerung nur von der Pflanze selbst erzeugt werden kann. Da die CO_2-Abgabe einen parallelen Verlauf zur Temperatursteigerung aufweist, lässt sich vermuten, dass die Wärme bei einem CO_2 erzeugenden Stoffwechselprozess im Blütenkolben freigesetzt wird. In der Regel dienen dissimilatorische Prozesse der Energieerzeugung.

In diesem Fall muss es sich um einen Abbau von Stärke handeln, der Wärme produziert. Da der Aronstab zum Zeitpunkt der Blüte noch keine Blätter besitzt, kann die CO_2-Abgabe nur aus der Dissimilation von Stärke herrühren, die in den Überdauerungsorganen gespeichert und nach der Blütenbildung in den Kolben transferiert worden ist.

2.1 Vorgänge der Glucosedissimilation:

Glykolyse (Zytoplasma):

$$C_6H_{12}O_6 + 2\,[NAD^+] + 2\,ADP + 2\,P_i \longrightarrow 2\,C_3H_4O_3 + 2\,[NADH + H^+] + 2\,ATP$$

Oxidative Decarboxylierung (Matrix Mitochondrium):

$$2\,C_3H_4O_3 + 2\,HS\text{-}CoA + 2\,[NAD^+] \longrightarrow 2\,CO_2 + 2\,C_2H_3\text{-}S\text{-}CoA + 2\,[NADH + H^+]$$

Citratzyklus (Matrix):

$$2\,C_2H_3\text{-}S\text{-}CoA + 6\,[NAD^+] + 2\,FAD + 4\,H_2O + 2\,ADP + 2\,P_i \longrightarrow 2\,HS\text{-}CoA + 4\,[NADH + H^+] + 2\,FADH_2 + 2\,ATP + 4\,CO_2$$

2.2 Die meiste Energie entsteht in der **Atmungskette**, die an der inneren Mitochondrienmembran stattfindet. Hierbei werden die Elektronen der Reduktionsäquivalente $[NADH + H^+]$ über einen in der Membran integrierten Enzymkomplex an Ubichinon transferiert. Dieses leitet sie an einen dritten ebenfalls integralen Enzymkomplex weiter, der sie auf ein peripher auf der Außenseite der Membran lokalisiertes Cytochrom b überträgt. Letzteres transportiert die Elektronen dann an einen vierten gleichfalls in die Membran eingelagerten Enzymkomplex weiter, der sie letztlich auf der Matrixseite auf Sauerstoff überträgt, wobei Wasser entsteht. Die Redoxreaktionen der drei Enzymkomplexe beim Elektronentransport liefern Energie, die dazu verwendet wird Protonen gegen das Konzentrationsgefälle aus der Matrix in den Membranzwischenraum zu pumpen. Dabei transportieren die Komplexe I und III jeweils 4 Protonen und der Komplex IV $2\,H^+$.

Die Elektronen des $FADH_2$ werden über einen ebenso in die innere Mitochondrienmembran integrierten Enzymkomplex II auf das Ubichinon übertragen und gelangen von dort wie oben dargestellt zum Sauerstoff. Da der Komplex II nicht als Protonenpumpe fungiert, liefern die vom $FADH_2$ stammenden Elektronen nur Energie für den Transport von 6 Protonen in den Membranzwischenraum.

Insgesamt führt der Transport der Protonen zu einer protonenmotorischen Kraft, die zur Phosphorylierung von ATP genutzt wird. Der Rückstrom von 10 Protonen durch eine ebenfalls in die Membran integrierte ATP-Synthase liefert ca. 3 bis 4 ATP.

Der Abbau eines Moleküls Glucose liefert 10 $[NADH + H^+]$ und 2 $FADH_2$, bei deren Regeneration somit ca. 34 ATP produziert werden, weshalb dieser Prozess bezogen auf die gesamte Energiegewinnung im Verlauf der Glucosedissimilation von 38 ATP der bedeutsamste ist. Im Gegensatz dazu liefern die Glykolyse und der Citratzyklus nur 4 ATP pro Glucosemolekül.

2.3 Im Gegensatz zur herkömmlichen Atmungskette dient die alternative Atmungskette, die ebenfalls an der inneren Mitochondrienmembran abläuft, der Produktion von Wärme. Auch hierbei werden die Elektronen des [NADH + H^+] mittels eines integralen Enzymproteins – einer Dehydrogenase – auf Ubichinon übertragen. Dieses leitet sie dann weiter an eine gleichermaßen in der Membran integrierten Oxidase, die sie letztlich an den Sauerstoff abgibt. Eine an der Außenseite der Membran lokalisierte alternative Dehydrogenase kann auch die Elektronen des [NADH + H^+] aus der Glykolyse auf das Ubichinon transferieren. Da dieses im Normalfall auch die Elektronen des $FADH_2$ erhält, könnten auch diese mittels der alternativen Oxidase letztlich auf Sauerstoff übertragen werden.
Auffällig bei diesem Elektronentransport ist jedoch, dass keine Protonenpumpen beteiligt sind, sodass hierbei kein Protonengradient über der Membran aufgebaut werden kann.

Die in den Redoxreaktionen freiwerdende Energie wird gänzlich in Wärme umgesetzt, die die Temperatur am Blütenkolben erhöht. Gleichzeitig werden jedoch NAD^+ und FAD für den Glucoseabbau regeneriert, der das am Kolben freigesetzte CO_2 liefert.

3.1 Der Aufbau des Blütenstands des Aronstabs schließt eine Windbestäubung aus, da sich die Einzelblüten im Blütenkessel befinden und so durch das Hüllblatt von der Umgebung abgetrennt sind. Da bei den Aronstabgewächsen jedoch männliche und weibliche Blüten getrennt vorliegen, ist für die Befruchtung der weiblichen Blüten ein Transfer des Pollens der männlichen Blüten erforderlich, der in diesem Fall durch Insekten geschieht.
Dabei dient der Kessel der Blüte als Falle für Insekten. Diese werden über Geruchsstoffe, die vom Kolben des Blütenstands abgegeben werden, angelockt und rutschen über den glatten Ölfilm auf der Innenseite des Hüllblattes in den Kessel, an dessen Boden sie als Nahrung Nektar vorfinden. Bringen die so eingefangenen Insekten Blütenstaub anderer Aronstabblüten mit, so kann bei dem Versuch, den Kessel über den Blütenstand zu verlassen, der Pollen auf die weiblichen Blüten übertragen werden.
Erst wenn eine Befruchtung der weiblichen Blüten erfolgt ist, öffnen sich einige Zeit später die Pollensäcke der männlichen Blüten und die borstenartigen Haare der den Kessel verschließenden Reuse welken. Jetzt können die Insekten den Kessel über die Blütenstandsachse verlassen. Dabei streifen sie unweigerlich auch die männlichen Blüten und nehmen den Pollen mit.

Auf diese Art und Weise sorgen die Insekten einerseits für die Befruchtung und damit Fortpflanzung des Aronstabs. Gleichzeitig wird eine Selbstbefruchtung der Pflanze verhindert, was die Durchmischung des Erbguts dieser Pflanzenart erhöht und damit bessere Möglichkeiten zur Anpassung an sich verändernde Umweltbedingungen bietet.

3.2 Die hohen Temperaturen am Kolben rühren von einer Glucosedissimilation mittels alternativer Atmungskette her. Gleichzeitig werden in diesem Blütenbereich stinkende Geruchsstoffe freigesetzt, deren Verdunstung und Verbreitung durch die Wärme noch gefördert werden. Dabei handelt es sich um Lockstoffe für solche Insekten wie Fliegen und einige Käfer, die ihre Nahrung hauptsächlich in Mist oder faulendem Fleisch suchen, wo die Temperatur durch aktiven Stoffwechsel von Destruenten meist höher ist als in der Umgebung. Somit kommt der Temperatursteigerung am Kolben doppelte Bedeutung zu, da sie sowohl eine indirekte als auch eine direkte Lockwirkung auf bestäubende Insekten ausübt.

Biologie (Niedersachsen): Erhöhtes Anforderungsniveau
Übungsaufgabe 1 (Bearbeitungszeit: ca. 300 min)

Evolutive Aspekte von Autotrophie und Artbildung

Bestimmte Stoffwechselvorgänge laufen bei Pflanzen und Bakterien annähernd gleich ab, da sie denselben stofflichen Voraussetzungen unterliegen. Evolutionsforscher können daraus Rückschlüsse ziehen, in welcher Reihenfolge die entsprechenden Organismen und ihre zunehmend komplexen Stoffwechselvorgänge entstanden sind. Als Grundlage für die Existenz heterotropher Lebewesen kommt der Fotosynthese eine Schlüsselstellung zu. Millionen von Jahren andauernde Artbildungsprozesse führten zu immer besser angepassten Phänotypen. Im Gegensatz dazu können neue Arten aber auch wesentlich schneller entstehen, wie z. B. bei der Nachtkerze.

1 Foto- und Chemoautotrophie

1.1 Beschreiben und erklären Sie die in M 1 schematisch dargestellten Evolutionsschritte der Fotosynthese.

1.2 Analysieren Sie M 1 bezüglich der an den einzelnen Entwicklungsschritten beteiligten Evolutionsfaktoren.

1.3 Erläutern Sie, welche besondere Fähigkeit Schwefelpurpur- und nitrifizierende Bakterien im Bezug auf ihre autotrophe Lebensweise haben, um in Kläranlagen bzw. im Boden existieren zu können.

1.4 Bringen Sie die Stoffwechselschritte in M 2 – mit Begründung – in die richtige Reihenfolge und leiten Sie eine Erklärung für die in 1.3 angesprochene Besonderheit ab.

2 Modellvorstellungen zur ATP-Synthese

2.1 Vergleichen Sie die in M 3 dargestellten Formen der ATP-Synthese unter Berücksichtigung der Struktur-Funktionsbeziehungen. Nennen Sie drei entscheidende Fakten, die in der Modellvorstellung nicht geklärt werden.

2.2 Stellen Sie die Funktionsweise und die energetische Bedeutung einer „Protonenpumpe“ (M 4a) dar und erklären Sie die aktive Saccharoseaufnahme (M 4b) in die Pflanzenzelle auf der Basis von M 4a.

3 Artbildungsprozesse

3.1 Stellen Sie anhand von M 5 die Besonderheiten des Artbildungsprozesses A dar. Ermitteln Sie eine Hypothese, wie es bei der Nachtkerze zu dieser Form gekommen sein könnte.

3.2 Erweitern Sie M 5b um eine andere mögliche Form der Artbildung (Form B) und stellen Sie diese der Form A gegenüber.

3.3 Bewerten Sie die Wahrscheinlichkeit für das Auftreten der beiden Artbildungsformen A und B in der Evolution.

M 1: Entstehung der Fotoautotrophie

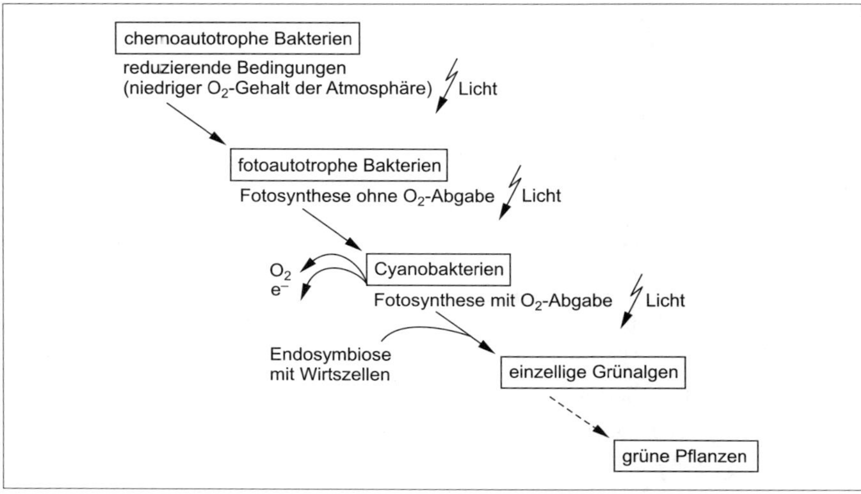

M 2: Chemoautotrophie

Nachweislich laufen auch in lichtlosen Bereichen, wie in Kläranlagen und im Boden, autotrophe Stoffwechselvorgänge ab, so z. B. bei der Zersetzung von Schwefelverbindungen wie Schwefelwasserstoff aus Abwässern oder von Stickstoffverbindungen wie Ammoniak, die z. B. durch Fäkalien in den Boden gelangen. In der folgenden Abbildung sind Stoffwechselschritte von Schwefelpurpur- und nitrifizierenden Bakterien dargestellt – jedoch in ungeordneter Reihenfolge.

Kläranlage → Schwefelpurpurbakterien		Boden → nitrifizierende Bakterien
$2\,S + 2\,H_2O + 3\,O_2 \rightarrow 2\,SO_4^{2-} + 4\,H^+$	Ⓐ	$2\,NO_2^- + O_2 \rightarrow 2\,NO_3^-$
$2\,H_2S + O_2 \rightarrow 2\,H_2O + 2\,S$	Ⓑ	$2\,NH_4^+ + 3\,O_2 \rightarrow 2\,NO_2^- + 2\,H_2O + 4\,H^+$
	Ⓒ	

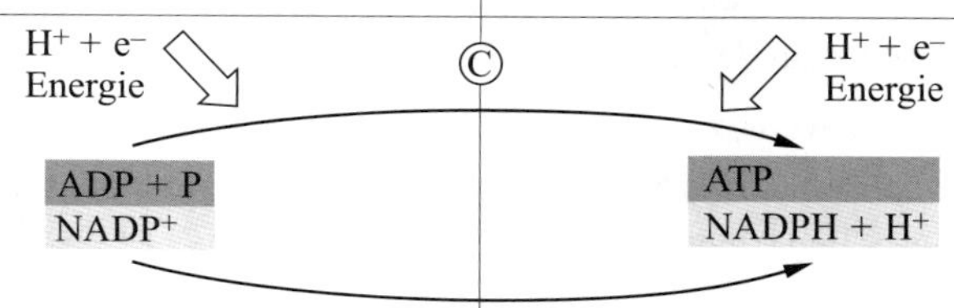

Nach: Beyer, Dr. Irmtraud, Bickel, Dr. Horst, Gropengießer, Prof. Dr. Harald, Kluge, Prof. Dr. Siegfried, Knauer, Bernhard, Kronberg, Dr. Inge, Krull, Hans-Peter, Lichtner, Hans-Dieter, Schneeweiß, Dr. Horst, Ströhla, Gerhard, Tischer, Dr. Wolfgang: Natura – Biologie für Gymnasien Oberstufe. Ernst Klett Verlag, Stuttgart 2005, S. 106.

M 3: Modellvorstellungen zur ATP-Synthese

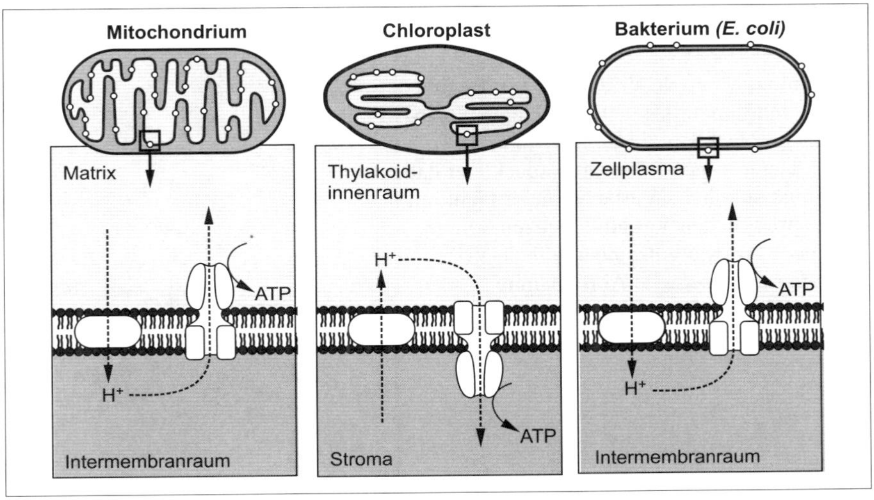

Verändert nach einer Vorlage von Prof. Dr. Renate Scheibe, Universität Osnabrück.

M 4: Protonenpumpe

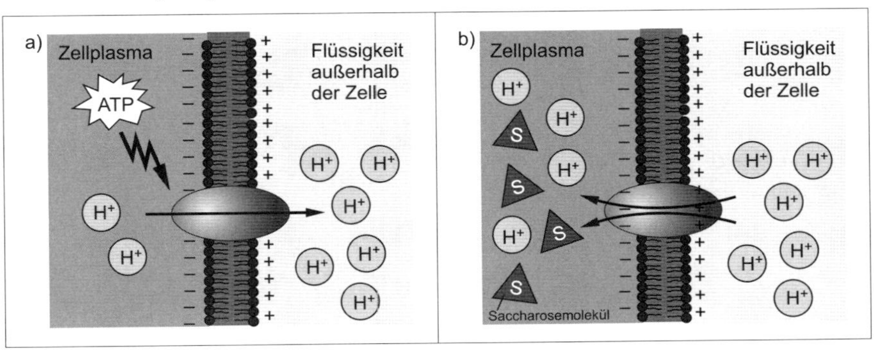

Verändert und ergänzt nach: Kratochwil, Anselm, Scheibe, Renate, Wieczorek, Helmut (Hrsg.), Neil A. Campbell, Jane B. Reece: Biologie, München 2009, S. 1 038.

M 5: Die Nachtkerze

M 5a: Genetische Untersuchungen an der Nachtkerze

Der Biologe Hugo de Vries führte zu Beginn des 20. Jahrhunderts genetische Untersuchungen an der Nachtkerze *Oenothera lamarckiana* durch. Unter seinen Pflanzen entdeckte er dabei eine ungewöhnliche Variante, die er nicht mit der ursprünglichen Variante kreuzen konnte. Eine neue Art war entstanden, die de Vries *Oenothera gigas* (siehe Abb.) nannte.

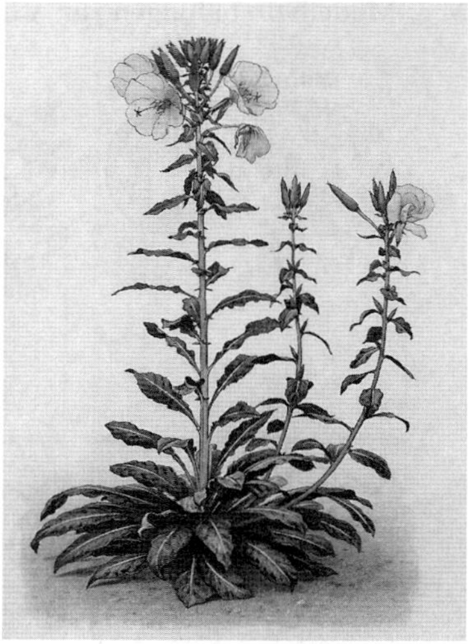

M 5b: Artbildung bei der Nachtkerze

Die Form der Artbildung, die bei der Nachtkerze stattgefunden hat, ist in der Abb. unter dem Buchstaben „A" veranschaulicht. Es handelt sich dabei um einen eher seltenen Artbildungsprozess, der in für evolutive Vorgänge ungewöhnlich kurzen Zeitspannen abläuft, manchmal sogar innerhalb einer Generation.

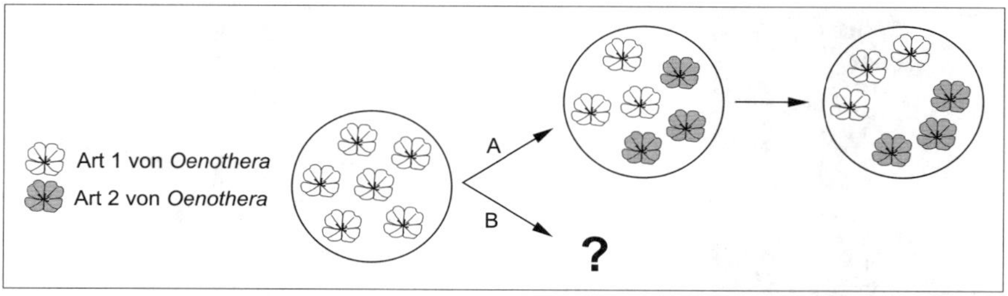

Lösung

Die Aufgabe beinhaltet folgende Schwerpunktthemen:

Aufbauender Energiestoffwechsel

- *Fotosynthese: Primärreaktionen der Fotosynthese, allgemeines Redox-Prinzip, chemiosmotisches Modell der ATP-Bildung*

Evolution

- *Evolutionsfaktoren und ihr Zusammenwirken: Mutation, Rekombination, Isolation, Selektion*
- *Artbildung: Veränderung des Genpools, allopatrische und sympatrische Artbildung*

1.1 *Stellen Sie auf beschreibendem Niveau die dargestellte Sachlage fachsprachlich präzise dar und ergänzen Sie diejenigen Informationen, welche die in Kurzform angegebenen Fakten inhaltlich umrahmen und somit das gesamte Schema verständlich machen.*

Unter reduzierenden Bedingungen der Atmosphäre (niedriger O_2-Gehalt) waren zunächst nur Bakterien lebensfähig, die sich chemoautotroph von anorganischen Stoffen ernähren und die bei deren chemischer Umsetzung frei werdende Energie nutzen konnten. Andere Bakterienarten besaßen bereits Pigmente, mithilfe derer sie Lichtenergie zur autotrophen Ernährung verwerten konnten, jedoch ohne die Freisetzung von Sauerstoff. Eine weitere Entwicklungsstufe waren fotosynthetisch aktive, ebenfalls autotrophe Cyanobakterien. Die angedeutete Abgabe von Sauerstoff und Abspaltung von Elektronen lässt darauf schließen, dass eine Fotolyse des Wassers stattgefunden hat und die Elektronen zusammen mit Protonen aus dem H_2O zur Herstellung eines Energie- und Reduktionsäquivalents genutzt werden konnten. Diese Gruppe der Cyanobakterien ging eine Endosymbiose mit Wirtszellen ein. Durch weitere Evolutionsschritte entstanden erst einzellige Grünalgen, die nun typische Chloroplasten besaßen, und danach grüne Pflanzen mit allen zur Fotosynthese relevanten Zellorganellen.

1.2 *Vergegenwärtigen Sie sich, welche Evolutionsfaktoren zum Sachverhalt passen, und wenden Sie diese auf M 1 an.*

Die entscheidenden Evolutionsfaktoren bei der Entstehung aller in M 1 gezeigten Entwicklungsstufen waren Rekombination, Mutation und Selektion.
Im Laufe der Zeit kam es im Genom der Bakterien zu Mutationen. Obwohl sich Bakterien durch Zellteilung vermehren, konnte es durch Konjugation dennoch zum Austausch von DNA-Abschnitten, also zur Rekombination, kommen, sodass sich Mutationen verbreiteten. Bei der Entwicklung der Fähigkeit, Lichtenergie energetisch zu nutzen, lag möglicherweise zusätzlich eine Präadaptation vor. Nur die durch Mutationen an die veränderten Umweltbedingungen besser angepassten Bakterien konnten sich weiter vermehren. Sie besaßen einen Selektionsvorteil gegenüber den nicht oder anders mutierten Bakterien. Die durch die En-

dosymbiose von Cyanobakterien mit Wirtszellen entstandene „Arbeitsteilung“ (z. B. bezüglich ihrer kombinierten Stoffwechselfähigkeiten) brachte den daraus entstandenen einzelligen Grünalgen einen weiteren Selektionsvorteil. Langfristig kam es durch das Zusammenspiel der genannten Evolutionsfaktoren zur Entstehung der grünen Pflanzen.

1.3 *Lesen Sie zunächst sorgfältig den Text zu M 2. Suchen Sie nach Schlüsselbegriffen, die Sie zur Erklärung führen.*

Eine autotrophe Ernährung verlangt einen Energielieferanten. Der Begriff „autotroph“ wird bei der Betrachtung der Fotosynthese grüner Pflanzen gedanklich immer mit „Lichtenergie“ gekoppelt. Da Schwefelpurpur- und nitrifizierende Bakterien aber in lichtlosen Bereichen vorkommen (Boden, Kläranlage), benötigen sie einen anderen Energielieferanten für ihre Energie verbrauchenden bakteriellen Abbauprozesse.

1.4 *Hier ist es sinnvoll, die dreiteilige Aufgabe zuerst in die einzelnen Bearbeitungsschritte zu gliedern und diese der Reihe nach abzuarbeiten. Die Lösung des dritten Aufgabenteils erfolgt abschließend als „Synopse“.*

Schwefelpurpurbakterien: Stoffwechselschritt B erfolgt als Erstes, gefolgt von den Schritten A und C. Laut Text ist Schwefelwasserstoff (H_2S) ein möglicher Ausgangsstoff der Zersetzung, folglich beginnt hier der Abbauprozess. Durch Oxidation entstehen Wasser und elementarer Schwefel, welche wiederum als Ausgangsstoffe für Schritt A dienen. Da hierbei Sulfat (NO_3^-) entsteht und H^+ abgespalten wird, muss sich Schritt C zuletzt anschließen, denn in dieser Reaktion werden die Protonen auf $NADP^+$ und Elektronen auf einen nicht näher bezeichneten Akzeptor übertragen. Die darin gespeicherte Energie wird zur ATP-Synthese genutzt.

Stickstoffbakterien: Auch hier lautet die korrekte Reihenfolge B, A, C. Ammonium (NH_4^+) ist der Ausgangsstoff, der durch Sauerstoff zu Nitrit (NO_2^-) und Wasser oxidiert wird, wobei es ebenfalls zu einer Protonenabspaltung kommt. Die Protonen werden, wie bei den Schwefelpurpurbakterien, an $NADP^+$ gebunden. Die Weiterverarbeitung des Nitrits zu Nitrat (NO_3^-) ist schließlich der Folgeschritt. Nach diesem kommt es zur Elektronenübertragung und Energiebereitstellung (s. o.).

Der analog zur Energielieferung durch Lichteinstrahlung erfolgende Energiegewinn geschieht bei den hier beschriebenen chemoautotrophen Bakterien durch die Oxidation der anorganischen Verbindungen Schwefelwasserstoff und Ammonium.

2.1 *Stellen Sie Gemeinsamkeiten und Unterschiede der drei Modellvorstellungen gut gegliedert zusammen. Gehen Sie dabei auch jeweils auf die Mitochondrienstruktur und die Funktion der relevanten Merkmale ein. Suchen Sie anschließend drei auffällige Lücken der Modellvorstellung.*

Gemeinsamkeiten: Sowohl bei der ATP-Synthese im Mitochondrium als auch im Chloroplasten und bei *E. coli* wird die ATP-Synthase energetisch durch den passiven Rückstrom von Protonen unterstützt, sodass ATP aus ADP + P entstehen kann. In allen drei Fällen ist ein Protonengradient vorhanden, der zuvor durch aktiven H^+-Transport erzeugt wurde. Dieser erfolgt jeweils aus dem plasmatischen Bereich in einen membranumgrenzten Raum. Folglich verläuft der Rückstrom durch die ATP-Synthase zurück in den Plasmabereich.

Unterschiede: Während im Mitochondrium und bei *E. coli* ein aktiver H^+-Transport in den Intermembranraum stattfindet, handelt es sich beim Chloroplasten um den Thylakoidinnenraum. Im Mitochondrium und im Chloroplasten ist die ATP-Synthase in Membranstrukturen eingelagert, die in stark gefalteter Form in der Matrix bzw. im Stroma vorliegen. Bei *E. coli* befindet sie sich in der (äußeren) Zellmembran.

Nicht veranschaulicht werden z. B.:
- Protonenquelle
- Ausgangsstoffe ADP und P
- Protonenakzeptor bzw. Verbleib der Protonen nach dem Rückfluss
- energetische Hintergründe zum H^+-Transport
- am H^+-Transport beteiligte Enzymkomplexe bzw. Redoxsysteme

2.2 *Geben Sie zunächst die Zusammenhänge des M 4a fachsprachlich strukturiert wieder. Machen Sie anschließend nachvollziehbar verständlich, auf welchen Prinzipien die Saccharoseaufnahme beruht.*

Die „Protonenpumpe" ist in die Membran der Pflanzenzelle eingelagert. Sie transportiert unter Nutzung der Energie aus der ATP-Spaltung aktiv H^+ aus der Zelle heraus. Infolgedessen baut sich ein H^+-Gradient auf, sodass außerhalb der Zelle eine höhere H^+-Konzentration entsteht. Da der passive Rückstrom der Protonen an weitere Vorgänge in der Zelle bzw. die erneute ATP-Synthese gekoppelt werden kann, ist die dargestellte Protonenverteilung (der Gradient) ein Energieträger. Zudem wird aufgrund der ungleichen Ladungsverteilung eine Membranspannung (Innenraum der Zelle negativ, Außenbereich positiv geladen) aufgebaut, die ebenfalls eine Form von Energielieferant darstellt.
Beim Saccharosetransport in die Zelle wird Energie benötigt, die sowohl durch den Protonengradienten, also den H^+-Rückstrom, als auch durch das Potenzialgefälle bereitgestellt wird. Dabei dienen die Protonen als „Träger" bzw. Transport-Ionen für die Saccharosemoleküle.

3.1 *Um die Besonderheiten herauszufinden, müssen Sie erst einmal die Ihnen bekannten Formen von Artbildungsprozessen ggf. im Konzept skizzieren und dann herausarbeiten, was den der Nachtkerze so besonders macht. Sie ermitteln also erst den Befund, für den danach eine mögliche Erklärung (= Hypothese) gesucht werden soll.*

Auffällig ist die übergangslose Entstehung einer neuen Art zusätzlich zur Ausgangsart (zugleich der entscheidende Befund), die offensichtlich ohne räumliche Trennung passiert ist. Sie führt dazu, dass beide Arten reproduktiv getrennt voneinander zusammen im selben Areal existieren können. Eine für Artbildungsprozesse typische Bildung von neuen Rassen bzw. Unterarten als genetisch noch kompatible Vorstufen neuer Arten ist nicht erkennbar. Es handelt sich im vorliegenden Fall A um sympatrische Artbildung, die sich z. B. mit einer schnellen Veränderung des genetischen Materials, wie einer Veränderung der Chromosomenanzahl, erklären lässt, die wiederum eine genetische Isolation bewirkt hat.

3.2 *Hier soll nun eine bereits in 3.1 angedachte Artbildungsform zeichnerisch ergänzt werden. Danach werden die Unterschiede zur Form A formuliert.*

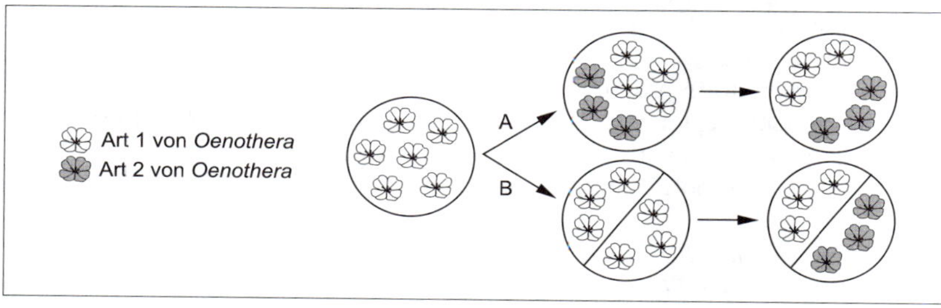

Im Gegensatz zur sympatrischen Artbildung liegt bei der allopatrischen Artbildung eine dauerhafte räumliche Trennung der Individuen über einen langen Zeitraum vor. Vor der Entstehung einer neuen Art werden zunächst unterschiedliche Rassen gebildet, die räumliche Barriere führt auf Dauer aber zu einer genetischen Separation infolge der geografischen Isolation.

3.3 *Die Chancen für den evolutiven Ablauf der beiden Artbildungsformen werden gegeneinander abgewogen und das Ergebnis mit Begründung aufgeschrieben.*

Die Wahrscheinlichkeit für eine Artbildung infolge räumlicher Trennung, die sich sukzessiv über lange Zeit einstellt, ist wahrscheinlicher als ein Ereignis, das innerhalb sehr kurzer Zeit das genetische Material so tiefgreifend verändert, dass es ohne genetische Vermischung schnell zur Bildung einer neuen Art kommt. Während bei der allopatrischen Artbildung normale, immer wieder vorkommende geografische Veränderungen (z. B. Änderung von Flussläufen, sonstige Veränderungen des Landschaftsbildes) vorkommen, sind die für die sympatrische Artbildung verantwortlichen Einflüsse (radioaktive Strahlung o. Ä.) eher selten. Alle Argumente sprechen dafür, dass Fall B in der Evolution öfter eintritt.

Biologie (Niedersachsen): Erhöhtes Anforderungsniveau
Übungsaufgabe 2 (Bearbeitungszeit: ca. 300 min)

Mechanismen der Evolution

Im Mittelpunkt der Evolutionstheorie steht die Entstehung der Arten, denn durch ihr Auftreten ergibt sich die für uns faszinierende biologische Vielfalt. Doch wann haben wir es mit neuen Arten, wann mit Modifikationen zu tun? Und welche Rolle spielt der Mensch in diesem Geschehen?

1 **Die Felsenkrabben der Insel Jamaika**

1.1 Beschreiben Sie die drei Formen natürlicher Selektion und deren Auswirkungen auf eine Population.

1.2 Erklären Sie an M 1c den Begriff „Toleranzbereich" und beschriften Sie die Kurve von *S. rectum* mit den entsprechenden Fachbegriffen.
Beurteilen Sie die drei vorliegenden Toleranzkurven in Bezug auf M 3.

1.3 Stellen Sie mithilfe des vorliegenden Materials dar, wie den Felsenkrabben die Besiedelung des Festlandes gelang.

1.4 Erläutern Sie, welche Bedingungen nach der Eroberung des Festlandes zur Artaufspaltung unter den Felsenkrabben im Pliozän führten.

2 **Biotische oder abiotische Selektionsfaktoren?**

2.1 Erklären Sie das Auftreten der sommerlichen Algenblüte in den beschriebenen Seen und, zu welchen Folgen es für die Seen kommen kann.

2.2 Werten Sie M 7–M 9 aus. Formulieren Sie die beiden Hypothesen, die den in M 6 geäußerten Vermutungen für die Ursache der Mutationen zugrunde liegen. Entscheiden Sie, welche Hypothese aufgrund des vorliegenden Materials zutreffend ist, und begründen Sie Ihre Aussagen.

2.3 Entwickeln Sie zwei Lösungsstrategien, die zu einer Verringerung der Missbildungen bei den Fröschen führen können.

3 **Evolution der Höhlensalmler**

3.1 Nennen Sie die evolutionsbiologischen Fragestellungen der Versuche A und B (M 10a) und werten Sie beide Versuche aus.

3.2 Rekonstruieren Sie die stammesgeschichtliche Entwicklung des Höhlensalmlers und damit verbunden seine besonderen Eigenschaften als Höhlenfisch.

M 1: Jamaikanische Felsenkrabben

M 1a: Biologie der Felsenkrabben

Auf der karibischen Insel Jamaika gibt es eine Vielfalt endemischer Lebewesen, wie z. B. neun verschiedene Arten von Felsenkrabben. Diese Felsenkrabben der Familie Sesarmidae sind monophyletischen Ursprungs und infolge einer adaptiven Radiation im Pliozän vor ca. 3,5–1,9 Mio. Jahren entstanden. Ihre Vorfahren waren überwiegend Meeres- oder Küstenbewohner, so wie die meisten ihrer rezenten, außerhalb von Jamaika lebenden Verwandten, wie z. B. *Sesarma rectum.*
Die jamaikanischen Sesarmiden hingegen leben überwiegend im Landesinneren, nur die Larvenentwicklung erfolgt noch im Wasser. Dabei ist es zu extremen Anpassungen gekommen: die Schneckenkrabbe *(Sesarma jarvisi)* z. B. legt ihre Eier in die Gehäuse großer Landschnecken, die im Durchschnitt nur 5 *mℓ* Regenwasser enthalten. Bei der Frage, wie die Felsenkrabben den terrestrischen Lebensraum erobert haben könnten, waren Beobachtungen der Brackwasser bewohnenden Art *Armases miersii* als ein Modell für eine Übergangsform von Bedeutung.

M 1b: Vergleich mariner und terrestrischer Felsenkrabben

	Eizahl pro Brut	Eivolumen in μm^3	Larven-entwicklung	Larvenstadien
S. rectum (marin)	25 000	17–48	20 Tage	3
S. jarvisi (terrestrisch)	23	527–2878	4 Tage	2

Nach: Diesel, Rudolf, Schubart, Christoph, D.: Die außergewöhnliche Evolutionsgeschichte jamaikanischer Felsenkrabben. In: BiuZ, 30. Jahrgang 2000, Nr. 3, S. 136–147 © Wiley-VCH.

M 1c: Überlebensrate der Larven verschiedener Felsenkrabben in Abhängigkeit von der Salinität

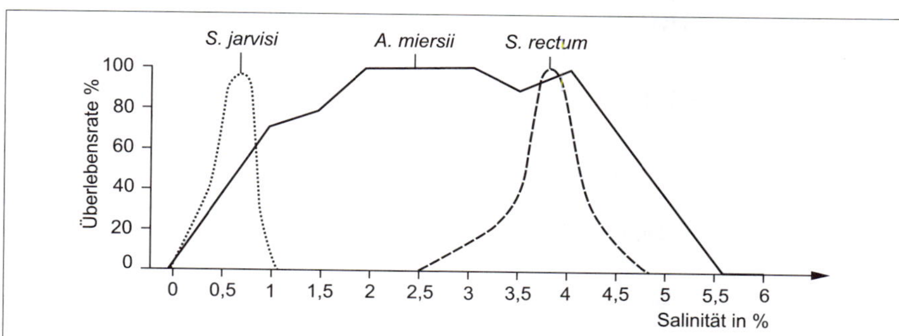

Salinitätstoleranz von A. miersii nach: Diesel, Rudolf, Schubart, Christoph, D.: Die außergewöhnliche Evolutionsgeschichte jamaikanischer Felsenkrabben. In: BiuZ, 30. Jahrgang 2000, Nr. 3, S. 136–147 © Wiley-VCH.

M 2: O_2-Löslichkeit in Wasser in Abhängigkeit von der Temperatur

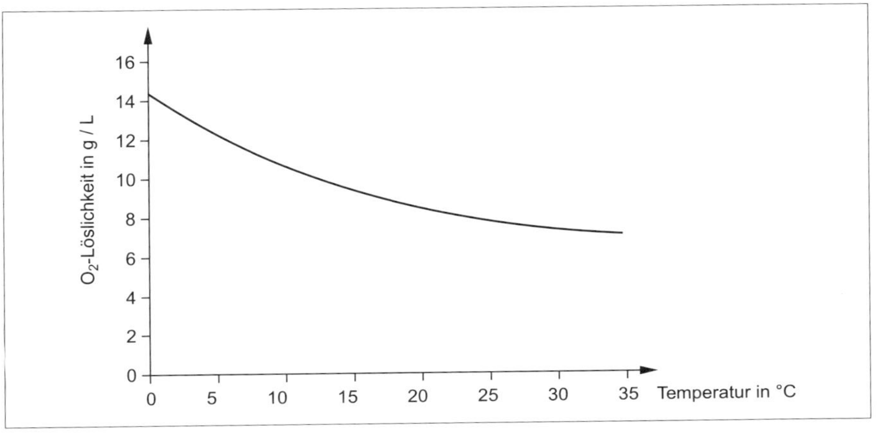

M 3: Ökologische Messwerte an einem Felstümpel an der Nordküste Jamaikas, Mai – Juli

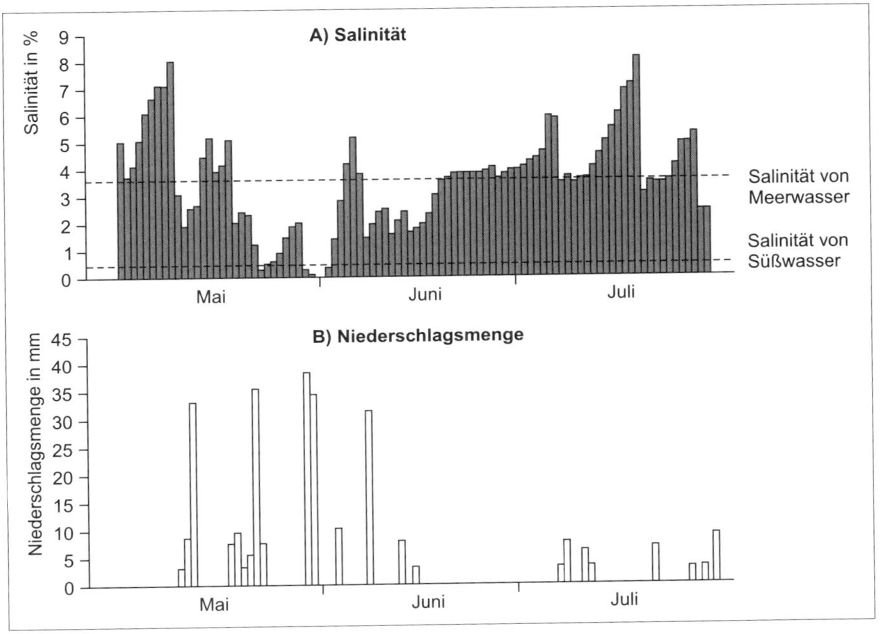

Verändert nach: Diesel, Rudolf, Schubart, Christoph, D.:
Die außergewöhnliche Evolutionsgeschichte jamaikanischer Felsenkrabben.
In: BiuZ, 30. Jahrgang 2000, Nr. 3, S. 136–147 © Wiley-VCH.

M 4: Geologie und Klima der Insel Jamaika

Die karibische Insel Jamaika ist vor ca. 28 Mio. Jahren (Oligozän) erstmals aus dem Meer aufgetaucht (M 5). Noch heute hebt sich die Nordküste der Insel etwa 6–20 cm pro Jahr. Dabei entstehen ständig neue ausgedehnte Kalksteinterrassen. Heute ist das Land, bis auf wenige flache Landstriche in der südlichen Küstengegend, gebirgig. Die längste Bergkette bilden die Blue Mountains im Osten der Insel. Eine Reihe kleiner Gebirge erstreckt sich nach Westen bis zur Küste. Sie umgeben eine weiträumige Hochebene (900 m hoch).

Die durchschnittliche Jahrestemperatur liegt an der Küste bei 26,7 °C, auf der Hochebene bei etwa 22,2 °C. Die jährliche Niederschlagsmenge ist regional sehr unterschiedlich. Über 5 080 mm Regen fallen jährlich in den Bergen im Nordosten, im Südosten sind es hingegen nur 813 mm.

Der Tidenhub (Unterschied zwischen Ebbe und Flut) an der Küste Jamaikas ist mit 20–25 cm eher gering. Dadurch entstehen vor allem an der Nordküste flache Mangrovensümpfe mit wenig Wasseraustausch mit dem Meer sowie isolierte Brackwassertümpel, und isolierte Felstümpel auf den höheren Terrassen. Diese Lebensräume bieten den endemischen jamaikanischen Felsenkrabben trotz stark wechselnder Umweltbedingungen ein reichhaltiges Nahrungsangebot, wobei natürliche Feinde fehlen oder nur selten vorkommen.

M 5: Topografische Veränderungen Jamaikas und des Meeresspiegels

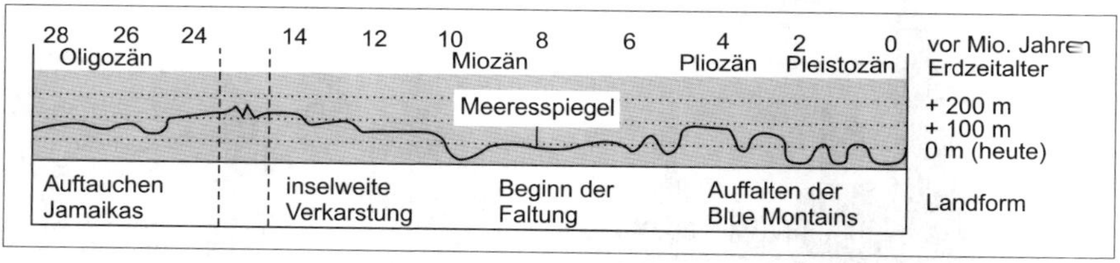

Verändert nach: Diesel, Rudolf, Schubart, Christoph D.: Die außergewöhnliche Evolutionsgeschichte jamaikanischer Felsenkrabben. In: BiuZ, 30. Jahrgang 2000, Nr. 3, S. 136–147 © Wiley-VCH

M 6: Missgebildete Amphibien

Eigentlich wollte die Lehrerin den Schulkindern nur das Leben in einem Feuchtgebiet zeigen. Sie führte die Klasse an diesem Tag im Sommer 1995 zu einem Tümpel auf einer Farm in Süd-Minnesota im Mittleren Westen der USA. Dort sollten die Schüler Leopardfrösche kennenlernen, eine Froschart, die dem Grasfrosch Europas ähnelt. Bald zappelten die ersten Amphibien in den Keschern. Doch zur allgemeinen Bestürzung hatte einer der jungen Frösche drei Hinterbeine, ein anderer sogar vier. Und das war keine Ausnahme. Die Kinder fingen fast zwei Dutzend Leopardfrösche, die Hälfte davon war verkrüppelt.

Blaustein, Andrew, R., Johnson, Pieter T. J.: Verstümmelt durch Gülle. Spektrum der Wissenschaft, 1. April 2003, S. 58.

Wissenschaftler fanden heraus, dass solche Deformierungen jedoch nicht die Ausnahme, sondern vielmehr die Regel sind. Es ist bekannt, dass die schweren Missbildungen schon seit den 90er-Jahren auftreten und in manchen amerikanischen Leopardfrosch-Populationen sogar 80 % der Tiere betreffen. In verschiedenen Studien versuchte man deshalb, der Ursache auf die Spur zu kommen.
Eine Erklärungsmöglichkeit bezieht sich auf die stark mutagene Wirkung der UV-B-Strahlung, die in den letzten Jahrzehnten durch die Vergrößerung des Ozonlochs stark zugenommen hat.
Der zweite Denkansatz hat mit der Wirt-Parasit-Beziehung zwischen den Kaulquappen des Leopardfroschs und einem Saugwurm sowie einer bestimmten Schneckenart, die dem Wurm als Zwischenwirt dient, zu tun. Der Leopardfrosch laicht in kleinen Seen, flachen Tümpeln auf Farmen, angelegten Weihern oder Rückhaltebecken. Im Sommer tritt in solchen Gewässern eine Algenblüte auf, aufgrund derer sich die Schnecken, die die Algen als Nahrungsquelle nutzen, stark vermehren können. Der Saugwurm, der auf die Schnecke als Zwischenwirt angewiesen ist, findet für seine Entwicklung nun ebenfalls optimale Bedingungen vor und kann die Kaulquappen verstärkt befallen.

Verändert nach: Bayrhuber, Horst, Kull, Ulrich, Linder, Herrmann, Feldermann, Dieter (Hrsg.): Linder Biologie, Arbeitsbuch, 22. Auflage, Schroedel-Verlag, 2005, S. 47.

M 7: Einfluss der UV-B-Strahlung auf die Entwicklung von Fröschen

Anzahl der Missbildungen bei der Entwicklung von Fröschen unter Einfluss von UV-B-Strahlung unterschiedlicher Stärke. Untersucht wurden jeweils Individuen von acht verschiedenen Standorten (= STO)

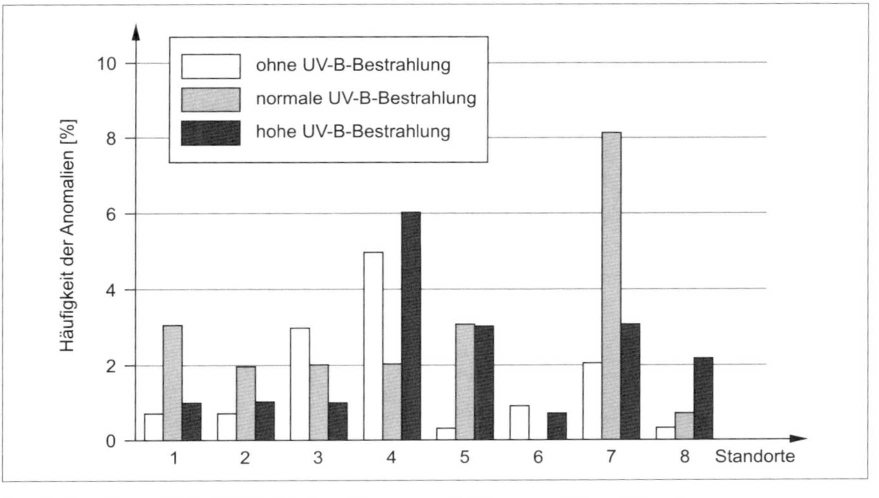

Bayrhuber, Horst, Kull, Ulrich, Linder, Herrmann, Feldermann, Dieter (Hrsg.): Linder Biologie, Arbeitsbuch, 22. Auflage, Schroedel-Verlag, 2005, S. 47.

M 8: Häufigkeit der Missbildungen in Abhängigkeit vom Infektionsgrad mit Metacercarien (= Larvenform von verschiedenen Saugwürmern)

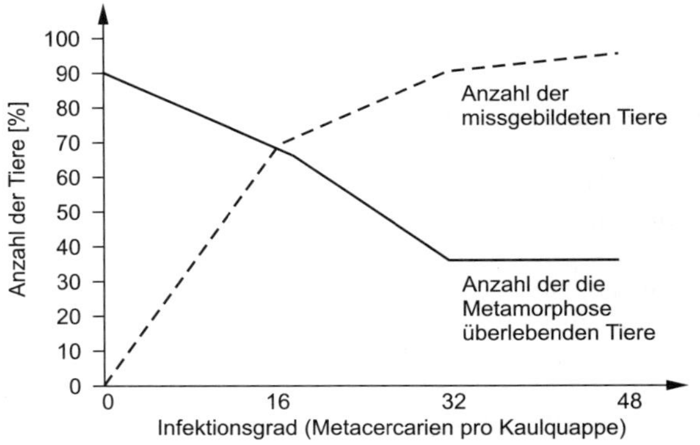

Bayrhuber, Horst, Kull, Ulrich, Linder, Herrmann, Feldermann, Dieter (Hrsg.): Linder Biologie, Arbeitsbuch, 22. Auflage, Schroedel-Verlag, 2005, S. 47.

M 9: Untersuchungsergebnisse bei Infektionen von Kaulquappen mit den Saugwurmarten *Alaria* und *Ribeiroia*

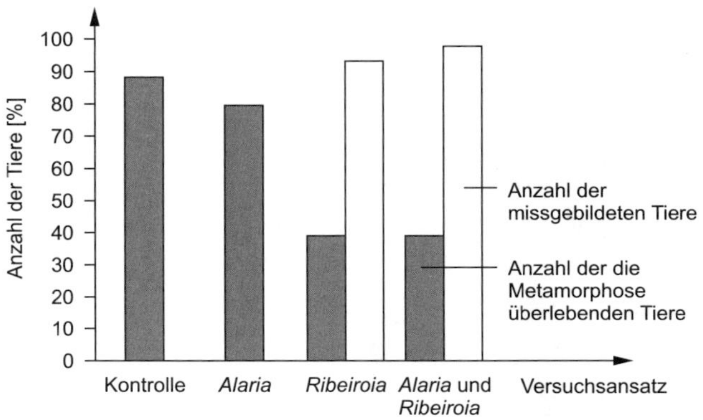

Bayrhuber, Horst, Kull, Ulrich, Linder, Herrmann, Feldermann, Dieter (Hrsg.): Linder Biologie, Arbeitsbuch, 22. Auflage, Schroedel-Verlag, 2005, S. 47.

M 10: Höhlensalmler

M 10a: Versuche mit Salmlern

Mexikos unterirdische Höhlenseen entstanden vor ca. 500 000 Jahren durch Auswaschungen des kalkhaltigen Gesteins. Bis zur Eiszeit wurden sie über Höhlenflüsse von den oberirdischen Gewässern gespeist und standen auf diese Weise mit ihnen in ständiger Verbindung. Während der Eiszeit versiegten die Flüsse jedoch und es verblieben isolierte unterirdische Wasseransammlungen.
Diese Höhlenseen werden vom Höhlensalmler bewohnt, der blind ist und keine Pigmente besitzt; seine Haut schimmert leicht rosa. Vereinzelt findet man in diesen Gewässern aber auch pigmentlose Salmler mit voll funktionsfähigen Augen sowie blinde, völlig ausgefärbte Individuen und Übergangsformen bezüglich der Augen und Färbung.
In den oberirdischen Gewässern Mexikos ist der Silbersalmler weitverbreitet, der bei uns ein beliebter Aquarienfisch ist und dessen Haut silbrig schimmert.

Versuch 1: Versuch 1: Blinde, pigmentlose Höhlensalmler werden bei Tageslicht über mehrere Generationen in einem Aquarium gehalten. Ihre Nachkommen verändern sich nicht in ihrem Aussehen.

Versuch 2: Aus der Kreuzung zwischen Höhlen- und Silbersalmler gehen lebensfähige Nachkommen hervor.

M 10b: Eigenschaften der Salmler

	Höhlensalmler	**Silbersalmler**
	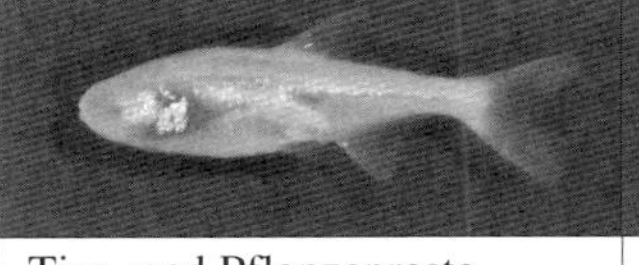	
Nahrung	Tier- und Pflanzenreste, Fledermauskot	kleinere Fische
Sozialform	Einzelgänger	Schwarmfisch
Reaktion auf Schläge mit der flachen Hand auf das Wasser	kommt rasch herbeigeschwommen	schwimmt schnell weg

Bilder: © Masato Yoshizawa und William Jeffery, University of Maryland.
Text, Tabelle verändert nach: Bayrhuber, Horst, Kull, Ulrich, Linder, Herrmann, Feldermann, Dieter (Hrsg.): Linder Biologie, Arbeitsbuch, 22. Auflage, Schroedel-Verlag, 2005, S. 141.

Lösung

Die Aufgabe beinhaltet folgende Schwerpunktthemen:

Evolution
- *Evolutionsfaktoren und ihr Zusammenwirken: Selektionsfaktoren und -typen*
- *Artbildung: sympatrisch und allopatrisch*

Aquatische Ökosysteme
- *Ökologische Toleranzen: Toleranzkurven, stenök, euryök, Angepasstheit von Lebewesen (an den Salzgehalt)*
- *Variabilität: genetische und modifikatorische*
- *Anthropogene Einflüsse: Eutrophierung von Gewässern*

1.1 Die **stabilisierende Selektion** sorgt für eine relative Konstanz der Lebewesen. Sie setzt an den stärker abweichenden Phänotypen einer Population an, diese besitzen eine geringere Fitness. Ebenso werden neu auftretende Mutanten, die schlechter angepasst sind, aus der Population entfernt und können sich daher in der Population nicht durchsetzen. Der Genpool bleibt relativ konstant (Arterhaltung).

Die **gerichtete Selektion** sorgt dafür, dass neu auftretende Phänotypen bevorzugt werden. Die aktuelle Population ist an die herrschenden Umweltbedingungen nicht optimal angepasst. Der Genpool ändert sich allmählich, die Population und die dort auftretenden Phänotypen wandeln sich allmählich (Artumwandlung).

Bei der **aufspaltenden Selektion** sind die häufigen Phänotypen einer Population benachteiligt. Die extremen Varianten haben Vorteile. Die Teilpopulationen entwickeln sich unterschiedlich weiter. Aufspaltende Selektion kann zur Trennung von Populationen führen (Artaufspaltung).

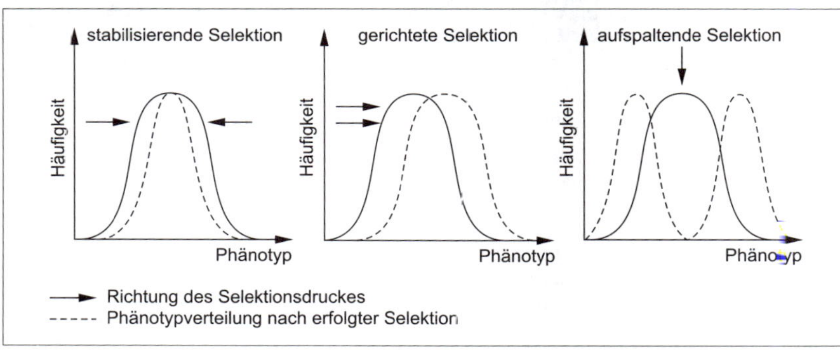

1.2 *Hier ist es sinnvoll, zunächst eine allgemeine Erklärung zum Begriff Toleranzbereich zu verfassen. Im zweiten Schritt sollte dann konkret auf die Toleranzkurven der drei vorliegenden Beispiele eingegangen werden.*

Der Toleranzbereich stellt die Variationsbreite eines Umweltfaktors dar, der für den Organismus noch tragbar ist. In der Nähe von Minimum und Maximum erreichen die Bedingungen für das Überleben einer Art ihre äußersten Grenzen, sie werden als Pessima bezeichnet. Bei diesen Faktorenstärken kann das Lebewesen zwar überleben, seine Vitalität ist jedoch vermindert. Innerhalb des Toleranzbereiches liegt der sogenannte Vorzugsbereich oder das Präferendum. Unter den dort herrschenden Bedingungen ist die Überlebens-, Fortpflanzungs- und Wachstumsrate am größten.

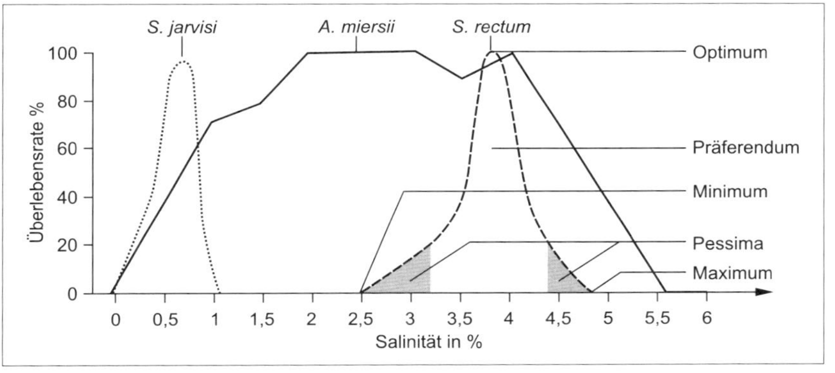

S. rectum und *S. jarvisi* sind stenohalin in Bezug auf die Salinität des Lebensraumes. Das Präferendum von *S. rectum* liegt bei einer Salinität von 3,5–4 %, was in etwa dem Salzgehalt von Meerwasser entspricht. Das Präferendum von *S. jarvisi* liegt bei 0,5 %, was wiederum dem Salzgehalt von Süßwasser entspricht. Ein enger Toleranzbereich spiegelt die spezifische Angepasstheit der Lebewesen an einen bestimmten Lebensraum wider.

A. miersii weist dagegen einen sehr breiten Toleranzbereich gegenüber der Salinität des Wassers auf, demnach sind die Larven dieser Felsenkrabben euryhalin.

Wie man M 3 entnehmen kann, ist die Salinität der Felstümpel zumindest zwischen Mai und Juli starken Schwankungen unterworfen. Mit den Niederschlägen (besonders im Mai) sinkt die Salinität in den Felstümpeln unter den Wert von Meerwasser. Die Salinität kann aber auch durch Verdunstung des Wassers weit über die des Meerwassers hinausgehen. Dies ist besonders in niederschlagsarmen Zeiten der Fall (Anfang Mai und Mitte Juli). Unter derart wechselnden Bedingungen ist ein Überleben von Felsenkrabbenlarven in den Felstümpeln nur dann möglich, wenn sie euryhalin sind. Nach M 1 c liegt der Optimalbereich für die Entwicklung der *A. miersii*-Larven bei einer Salinität zwischen 2 und 4 %. Diese Bedingungen finden sich vornehmlich im Juni in den Felstümpeln. Aber auch eine von diesen Optimalwerten abweichende Salinität führt nur zu geringen Einschränkungen bei *A. miersii*. So liegt die Überlebensrate der Larven bei einer Salinität von 1 % immer noch bei 70 %.

1.3 *Die Schwierigkeit bei diesem Aufgabenteil ist die Zusammenstellung der im Material befindlichen Informationen. Wenn Sie das Aufgabenmaterial sorgfältig lesen, finden Sie Hilfestellungen, z. B. im Textmaterial „Bei der Frage, wie die Felsenkrabben den terrestrischen Lebensraum erobert haben können, waren Beobachtungen der Brackwasser bewohnenden Art Armases miersii als ein Modell für eine Übergangsform von Bedeutung."*

Die endemischen Festlandkrabben stammen vermutlich von im Brackwasser lebenden Küstenbewohnern ab. Durch die Niederschläge und immer wiederkehrende Austrocknung der Felsentümpel kommt es darin zu drastischen Veränderungen der Salinität (M 3). Ein breiter Toleranzbereich gegenüber der Salinität des Wassers ermöglichte den Felsenkrabben die Erschließung des Festlandes, bis sogar ein Überleben im Regenwasser möglich war (M 1c). Die Fähigkeit dazu mag als Präadaptation vorgelegen haben oder trat durch Mutation und Rekombination auf. Hohe Lufttemperaturen führen zu einer Verminderung des Sauerstoffgehaltes des Wassers (M 2). Auf diese Herausforderung (sinkender O_2-Gehalt des Wassers, schwankende Salinität) reagierte die nun terrestrisch lebende Felsenkrabbe mit verschiedenen Anpassungen (M 1b):

- drastische Verkürzung der Larvenentwicklung,
- Reduzierung der Larvenstadien von 3 auf 2,
- Verringerung der Eizahl [wirkt sich nicht negativ aus, weil potenzielle Fressfeinde auf der Insel fehlen (M 4)],
- Vergrößerung des Eivolumens.

1.4 Die im Pliozän beginnende Auffaltung der Gebirge und der am Ende des Pliozäns stark variierende Meeresspiegel (M 5) führte zur Bildung stark voneinander abgegrenzter Lebensräume (Habitate). Diese Habitate unterschieden sich deutlich im Klima, sodass jeweils unterschiedliche Selektionsfaktoren wirkten (M 5). Durch die geografische Isolation sowie die unterschiedlichen Selektionsfaktoren kam es zur Artaufspaltung der Festlandkrabben. Eine Grundvoraussetzung für diese Entwicklung war das Vorhandensein freier ökologischer Nischen, die die Einwanderer ohne Konkurrenz für sich erschließen konnten.

2.1 *Hier ist es wichtig, dass Sie den Informationstext aufmerksam lesen, damit Sie sich bei Ihren Angaben auf die dort beschriebenen Verhältnisse beziehen.*

Da die Seen im Bereich von Farmen liegen, können Dünger oder Abfallstoffe in den See gelangt sein. Durch die Erhöhung des Nährsalzgehaltes kommt es zum Algenwachstum im Oberflächenbereich der Teiche. Da die Seen als klein und flach beschrieben sind, kommt es zur schnellen Erwärmung des Oberflächenwassers, die Biomasseproduktion wird gesteigert (RGT-Regel). In den eutrophen Seen fällt während der Sommerstagnation eine große Menge abgestorbenen organischen Materials (Detritus) an. Der Sauerstoffgehalt des Tiefenwassers reicht während der Sommerstagnation nicht aus, den Detritus auf aerobem Wege zu mineralisieren. Das überschüssige Material wird schließlich anaerob zersetzt, wobei z. B. Methan und Schwefelwasserstoff entstehen.

2.2 *Achten Sie auf die Vorgabe in der Aufgabenstellung und formulieren Sie zunächst die beiden Hypothesen, damit Sie im Zuge der Auswertung der Materialien darauf Bezug nehmen können.*

1. Hypothese: Die Missbildungen der Leopardfrösche gehen auf eine erhöhte UV-Strahlung zurück, da diese durch den Abbau der Ozonschicht zugenommen hat und UV-B-Strahlen mutagen wirken.
2. Hypothese: Die Missbildungen gehen auf einen verstärkten Befall der Frösche durch Parasiten (Saugwurm) zurück, da sich der Zwischenwirt dieser Parasiten – eine bestimmte Schneckenart – stark vermehrt hat.

M 7 zeigt den Einfluss von UV-B-Strahlung auf die Entwicklung von Fröschen an acht verschiedenen Standorten. Unter der Annahme, dass die Ursache der Mutationen eine erhöhte UV-B-Strahlung ist, müsste die Zahl der Missbildungen unter UV-B-Strahlung an jedem Standort zunehmen. Wie der Vergleich zeigt, ergibt sich kein Zusammenhang zwischen UV-B-Strahlung und Zahl der auftretenden Missbildungen. Lediglich an zwei Standorten (4 und 8) führt eine hohe UV-B-Strahlung im Gegensatz zu den beiden anderen Behandlungen (ohne bzw. normale UV-B-Bestrahlung) zur einer erhöhten Missbildungsquote. An Standort 7 führte die normale UV-B-Strahlung sogar zu einer höheren Missbildungsquote als die erhöhte Dosis.
Ergebnis: Die erhöhte UV-B-Strahlung ist nicht Ursache der Missbildungen.

Aus M 8 lässt sich ein deutlicher Zusammenhang zwischen der Überlebensrate, der Missbildungsrate und dem Infektionsgrad der Kaulquappen mit Metacercarien erkennen. Mit steigendem Infektionsgrad sinkt die Überlebensrate, die Missbildungen nehmen zu. Ab einem Infektionsgrad von 48 Metacercarien beträgt die Überlebensrate der Kaulquappen ca. 35 %. Alle überlebenden Tiere sind dann missgebildet.
Aus M 9 kann ermittelt werden, welche Saugwurmart für die Missbildungen der Frösche verantwortlich ist. Hier zeigt sich, dass allein die Saugwurmart *Ribeiroia* Ursache der beobachteten Missbildungen ist.
Ergebnis: Die zweite Hypothese trifft zu. Die Missbildungen gehen auf einen verstärkten Befall durch die Saugwurmart *Ribeiroia* zurück.

2.3 *Hier ist es sinnvoll, auf die Erkenntnisse von Teilaufgabe 2.1 zurückzugreifen.*

Um die Missbildungen bei den Leopardfröschen einzuschränken, muss die Zahl der Metacercarien minimiert und somit die Population des Zwischenwirtes, der Schnecke, reduziert werden. Da Schnecken zu den Konsumenten 1. Ordnung zählen, sind sie von der Menge der pflanzlichen Biomasse abhängig. Die Algenmenge müsste also reduziert werden, was durch zwei Maßnahmen möglich wäre:

1. Verringerung der Eutrophierung der Tümpel und Weiher, indem der Mineralstoffeintrag durch die umliegenden Felder reduziert wird.
2. Das Abfischen/Abkeschern der Algen aus dem Wasser.

Möglich wäre auch, die Zahl der Schnecken durch Erhöhung ihrer Fressfeinde zu verringern (z. B. durch Einsatz von Enten, die die Schnecken fressen).

3.1 Im **Versuch A** ging es um die Fragestellung, ob die Eigenschaften des Höhlensalmlers (Blindheit, Pigmentlosigkeit) in seinem Erbgut genetisch verankert sind oder ob es sich um Modifikationen handelt, die eine Anpassung an die herrschenden Umweltbedingungen darstellen. Aus den Versuchsergebnissen wird deutlich, dass es sich nicht um Modifikationen handelt, sondern um genetisch verankerte Eigenschaften, die an nachfolgende Generationen weitergegeben werden, obgleich die Umweltbedingungen nicht den ursprünglichen Bedingungen entsprachen.

Im **Versuch B** ging es um die Frage, ob es sich beim Höhlen- und beim Silbersalmler um zwei verschiedene Arten handelt. Der biologische Artbegriff besagt, dass man dann von zwei Arten spricht, wenn diese reproduktiv voneinander isoliert sind. Dies ist im Experiment nicht der Fall, da die Nachkommen lebensfähig sind. In diesem Fall spricht man von zwei Rassen einer Art.

3.2 Die Entstehung von Höhlen- und Silbersalmler geht auf allopatrische Artbildung zurück. Die ursprüngliche Population von Salmlern wurde durch geografische Isolation in zwei Teilpopulationen separiert. Durch die eiszeitlichen Trockenperioden kam es zum Versiegen der Höhlenflüsse, die Verbindung zu den oberirdischen Gewässern war unterbrochen und damit der Genfluss zwischen den Populationen nicht mehr möglich. Innerhalb von 500 000 Jahren evolvierten die entstandenen Teilpopulationen unterschiedlich, da unterschiedliche Selektionsfaktoren wirkten.

Neben unterschiedlichen Selektionsfaktoren führten zufällig auftretende Mutationen, die nicht durch Selektion verschwanden, zu verschiedenen Genpools. So ist anzunehmen, dass das Auftreten blinder Höhlensalmler ursprünglich durch eine Mutation erfolgte. Da das Fehlen der Augen unter den herrschenden Bedingungen (Dunkelheit) kein Nachteil war (sogar eher ein Vorteil, da keine Energie und kein „Material“ in den Aufbau von Augen investiert werden musste), blieb diese Mutation erhalten. Ähnliches gilt für die fehlende Pigmentierung. Diese war in den Höhlenseen mit keinem Nachteil für den Fortpflanzungserfolg verbunden. Deshalb blieben die ursprünglichen Merkmale (Pigmentierung/Augen) zum Teil in der Population erhalten, andere neue Merkmale kamen aber hinzu.

Im Hinblick auf die Sozialform, das Verhalten und das Nahrungsspektrum traten drastische Veränderungen ein: Die Ernährung von Tier- und Pflanzenresten sowie Fledermauskot führten zu einem veränderten Verhalten bei der Nahrungssuche. Um die innerartliche Konkurrenz zu vermeiden, wurde der Höhlensalmler zum Einzelgänger. Da Fressfeinde fehlten, wurde dieses abweichende Verhalten (Verlassen des Schwarms, der Schutz bietet) nicht durch Selektion aus der Population entfernt. Da es die Fitness eher erhöhte, zeigten immer mehr Tiere dieses Verhalten, bis es sich in der Population durchsetzte.

Biologie (Niedersachsen): Erhöhtes Anforderungsniveau
Übungsaufgabe 3 (Bearbeitungszeit: ca. 300 min)

Leben in Fließgewässern – Die Meerforelle

Fließgewässer zählen aufgrund ihrer großen räumlichen und zeitlichen Vielfalt zu den komplexesten und artenreichsten Ökosystemen. Gleichzeitig gehören sie in Deutschland aber auch zu den am meisten bedrohten und gestörten Lebensräumen. Z. B. war die Meerforelle bis Anfang des zwanzigsten Jahrhunderts noch ein ständiger Gast in Norddeutschlands Flüssen und Bächen. Im Folgenden sollen Sie u. a. am Beispiel der Meerforelle wesentliche Aspekte von Fließgewässern erschließen.

1 **Zonierung und Abwasserbelastung von Fließgewässern**

1.1 Benennen Sie die Abschnitte eines typischen Fließgewässers in Mitteleuropa anhand der Leitarten und fassen Sie anhand M 1 die Veränderungen im Gewässerverlauf zusammen.

1.2 Ordnen Sie die Messergebnisse in M 2 entsprechend der Fließstrecke des untersuchten Bachs und begründen Sie Ihre Reihenfolge.

2 **Die Wiederansiedelung der Meerforelle**

2.1 Stellen Sie auf der Grundlage von M 3 die Besonderheiten der Meerforelle und die Anforderungen an ihre Laichregion dar.

2.2 Beurteilen Sie anhand der Daten in M 4 unter Berücksichtigung der Angaben in M 3 die Erfolgsaussichten für die Wiederansiedelung der Meerforelle im Wümmeprojekt.

3 **Die Osmoregulation der Meerforelle**

3.1 Begründen Sie anhand M 5 a und 5 b, weshalb und inwiefern die Meerforelle an den Aufenthalt im stark hyperosmotischen Salzwasser des Meeres besonders angepasst ist.

3.2 Erklären Sie mithilfe von M 5 c, weshalb die Meerforelle im Süßwasser nicht trinkt und wie sie das Problem löst, die Salzkonzentration ihrer Körperflüssigkeit auch im Süßwasser relativ konstant zu halten.

M 1: Ausgewählte Aspekte von Fließgewässern in Mitteleuropa

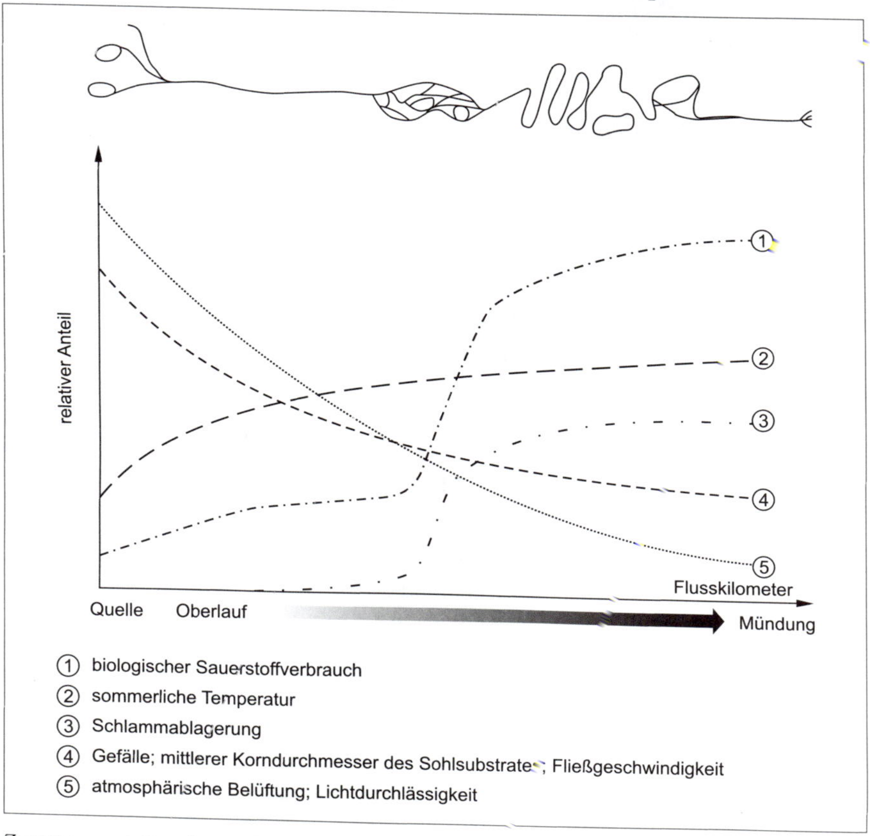

Zusammengestellt und verändert nach: Jungwirth, Matthias et al.: Angewandte Fischökologie an Fließgewässern, facultas, Wien 2003, Graw, M. Ökologische Bewertung von Fließgewässern, VDG, Bonn, 2001.

M 2: Abwasser im Bach

In einen Bach, dessen biologische Gewässergüte mit der Güteklasse I–II eingestuft wird, war seit einiger Zeit organisch belastetes Abwasser gelangt. Dies fiel erst bei einer Überprüfung der Sauerstoffverhältnisse im Bach an vier verschiedenen Probestellen auf. In der folgenden Abb. sind die Ergebnisse der Sauerstoff-Messungen in ungeordneter Reihung dargestellt. Eine Probestelle lag vor der Einleitungsstelle des Abwassers, an den Probestellen C und D fand man große Mengen des Schlammröhrenwurms *Tubifex tubifex*.

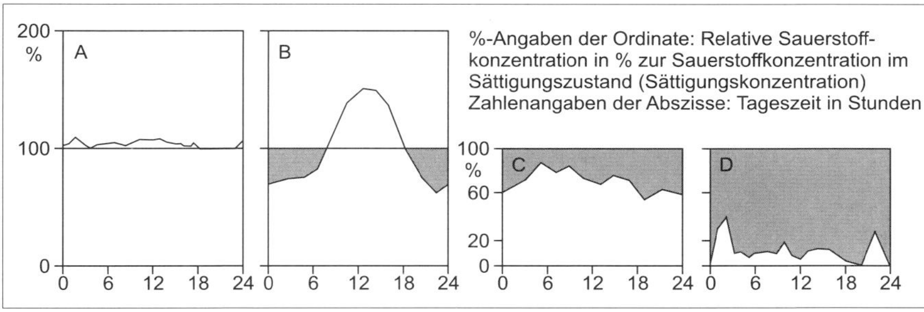

Verändert nach: Brehm, Jörg, Meijering, Meertinus P. D.: Fließgewässerkunde, Quelle und Meyer, Wiesbaden 1996, S. 83.

M3: Die Meerforelle

M 3a: Biologie der Meerforelle

Die Meerforelle *(Salmo trutta)* ist ein durchschnittlich 60–80 cm großer, räuberisch lebender Fisch in unseren Küstengewässern. Sie gilt als die Stammform von Bach- und Seeforelle und bildet mit ihnen eine Art. Wie der Lachs ist die Meerforelle ein anadromer Wanderer, d. h., sie wandert zur Fortpflanzung im Spätsommer aus dem Meer die Flüsse und Bäche hinauf bis in den Oberlauf des Fließgewässersystems. Bei dieser Wanderung können einzelne, große Exemplare auch einmal bis zu 1,50 m hohe Hindernisse überspringen. Anfang November bis Ende Januar erreicht die Meerforelle ihr Laichgewässer, das eine biologische Gewässergüte nicht schlechter als Güteklasse II (gering bis mäßig belastet) haben muss. Hier schlägt das Weibchen bei Fließgeschwindigkeiten von 0,3–0,6 m/s mit seiner Schwanzflosse Gruben in den kiesigen Untergrund (siehe M 3b). Die ca. 5 mm großen Eier werden nach der Ablage ca. 15 cm tief in das Kieslückensystem eingeschwemmt. Auf diese Weise laicht das Weibchen an mehreren Plätzen 5 000 bis 30 000 Eier ab, wobei die Eier von den Männchen sofort befruchtet werden. Ein großer Teil der Elterntiere schwimmt danach wieder zurück ins Meer. Je nach Wassertemperatur schlüpfen die Larven nach 80–210 Tagen aus den Eiern. Etwa 30 Tage lang ernähren sich die anfangs ca. 2 cm langen Larven im Kieslückensystem ihrer Laichgrube von ihrem großen Dottersack, wobei sie unbedingt Wasser mit einer Sauerstoffkonzentration von mindestens 7 mg/L benötigen. Dann verlassen sie die Laichgrube und machen Jagd auf wirbellose Wassertiere. Ihre ersten Lebensjahre verbringen die Jungtiere im steinigen, möglichst beschatteten Bachbereich mit Stromschnellen, bevor sie ins Meer abwandern. Hier werden sie nach 4–7 Jahren fortpflanzungsfähig.

Textzusammenstellung aus verschiedenen Quellen: u. a. Dirksmeyer, J.: Untersuchungen zur Ökomorphologie der Laichhabitate von Lachsen und Meerforellen in Deutschland, Dissertation, Verlag Natur und Wissenschaft, Solingen 2008, und http://www.pivi.de/_php/adodb/browse.php

M 3b: Laichplatz der Meerforelle im Kieslückensystem

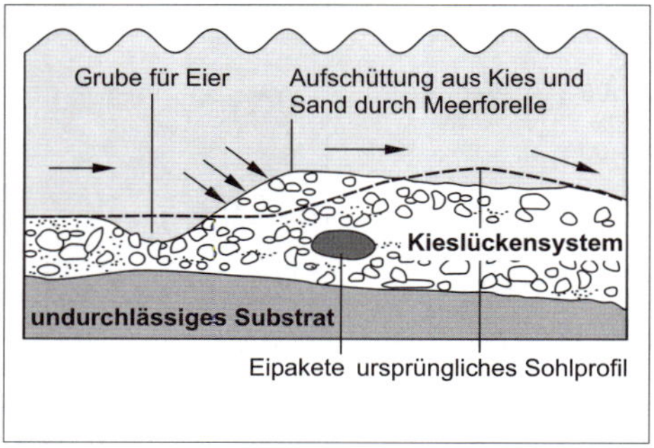

M 3c: Sterberate der Forelleneier in Zuchtbehältern nach Temperatur

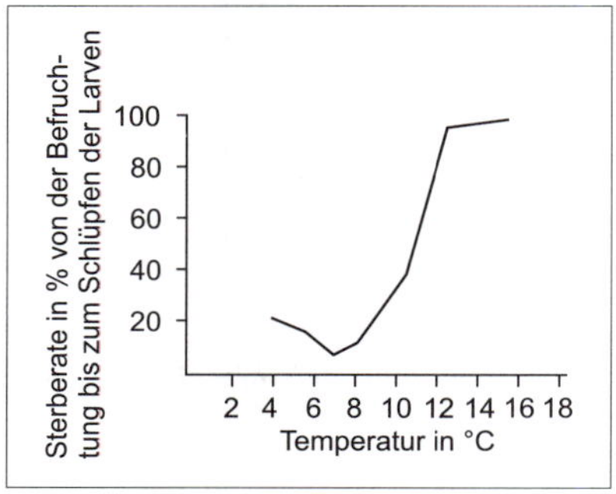

M 3d: Überlebensrate der Forelleneier nach Sauerstoffgehalt

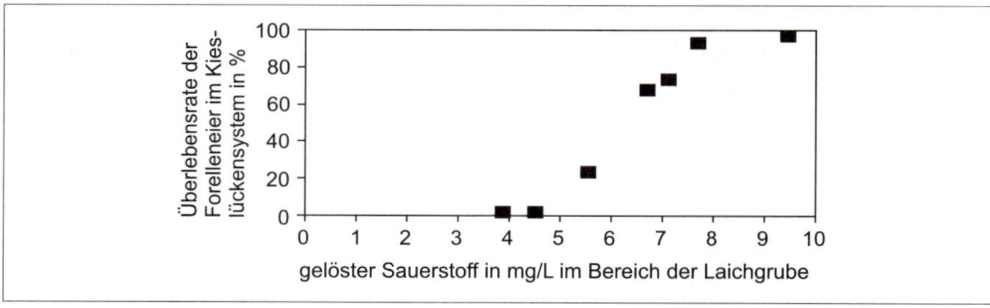

M 3b, c, d verändert nach Jungwirth, Matthias et al.: Angewandte Fischökologie an Fließgewässern, facultas, Wien 2003, S. 31 + 233.

M 4: Wiederansiedelung der Meerforelle im Wümmesystem

M 4a: Die Meerforelle und ihre Wiederansiedelung

Anfang des 20. Jahrhunderts führte der Gewässerausbau in den Bächen und Flüssen zum fast vollständigen Auslöschen der ehemals zahlreichen Populationen von Meerforellen in vielen Fließgewässern Norddeutschlands. Durch Abholzungen, Stauhaltung und Feinsedimenteintragungen aus der Landwirtschaft sowie durch Entwässerungsgräben verschlammten und eutrophierten außerdem die kiesigen Laichgründe der Meerforellen. Seit Ende des letzten Jahrhunderts gibt es verstärkte Bemühungen zur dauerhaften Wiederansiedelung der Meerforelle in Norddeutschland, indem Flüsse und Bäche wieder renaturiert werden sowie gezüchtete Jungfische in geeignet erscheinenden Bächen und Flüssen des norddeutschen Tieflands ausgesetzt werden. Für ein Projekt in der Wümme und ihren Zuflüssen östlich von Bremen liegen jetzt Untersuchungsergebnisse zu den Möglichkeiten der nachhaltigen Wiederansiedelung der Meerforelle vor.

M 4b: Untersuchungsergebnisse zur Eignung von Laichhabitaten für die Meerforelle in den Oberläufen des Wümmesystems

Untersuchungsfaktor an den infrage kommenden Laichplätzen	Anzahl der Probestellen	Eignung			Anmerkung
		gut	kritisch	nicht geeignet	
Sedimentzusammensetzung	8	1	4	3	nur künstlich aufgeschüttete Kiesbänke mit viel Feinsediment
Sauerstoffversorgung	8	2	0	6	(siehe M 3 d)
Wassertemperatur	4–8 °C				
Standorte für Jungfische	zu wenig vorhanden				nur wenige Stromschnellen
Biologische Gewässergüte	gering bis mäßig belastet (II), nach EU-WRRL gut				
Gewässerstrukturgüte	mäßig bis deutlich verändert				z. B. Umwandlung vom kiesgeprägten zum sandgeprägten Tieflandsbach
Flächennutzungsanteil im Bereich der Gewässer	44 % Ackerland				Entwässerungsgräben ohne Sandfang, wenig Bewaldung bzw. Beschattung
Eiablagetiefe	ca. 11 cm unter der Gewässerbodenoberfläche				
Meerforellenbestand	einzelne adulte Fische nach Stichprobenbefischung				

Zusammengestellt nach Dirksmeyer, J.: Untersuchungen zur Ökomorphologie der Laichhabitate von Lachsen und Meerforellen in Deutschland, Dissertation, Verlag Natur und Wissenschaft, Solingen 2008.

M 4c: Potenzielle Laichhabitate und Querbauwerke im Wümmesystem

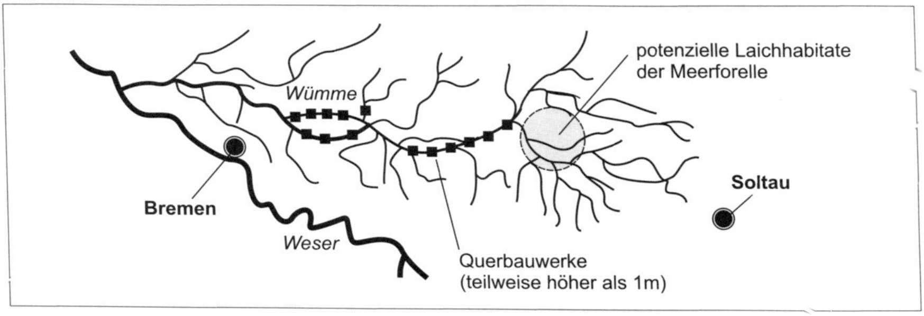

M 4d: Sauerstoffkonzentrationen an möglichen Laichplätzen im Wümmesystem

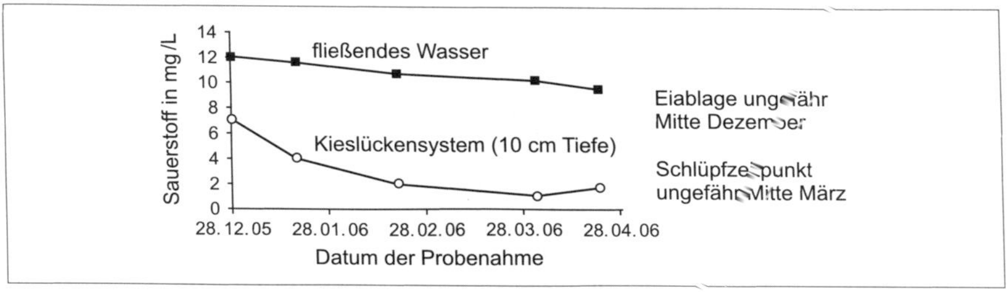

Verändert nach Dirksmeyer, J.: Untersuchungen zur Ökomorphologie der Laichhabitate von Lachsen und Meerforellen in Deutschland, Dissertation, Verlag Natur und Wissenschaft, Solingen 2008.

M 5: Osmoregulation

M 5a: Osmoregulation der Meerforelle im Meerwasser

Meerforellen haben, wie die meisten Wirbeltiere, eine Osmolalität von ca. 320–350 mosm/kg (≙ ca. 0,9 % Salzgehalt) in ihren Körperflüssigkeiten. Diese Konzentration müssen sie gegenüber dem Außenmedium ungefähr konstant halten, sonst könnten sie nicht überleben. Im Salzwasser der Meere sind bei einer Osmolalität von 1 020 mosm/kg (≙ ca. 3,5 % Salzgehalt) wesentlich mehr Ionen gelöst, während im Süßwasser die Osmolalität bei < 16 mosm/kg (≙ < 0,1 % Salzgehalt) weit darunter liegt. Als Wanderfisch besitzt die Meerforelle Regulationsmechanismen, die ihr in beiden Lebensräumen das Überleben ermöglichen. Eine wesentliche Rolle spielen dabei spezifische Zellen (Ionozyten) im Kiemenepithel der Meerforelle, durch die Ionen aktiv transportiert werden können. Im Meer trinkt die Meerforelle erhebliche Mengen des Salzwassers. Wenn man sie daran hindert, stirbt sie.

M 5b: Meerforelle im Salzwasser

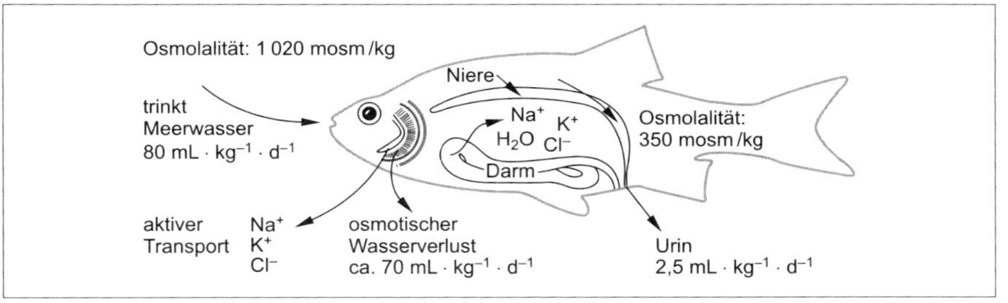

Verändert nach Beinbrech, Gernot, Penzlin, Heinz: Lehrbuch der Tierphysiologie, Spektrum, München 2005, Osmoregulation, S. 193.

M 5c: Meerforelle im Süßwasser

Wenn die Meerforelle in die Flüsse und Bäche zum Ablaichen zieht, hört sie auf Wasser zu trinken (d. h. Wasser aus dem Darm aufzunehmen), und die Konzentration des Hormons Prolactin im Blut steigt deutlich an. Prolactin bewirkt eine Veränderung der Nierenfunktion und eine Umgestaltung der Membranen in spezifischen Zellen der Kiemenschleimhaut. Dabei werden an den Außenmembranen Energie verbrauchende Protonen-ATPasen aktiviert, die für ein negatives Potenzial im Zellinnern sorgen.

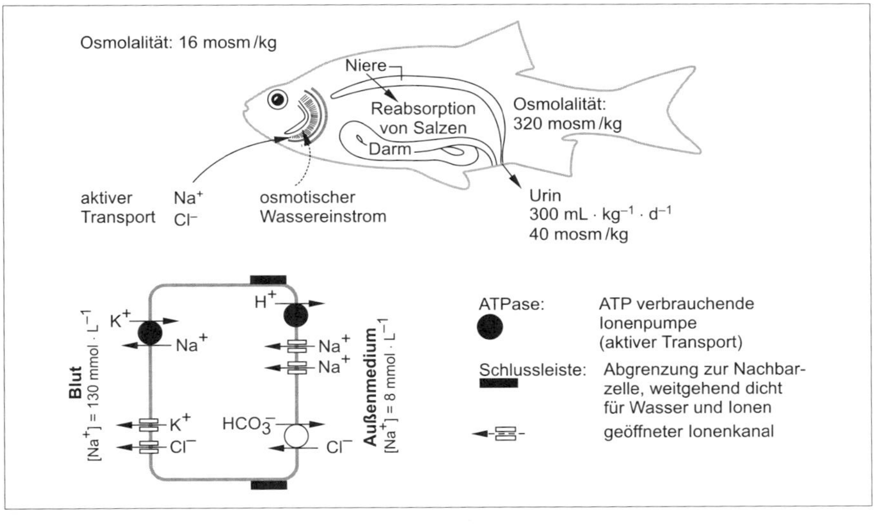

Verändert nach Beinbrech, Gernot, Penzlin, Heinz: Lehrbuch der Tierphysiologie, Spektrum, München 2005, Osmoregulation, S. 198.

Lösung

Die Aufgabe beinhaltet folgende Schwerpunktthemen:

Aquatische Ökosysteme
- *Nahrungsbeziehungen*
- *Osmoregulation bei Wanderfischen*
- *Ökologische Bewertung von Landschaftsbestandteilen: Bewertung von Fließgewässern: Gewässergüte, Gewässerstruktur*
- *Arten- und Biotopschutz: EU-Wasserrahmenrichtlinie, Renaturierung von Gewässern am Beispiel eines Fließgewässers*

Neurobiologie
- *ATPase als Ionenpumpe, Potenzialaufbau an Membranen*

1.1 *Nennen Sie zunächst die verschiedenen Zonen eines Fließgewässers (z. B. nach Fischleitarten), die auch in M 1 zum Ausdruck kommen. Anschließend sollen Sie nur den Trend der unterschiedlichen Faktoren in M 1 textlich zusammenfassen. Verlieren Sie sich dabei nicht in Einzelheiten und versuchen Sie nicht, die von Ihnen erfassten Tendenzen ausführlich zu begründen.*

Nennen:
Typische Zonen eines Fließgewässers nach ihren Leitarten: Quellregion (Salamander), Forellenregion (Bachforelle), Äschenregion, Barbenregion, Brachsenregion und Kaulbarsch-/Flunderregion

Zusammenfassen:
Die Wassertemperaturen nehmen im Sommer von der Quelle zur Mündung deutlich zu, entsprechend sinkt der Sauerstoffgehalt im Sommer, während die Fließgeschwindigkeit aufgrund des abnehmenden Gefälles zurückgeht. Als Folge gelangt auch nicht mehr so viel Sauerstoff aus der Luft in das Gewässer. Schlammablagerung und Sauerstoffzehrung (BSB) nehmen insbesondere beim Übergang von der Äschenregion in die Barbenregion relativ abrupt zu, während die Lichtdurchlässigkeit allmählich abnimmt. Außerdem wird das Substrat am Gewässerboden immer feinkörniger.

1.2 *Lesen Sie zunächst den Text zur Aufgabe sorgfältig durch, um das Problem und mögliche Hinweise zu den einzelnen Probestellen zu verstehen (z. B. Hinweise auf Tubifex-Funde). Dann schauen Sie sich die Diagramme zu den vier Probestellen genau an, um die Koordinaten zu erfassen und die unterschiedlichen relativen Sauerstoffkonzentrationen zu analysieren. Nun können Sie die Ergebnisse vergleichen und sich eine plausible Reihenfolge im Sinne einer Selbstreinigung des Fließgewässers nach der Belastung mit organischen, sauerstoffzehrenden Stoffen überlegen.*

Zuordnen:
Plausible Reihenfolge: A – D – C – B

Begründen:
A entspricht dem mit organischen Stoffen unbelasteten und nährsalzarmen Bach, da er einen ausgeglichenen Sauerstoffhaushalt nahe der Sättigungskonzentration zeigt.
D zeigt ganztägig eine sehr geringe relative Sauerstoffkonzentration, d. h. eine besonders starke Sauerstoffzehrung. Dies kann auf eine hohe organische Belastung und einen starken Abbau dieser Stoffe durch Dissimilation zurückgeführt werden. Als zusätzlicher Hinweis für diese Einschätzung ist das Auftreten großer Mengen von Schlammröhrenwürmern anzusehen, die noch bei sehr niedrigen Sauerstoffkonzentrationen vom organischen Bodenschlamm leben können. Pflanzliche Organismen als Sauerstofflieferanten können wegen der anzunehmenden, weiterhin geringen Nährsalzkonzentration noch nicht überleben.
C Auch hier zeigt sich eine gegenüber dem Sauerstoffsättigungswert noch deutlich geringere Sauerstoffkonzentration in Folge einer nach wie vor stattfindenden, aber bereits zurückgehenden Sauerstoffzehrung durch die Belastung mit organischen Stoffen. Dass tagsüber das Sauerstoffdefizit geringer ist, kann als Hinweis darauf gewertet werden, dass auch pflanzliche Organismen schon eine Rolle spielen, indem ihre Fotosynthese einen entsprechenden Sauerstoffausgleich bewirkt. Als Ergebnis der Abbauprozesse ist eine Zunahme der Nährsalzkonzentration anzunehmen.
B Dieser Abschnitt zeigt einen tagesperiodischen Wechsel von Sauerstoffdefizit und -übersättigung, d. h., die Belastung mit organischen, sauerstoffzehrenden Stoffen hat stark abgenommen. Die tagsüber auftretende Sauerstoffübersättigung ist als Hinweis für die zunehmende Sauerstoffproduktion aufgrund der Fotosynthese der Pflanzen anzusehen. Die nachts auftretende deutliche Sauerstoffzehrung kommt vermutlich durch die Dissimilation der Pflanzen und noch vorhandenen heterotrophen Lebewesen zustande. Man kann davon ausgehen, dass dieser Gewässerabschnitt infolge der Abbauprozesse der vorangehenden Gewässerabschnitte besonders nährsalzreich und damit eutrophiert ist.

2.1 *Für die Lösung dieser Aufgabe müssen Sie verschiedenartige Materialien zur Meerforelle miteinander in Beziehung setzen. Daher ist es zunächst nötig, sich die Materialien 3 alle genau anzusehen, um dann die Angepasstheiten der Meerforelle sinnvoll gegliedert herauszuarbeiten und die besonderen Anforderungen an ihr Laichhabitat zu charakterisieren. Als zusätzliche Hilfe können Sie auch M 1 benutzen. Außerdem müssen Sie Kenntnisse zur Untersuchung und Bewertung von Fließgewässern und deren Bewohnern aktivieren.*

Darstellen:
Die Meerforelle ist ein einheimischer Wanderfisch, der sich räuberisch von anderen Fischen ernährt und zur Fortpflanzung im Herbst aus seinem Lebensraum in den Küstengewässern in die Oberläufe unserer Flüsse und Bäche wandert, um dort abzulaichen bzw. die Eier zu befruchten. Das Laichgebiet muss für eine erfolgreiche Fortpflanzung der Meerforellen bestimmte Merkmale aufweisen: Für die Herstellung der Laichgrube durch die weiblichen Meerforellen ist ein kiesi-

ger, feinsedimentarmer, mindestens 15 cm starker Untergrund notwendig, wobei die Fließgeschwindigkeit des Wassers 0,3–0,6 m/s betragen soll. Die Wassertemperatur darf nicht höher als 10 °C sein, da sonst nach M 3c die Sterberate der Eier stark zunimmt. Die Sauerstoffkonzentration des Wassers im Bereich der Eier sollte dabei mindestens 7 mg/ℓ betragen, um nach M 3d eine Überlebensrate von ca. 80 % zu gewährleisten. Diese notwendige Mindestkonzentration gilt auch für das Überleben während der Larvalphase. Nach dem Schlüpfen aus dem Ei ernähren sich die Meerforellenlarven zunächst aus dem eigenen, anhängenden Dottersack, später dann von Bodentieren im Kieslückensystem ihrer Laichgrube. Nach dem Verlassen der Laichgrube leben die Jungtiere 2–3 Jahre im Oberlauf der Bäche und benötigen dafür sauerstoffreiche, schnell fließende, beschattete Bachabschnitte mit Stromschnellen und möglichst steinigem Untergrund. Anschließend wandern sie in die salzwasserhaltigen Küstengewässer und kehren nach ca. 4–7 Jahren im fortpflanzungsfähigen Alter in ihre Brutgewässer zurück.

2.2 *Für diese recht komplexe Aufgabe müssen Sie nun alle Daten aus den Materialien 4 unter Einbeziehung Ihrer Ergebnisse aus Aufgabe 2.1 miteinander verknüpfen, um eine fachlich fundierte Stellungnahme zu den Erfolgsaussichten des Wiederansiedelungsprojekts im Wümmesystem abgeben zu können. Erfassen Sie die Materialien 4 a–c und vergleichen Sie die Situation im Wümmesystem mit Ihren Daten zu den notwendigen Anforderungen an die Laichgebiete der Meerforelle aus Aufgabe 2.1 bzw. den Materialien 3.*
Machen Sie sich Stichpunkte (z. B. in Form einer Tabelle), welche Informationen für und welche gegen eine dauerhafte Wiederansiedelung der Meerforellen im Wümmesystem sprechen. Führen Sie dann Ihre Stichpunkttabelle textlich aus.

Beurteilen:
Für einen Erfolg des Projekts sprechen folgende Angaben in M 4:
Für einzelne Exemplare von Meerforellen gelang durch Befischung im Wümmesystem der Anwesenheitsnachweis. Fließgeschwindigkeit und Wassertemperatur entsprechen den Anforderungen an das Laichhabitat der Meerforelle. Kiesbänke als Laichsubstrat sind vorhanden. Auch die Biologische Gewässergüte ist mit Güteklasse II noch ausreichend für die Meerforelle.

Gegen einen Erfolg des Projekts sprechen folgende Ergebnisse:
Die Strukturgüte der potenziellen Laichgewässer liegt im mäßig bis deutlich veränderten Bereich, der Eintrag von Sand/Feinsediment ist aufgrund der Umgebungsnutzung relativ hoch. Die künstlich aufgeschütteten Kiesbänke enthalten viel Feinsediment im Kieslückensystem, sodass der für die Eientwicklung notwendige Sauerstoffgehalt im fließenden Oberflächenwasser zwar ausreicht, aber im Kieslückensystem meist unter 7 mg/L abfällt. Eine ausreichende Sauerstoffversorgung ist daher im Kieslückensystem nicht mehr gewährleistet. Durch die zahlreichen Querverbaue im Mittel- und Unterlauf der Wümme ist die Erreichbarkeit der potenziellen Laichgewässer für die Meerforelle zumindest stark eingeschränkt, für die meisten Meerforellen vermutlich gar nicht möglich.

Als Fazit kann man daraus ableiten, dass ohne begleitende Maßnahmen zur deutlichen Verbesserung der Strukturgüte des Wümmesystems eine dauerhafte, sich selbst erhaltende Wiederansiedelung der Meerforelle nicht wahrscheinlich ist.

3 *In dieser Aufgabe werden mit den Aspekten zur Osmoregulation von Fischen Ihre Kenntnisse zu besonderen ökophysiologischen Angepasstheiten an den Wechsel zwischen den Lebensräumen Meerwasser und Süßwasser thematisiert. In beiden Aufgaben müssen Sie Textangaben mit den entsprechenden Schaubildern verknüpfen, um zur sachgerechten Darstellung der osmoregulatorischen Probleme und Angepasstheiten an das Meerwasser bzw. an das Süßwasser zu kommen.*

3.1 *Arbeiten Sie zunächst anhand des Textes das besondere osmoregulatorische Problem für die Meerforelle im Salzwasser heraus und versuchen Sie dann, die entsprechenden Angepasstheiten mithilfe des Schaubildes wiederzugeben.*

Begründen:
Die Körperflüssigkeit der Meerforelle ist gegenüber dem Meerwasser stark hypoosmotisch, daher gibt es für die Wassermoleküle ein Konzentrationsgefälle in Richtung Außenmedium, sodass der Fisch über die Kiemen und teilweise auch über die Niere ständig Wasser verliert (Fisch: 350 mosm/kg, Salzwasser: 1020 mosm/kg). Dadurch ergibt sich aber auch ein gefährlicher Konzentrierungseffekt bezüglich der Salzionen im Körper. Zur Kompensierung des Wasserverlustes muss die Meerforelle ständig Salzwasser trinken. Dabei nimmt sie über den Darm aber auch viele Salzionen auf. Diese osmotisch wirksamen Salzionen kann die Meerforelle mithilfe von speziellen Zellen in der Schleimhaut der Kiemen aktiv, d. h. unter Energieverbrauch, wieder ausscheiden, sodass sie die Salzkonzentration in ihren Körperflüssigkeiten in etwa konstant hält. Insofern ist die Meerforelle in besonderer Weise an die Salzkonzentrationen im Meerwasser angepasst.

3.2 *Arbeiten Sie auch für diese Aufgabe zunächst das osmotische Problem der Meerforelle im Lebensraum Fließgewässer heraus und interpretieren Sie dann die beiden Schaubilder in M 5 c.*

Erklären:
Im ionenarmen Süßwasser sind die Körperflüssigkeiten der Meerforelle hyperosmotisch gegenüber dem Außenmedium. Daher gibt es einen ständigen Wassereinstrom durch die Hautoberfläche und insbesondere die Kiemenschleimhäute. Auf Dauer würden die Körperflüssigkeiten dadurch stark verdünnt werden (und die Zellen evtl. platzen). Trinken des Süßwassers würde diesen Effekt zusätzlich verstärken.
Den veränderten osmotischen Verhältnissen ihrer neuen Umgebung im Süßwasser muss sich die Meerforelle also anpassen können. Durch die Ausschüttung von Prolactin werden die Nierenfunktion und die Osmoregulation über die Kiemenzellen umgestellt. Die Meerforelle hört auf zu trinken und über die Nieren werden große Mengen eines zur Körperflüssigkeit hypoosmolaren Urins ausge-

schieden. Gegenüber dem Außenmedium ist der Urin allerdings noch deutlich hyperosmolar, sodass dem Körper, neben der Wasserausscheidung, durch die Urinbildung auch ständig Salzionen verloren gehen.

Durch das Prolactin werden die Kiemenzellen so umgestaltet, dass die Dichtigkeit gegenüber dem Wassereinstrom heraufgesetzt wird (Schlussleisten). Außerdem nehmen die Zellen Na^+- und Cl^--Ionen selektiv aus dem Außenmedium auf. Dies geschieht in einer Art Ionenaustauschverfahren von Na^+-Ionen gegenüber H^+-Ionen, indem mithilfe einer Energie verbrauchenden ATPase H^+-Ionen ins Außenmedium transportiert werden. Dadurch entsteht ein negativer Ladungsüberschuss im Inneren der Zelle, sodass Na^+-Ionen durch spezifische Kanäle von außen einströmen können. Im weiteren Austausch mit HCO_3^--Ionen werden auch Cl^--Ionen eingeschleust. Über eine Energie verbrauchende Na^+/K^+-ATPase (Ionenpumpe), die an der zur Körperflüssigkeit hin liegenden Membran aktiv wird, werden die Na^+-Ionen dann aktiv in die Körperflüssigkeiten (Blut) geschleust, während die Cl^--Ionen passiv folgen. Über diese Regulationsmechanismen ist gewährleistet, dass die Meerforellen auch im Süßwasser ihren Ionenhaushalt ständig im Gleichgewicht halten können.

Biologie (Niedersachsen): Erhöhtes Anforderungsniveau
Abiturprüfung 2007 – Aufgabe I

Schleichende Todesschützen

Kegelschnecken sind sehr schön gemusterte Schnecken mit einem kegel- bzw. konusförmigen Haus. Sie kommen mit nur wenigen Ausnahmen in tropischen und subtropischen Meeren vor, wo man sie oft am Strand finden kann. Die begehrten Sammlerobjekte verursachen jedoch aufgrund ihrer zum Teil erheblichen Giftigkeit immer wieder schwere Vergiftungen, die sogar tödlich enden können. Es ist daher verständlich, dass die Forscher sich für diese Schnecken in besonderem Maße interessieren.
In den folgenden Aufgaben sollen Sie sich mit nerven- und sinnesphysiologischen, stoffwechselphysiologischen und evolutiven Aspekten im Zusammenhang mit Kegelschnecken auseinander setzen.

1 Nerven- und stoffwechselphysiologische Aspekte

1.1 Vergleichen Sie den Bau und die Eigenschaften der in M 1 genannten Sauerstofftransportproteine bei 36 °C.

1.2 Entwickeln Sie anhand von M 1b und M 1c eine begründete Hypothese für die Tatsache, dass Kegelschnecken oft tot aufgefunden werden, wenn sie in kalte Gewässer geraten.

1.3 Erläutern Sie die Vorgänge bei der Erregungsübertragung an einer motorischen Endplatte anhand einer beschrifteten, die Vorgänge verdeutlichenden Skizze.

1.4 Beschreiben Sie den Bau eines Muskels der quergestreiften Muskulatur. Erläutern Sie die Vorgänge beim Ablauf der Muskelkontraktion nach erfolgter Erregungsübertragung unter besonderer Berücksichtigung der Rolle des ATP.

1.5 Ermitteln Sie im Einzelfall, welche Auswirkungen die in M 2 genannten Conotoxine auf die Erregungsübertragung und die Muskeltätigkeit haben.

1.6 Beurteilen Sie auf der Grundlage von M 2 und M 3 Vorzüge und Nachteile der Verabreichung von Morphin und ω-Conotoxin in der Schmerztherapie.

2 Sinnesphysiologische Aspekte

2.1 Erläutern Sie auf molekularer Ebene den Verlauf des in M 4 dargestellten Rezeptorpotenzials in dem Stäbchen eines Menschen ausgehend von der Einwirkung eines Lichtreizes.

2.2 Entwickeln Sie eine begründete Hypothese zur Erklärung des Rezeptorpotenzialverlaufs bei der Kegelschnecke. (M 4)

3 Evolutive Aspekte

3.1 Skizzieren Sie den Stammbaum der Weichtiere anhand von M5, indem Sie die in der Tabelle aufgeführten Merkmale (A–K) heranziehen und im Stammbaum entsprechend platzieren.
Begründen Sie Ihre Entscheidungen.

M1: Sauerstoff bindende Transportproteine

M1a: Information

Spezielle Transportproteine steigern den Gastransport im Blut vieler Organismen. Dabei erhöhen sie auch den osmotischen Wert der Transportflüssigkeit. Um diesen Effekt mit allen seinen Folgen möglichst gering zu halten, sind die Transportproteine entweder zu großen Molekülzusammenschlüssen vereinigt oder in speziellen Transportzellen eingelagert. Die im Blutplasma gelösten Transportproteine haben deutlich höhere molare Massen als die zellulär gebundenen, welche in der Zelle eine extrem hohe Packungsdichte aufweisen. In der Muskulatur der Schnecken ist wie bei den Wirbeltieren Myoglobin vorhanden.
Schnecken enthalten das Sauerstofftransportprotein Hämocyanin gelöst im Blutplasma, das folgende Merkmale aufweist:

Sauerstoff-Transportprotein	**Anzahl der Globinmoleküle im Transportprotein**	**Farbe (oxy./desoxy.)**	**Zentralion**
Hämocyanin	24–60	blau/farblos	Cu^{2+}

Zusammengestellt aus: Wehner, R., Gehring, W.: Zoologie. Georg Thieme Verlag, Stuttgart, New York 2007

M1b: Sauerstoffbindungskurven des Hämoglobins und des Myoglobins bei etwa 36 °C

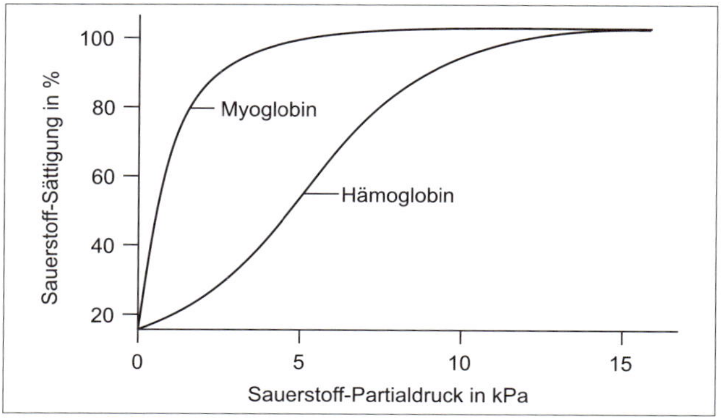

Abb. verändert aus: Bickel, H., u. a.: Natura Stoffwechsel Lehrerband. Ernst Klett Schulbuchverlag, Stuttgart 1995

M 1c: Sauerstoffbindungskurve des Hämocyanins

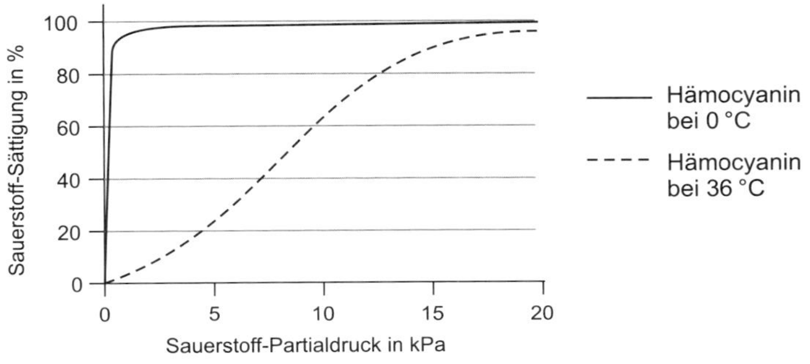

Erstellt nach Daten aus: Conze, W.: Untersuchung zur Temperaturabhängigkeit der Sauerstoffbindungseigenschaft von Hämocyanin. Dissertation zur Erlangung des Grades Doktor der Naturwissenschaften, Mainz 2005.

M 2: Wirkung verschiedener Conotoxine im Körper der Beute

Information: Kegelschnecken der Gattung *Conus* gehören den räuberischen Meeresschnecken an und sind in Gewässern gemäßigter Breiten recht selten. Die Schnecke lauert, im Boden eingegraben, auf vorbeischwimmende Fische und lockt ihre Opfer durch Präsentation ihres rötlichen Schlundrohres an. Schnappt der Fisch nach diesem Köder, fährt die Schnecke ihr rötliches Schlundrohr aus und schießt durch das Schlundrohr dem Fisch einen vergifteten Pfeil in das Maul. Dieser Giftpfeil enthält einen Hohlraum, im dem hochwirksame Gifte, verschiedene, sich in ihrer Wirkung ergänzende Conotoxine, beim Abschuss hineingepresst werden und in das Beutetier gelangen. Innerhalb einiger Sekunden ist das Tier bewegungsunfähig. Der Fisch bleibt hilflos liegen und wird von der Schnecke verschlungen.
Einige Sekunden bevor es zur Verhinderung der Signalübertragung durch das ω- und das α-Conotoxin kommt, wirken bereits das δ- und das κ-Conotoxin.

Conotoxin	**Mechanismus am Wirkungsort**
ω	blockiert die Ca^{2+}-Ionenkanäle am synaptischen Endknöpfchen
α	blockiert die Acetylcholinrezeptoren der Muskelfasermembran
δ	öffnet die Na^{+}-Kanäle an den Ranvier'schen Schnürringen
κ	hemmt die K^{+}-Kanäle an den Ranvier'schen Schnürringen

Zusammengestellt aus: Putzier, I., Frings, S.: Vom Jagdgift zur neuen Schmerztherapie. In: Biologie in unserer Zeit, Heft 3 (2002), S. 148–158

M3: Einsatz von Conotoxinen in der Schmerztherapie

Morphine werden seit langem erfolgreich in der Schmerztherapie eingesetzt. Die Ca^{2+}-Ionenkanäle in der Synapse der Schmerzsinneszellen zeigen eine interessante Besonderheit: Sie schließen sich bei Anlagerung von Morphin an die Opiat-Rezeptoren, eine Schmerzlinderung ist die Folge.
Wie erfolgreich Toxine aus Tiergiften in der Medizin eingesetzt werden können, zeigt auch das Beispiel des ω-Conotoxins. Es wird seit 1996 in der Schmerztherapie eingesetzt, Conotoxin bleibt auch über eine längere Anwendungszeit hin in geringen Dosen wirksam.
cAMP-Gehalt der Schmerzsinneszellen bei längerer Einwirkung gleich konzentrierten Morphins und plötzlichem Morphin-Entzug:

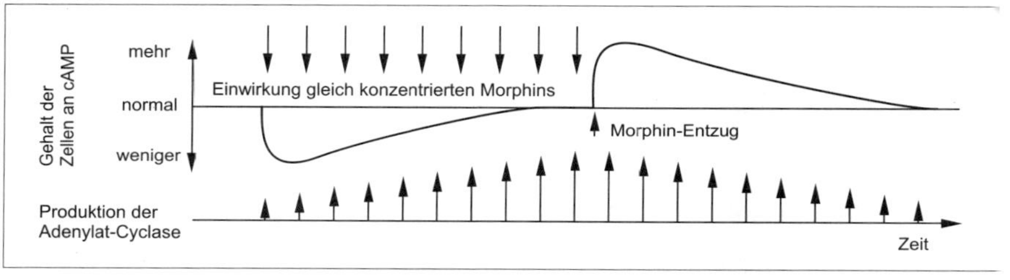

Verändert aus: Haas, L., Hedewig, R.: Endogene Morphine und Abhängigkeit von Opiaten. In: Unterricht Biologie, Heft 194 (1994), S. 39–42

M4: Rezeptorpotenziale

Ihre Beute nimmt die Kegelschnecke mit Hilfe einfacher Linsenaugen wahr.
Bestrahlt man eine Lichtsinneszelle einer Kegelschnecke und ein Stäbchen eines Menschenauges für eine Sekunde mit Licht, so lassen sich schematisch folgende Rezeptorpotenziale ableiten.

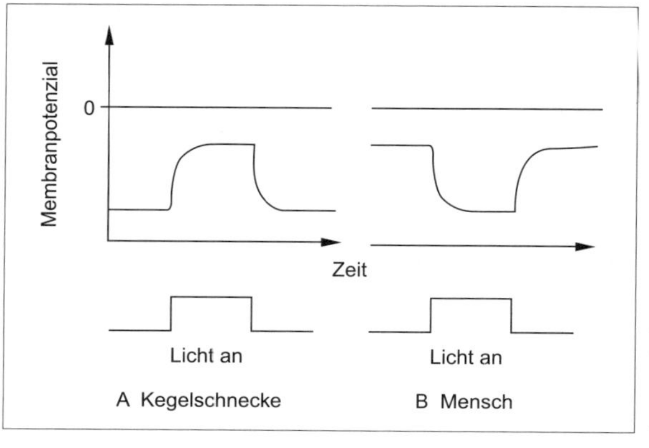

Abb. verändert nach: Eckert, R., Randall, D., Burggren, W., French, K.: Tierphysiologie. Georg Thieme Verlag, Stuttgart, New York 2002, S. 383

M5: Stammbaum der Weichtiere (Mollusca)

Die Verwandtschaftsbeziehungen zwischen den Weichtieren *(Mollusca)*, zu denen auch die Kegelschnecken als echte Schnecken gehören, waren lange Zeit unsicher. Durch genauere Untersuchungen vieler körperlicher Merkmale ist es gelungen, die phylogenetische (stammesgeschichtliche)Verwandtschaft der *Mollusca* weitgehend exakt zu rekonstruieren. Das **dafür nötige** Vorhandensein **(+)** oder Fehlen **(–)** einiger entscheidender abgeleiteter Merkmale ist in folgender Tabelle aufgetragen.

Phylogenetische Systematik der *Mollusca:*

	A	B	C	D	E	F	G	H	I	J	K
Polyplacophora (Käferschnecken)	+	+	–	–	–	–	–	+	–	–	–
Aplacophora (Schalenlose Mollusca)	+	–	–	–	–	–	–	–	+	–	–
Neoplinida (---)	+	–	+	–	–	–	+	+	–	–	–
Gastropoda (echte Schecken)	+	–	+	+	–	+	–	+	–	–	+
Ancyropoda (Kahnfüßler u. Muscheln)	+	–	+	+	–	–	–	+	–	+	–
Cephalopoda (Kopffüßler)	+	–	+	+	+	+	–	+	–	–	–

Zusammengestellt aus: Ax, Peter: Das System der Metazoa II, 1999.
© Spektrum Akademischer Verlag, Heidelberg

Die folgenden Angaben dienen lediglich der Veranschaulichung!

Merkmale:
A Radula-Apparat sowie 1 Paar Kiemen
B äußere Kalkschicht der Schale durchzogen mit Strängen von Sinneszellen
C einheitlich flache Schale sowie Vorhandensein einer Perlmuttschicht
D ganglioneurales Nervensystem
E Fangarme sowie 1 Paar everser Lochkameraaugen
F Muskelsystem zur raschen Streckung von Fuß und Tentakeln
G mehrere Nierenpaare sowie 2 Paar Herzvorkammern
H feste Kalkschale sowie 1 Paar Nieren
I wurmförmiger Habitus
J Grab- und Ankerfuß
K Schild zum Verschließen der Gehäuseöffnung

Lösung

Die Aufgabe beinhaltet die folgenden Schwerpunktthemen:

Stoffwechsel und seine Regulation:

- *Zellatmung und Gärung: Einbindung in übergreifende Zusammenhänge (allosterische Proteine), Sauerstoffbindungskurven von Hämoglobin und Myoglobin*
- *Spezielle Aspekte des Energieumsatzes: Verbrauch von ATP am Beispiel der Muskelkontraktion, Energieentwertung (Temperaturregulation)*

Informationsverarbeitung:

- *Reizaufnahme, Erregungsbildung und -weiterleitung: menschliche Lichtsinneszelle, molekulare Grundlagen des Rezeptorpotenzials, Erregungsleitung, Synapsenvorgänge und Verrechnung*
- *Nervensystem: molekulare Grundlagen der Muskelkontraktion*
- *Wirkung von Medikamenten und Drogen: Wirkung von Neurotoxinen und psychoaktiven Stoffen an Synapsen, Suchtmechanismus auf zellulärer Ebene am Beispiel der Morphinsucht*

Evolution:

- *Ursachen der Evolution: Evolutionsfaktoren und ihr Zusammenwirken, Artbildung*
- *Verlauf der Evolution: Belege für den Verlauf der Evolution, Erstellung eines Stammbaumes*

1.1 *Analysieren Sie das Material M 1 sorgfältig im Hinblick auf Bau und Eigenschaften der Transportproteine und berücksichtigen Sie Ihre Kenntnisse über Myoglobin und Hämoglobin. Stellen Sie dann Unterschiede und Gemeinsamkeiten heraus.*

Sowohl Hämoglobin als auch Hämocyanin stellen Proteine dar, die in der Quartärstruktur vorliegen. Während Hämoglobin aus 4 Globinmolekülen besteht, wird das Hämocyanin aus 24 bis 60 Untereinheiten gebildet. Dies sowie die Sauerstoffbindungskurven der beiden Moleküle, die einen sigmoiden (s-förmigen) Verlauf zeigen, weisen darauf hin, dass es sich um allosterische Proteine handelt. Dagegen liegt Myoglobin als einsträngiges Polypeptid nur in der Tertiärstruktur vor. Seine Sauerstoffsättigung zeigt einen hyperbolischen Kurvenverlauf, was einer normalen Sättigungskurve entspricht. Im Gegensatz zum Hämoglobin und dem Myoglobin, die in ihrer Hämgruppe als Zentralion ein Fe^{2+}-Ion tragen, besitzt das Hämocyanin als Zentralion ein Cu^{2+}-Ion. Ein weiterer Unterschied besteht darin, dass Hämocyanin im oxygenierten Zustand blau und in der desoxygenierten Form farblos ist, während Hämoglobin bei Sauerstoffbindung hellrot und ohne Sauerstoff dunkelrot erscheint. Hämoglobin und Myoglobin liegen im Zytoplasma von Erythrozyten bzw. Muskelfasern vor, Hämocyanin ist hingegen im Blutplasma gelöst.

In Bezug auf Sauerstoff zeigt das Myoglobin eine deutlich höhere Affinität als Hämoglobin. Bei einem Partialdruck von 2 kPa ist das Myoglobin bereits zu 80 % gesättigt, das Hämoglobin dagegen erst zu 20 %. Die Sauerstoffaffinität des Hämocyanins ist geringer als die des Hämoglobins. Während beim Hämoglobin unter einem Partialdruck von 10 kPa und gleicher Temperatur (36 °C) etwa 90 % der Bindungsstellen mit Sauerstoff besetzt sind, beträgt die Sättigung beim Hämocyanin nur 65 %.

1.2 *Bei dieser Aufgabe müssen Sie den Gesamtzusammenhang der Informationen aus den Materialien M 1b und M 1c in Bezug auf die Lebensvorgänge der Schnecken betrachten.*

Schnecken gehören zu den poikilothermen (wechselwarmen) Organismen, was bedeutet, dass ihre Körpertemperatur der Umgebungstemperatur entspricht. Abbildung M 1c zeigt, dass unter niedrigen Temperaturen die Sauerstoffaffinität des Hämocyanins deutlich höher liegt als bei höheren Temperaturen (36 °C). So ist Hämocyanin bei geringem Sauerstoffpartialdruck und einer Temperatur von 0 °C zu fast 100 % gesättigt. Das bedeutet, dass unter diesen Bedingungen das Hämocyanin den Sauerstoff in den Kiemen zwar gut aufnehmen, ihn aber nicht an das Myoglobin abgeben kann. Dadurch wird die Energiegewinnung der Muskelzellen deutlich vermindert, was auf Dauer den Tod der Tiere bedeutet.

1.3 *Erstellen Sie zunächst eine Skizze, die die Synapse an einem Skelettmuskel zeigt. Achten Sie darauf, dass die Vorgänge, die sich hier abspielen in Ihrem Schema deutlich werden.*
Für die nachfolgende Beschreibung der elektrochemischen Prozesse könnte es hilfreich sein, wenn Sie die Pfeile Ihrer Zeichnung, die die Vorgänge veranschaulichen sollen, nummerieren. Dann können Sie sich in Ihren Ausführungen darauf beziehen.

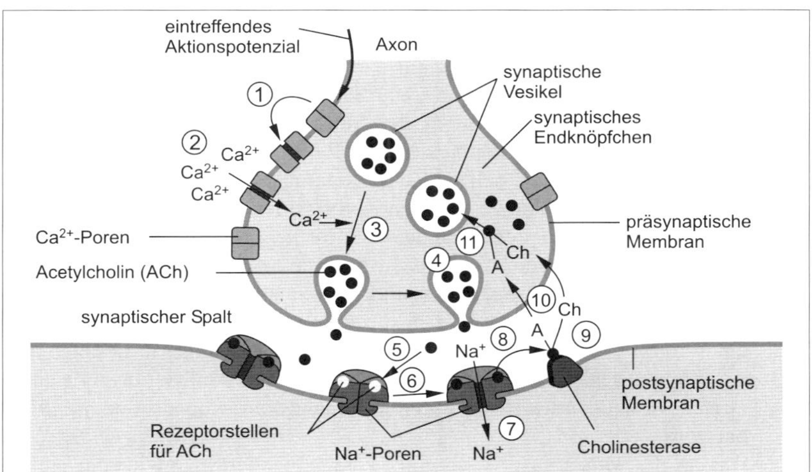

Aktionspotenziale 4 (im Folgenden abgekürzt mit AP), die in der Präsynapse eintreffen, bewirken die Öffnung von spannungsabhängigen Ca^{2+}-Ionenporen (1). Als Folge davon strömen Ca^{2+}-Ionen entlang ihres Konzentrationsgefälles in das Zellinnere (2), wo sie ein Verschmelzen der mit Transmitter gefüllten Vesikel mit der präsynaptischen Membran auslösen (3). Die Transmittermoleküle – an motorischen Endplatten handelt es sich hierbei grundsätzlich um Acetylcholin – gelangen in den synaptischen Spalt (4) und diffundieren zur postsynaptischen Membran. Dort binden sie kurzzeitig an spezifische Rezeptoren von Na^{+}-Kanälen (5), was zur Öffnung dieser Tunnelproteine führt (6). In der Konsequenz strömen Na^{+}-Ionen entlang eines elektrochemischen Gradienten in die Muskelzelle (7). Dadurch wird die Muskelfasermembran depolarisiert, es entsteht ein Endplattenpotenzial, das sich über die Membran fortpflanzt und bei Überschreitung des Schwellenwerts in eine bestimmte AP-Frequenz transformiert wird, die die Muskelkontraktion auslöst. Ein ebenfalls in der postsynaptischen Membran integriertes Enzym – die Cholinesterase – spaltet (9) bei Kontakt mit diffundierenden Transmittermolekülen (8) diese in Acetat und Cholin. Diese beiden Substanzen (10) diffundieren durch die präsynaptische Membran zurück in das synaptische Terminal, wo sie unter Energieverbrauch zu Acetylcholin resynthetisiert und in Vesikel (11) verpackt werden.

1.4 *In dieser Teilaufgabe geht es zunächst darum, den Aufbau der Skelettmuskulatur von der Organebene bis hin zur strukturellen Ebene der Einzelzelle zu beschreiben. Anschließend ist die elektromechanische Kopplung darzustellen, die die Muskelkontraktion ausmacht.*

Jeder Skelettmuskel ist umgeben von einer Muskelhaut, die an seinen Enden zu den Sehnen ausläuft, mit denen der Muskel am Knochen befestigt ist. Diese Haut umgrenzt ein Bindegewebe, in das zahlreiche Muskelfaserbündel eingelagert sind. Jedes Muskelfaserbündel besteht aus einer Vielzahl an Muskelfasern, die die eigentlichen Muskelzellen darstellen. Eine einzelne Muskelfaser wird begrenzt durch eine Membran, dem Sarkolemma, die viele Einstülpungen ins Zellinnere aufweist. Im Innern der Muskelfaser grenzen diese transversalen Tubuli dicht an das sarkoplasmatische Retikulum, das als Ca^{2+}-Speicher fungiert. Weiterhin findet sich im Zellplasma neben den typischen Zellorganellen eine große Zahl an langgestreckten Myofibrillen, die den kontraktilen Apparat der Muskelfaser darstellen. Jede Myofibrille besteht aus hintereinander geschalteten Sarkomeren, die beidseitig durch jeweils eine Z-Scheibe begrenzt werden. An diesen Z-Scheiben sind in Längsrichtung der Myofibrille dünne Filamente aus Aktinmolekülen fest verankert. Zwischen den Aktinfilamenten eines Sarkomers sind dicke Myosinfilamente eingelagert. Bedingt durch die Anordnung der Myofilamente innerhalb einer Muskelfaser ergibt sich ein spezifisches Bandenmuster, das unter dem Lichtmikroskop als Querstreifung sichtbar wird.

Das an der Muskelfaser nach einer Erregungsübertragung ausgelöste Endplattenpotenzial breitet sich als spezifische AP-Abfolge (siehe Aufg. 1.3) über die

Membran bis ins Innere der Muskelfaser aus. Dadurch wird im Bereich des sarkoplasmatischen Retikulums (s. o.) die Freisetzung von Ca^{2+}-Ionen ausgelöst. Die erhöhte Ca^{2+}-Konzentration im Zellplasma bewirkt die Freilegung der Bindungsstellen an den Aktinfilamenten für die Myosinmoleküle. Aktin- und Myosinfilamente stellen die für die Muskelkontraktion maßgeblichen Strukturen dar. Myosin kann sich jedoch nur an das Aktin heften, wenn es zuvor ATP an seinen Molekülkopf gebunden hat. Die Aufnahme von ATP bewirkt eine Aufrichtung des Myosinkopfes im Winkel von 90° zum Molekülrest, dem Myosinschwanz. Kommt es zum Kontakt des Myosinkopfes mit dem Aktinfilament, so führt die Hydrolyse des ATP sowie die Freisetzung seiner Spaltprodukte zu einer Winkeländerung des Myosinköpfchens von 90° auf 45°. Infolge davon werden die Aktinfilamente eines Sarkomers zu dessen Mitte gezogen, wodurch sich die Myofibrille und damit letztlich auch der Muskel verkürzt. Nach dem Abklingen der Erregung wird das Ca^{2+} aktiv in das sarkoplasmatische Retikulum zurückgepumpt. Damit sich das Myosin nun wieder vom Aktin löst, ist eine erneute Bindung von ATP notwendig (Weichmacherwirkung), die letztlich in einer Aufrichtung des Myosinkopfes (Vorspannung) resultiert.

1.5 *Hier sollen einerseits die molekularen Wirkungen der Conotoxine einzeln betrachtet und dargelegt werden sowie deren Folgen für die Muskeltätigkeit. Bei der biochemischen Wirkung sollten Sie nur auf die unmittelbaren Folgen eingehen, die sich direkt nach der Gifteinwirkung ergeben. Da Sie wesentliche Prozesse der Erregungsübertragung sowie der elektromechanischen Kopplung bereits dargestellt haben, können Sie in Ihren Ausführungen an dieser Stelle darauf verweisen und so Zeit einsparen.*

Das ω-Conotoxin blockiert Ca^{2+}-Ionenporen an Synapsen. Daraus ergibt sich, dass ein eintreffendes AP keinen Ca^{2+}-Einstrom in die Zelle mehr auslöst, wodurch eine Transmitterfreisetzung in den synaptischen Spalt unterbleibt (siehe auch Ausführungen zu 1.3). In der Konsequenz wird auch die Depolarisation der Membran der Empfängerzelle unterbunden. Im Falle einer Muskelfasermembran bleibt der Muskel gelähmt (vgl. 1.3 und 1.4).
Das α-Conotoxin blockiert die Acetylcholinrezeptoren an Muskelfasermembranen. Wird nun der Transmitter durch einen Impuls an der Präsynapse einer motorischen Endplatte freigesetzt, so kann er nicht mehr an die Rezeptoren der Postsynapse binden. Als Folge davon bleiben die Ionenporen geschlossen und ein Endplattenpotenzial wird nicht mehr ausgelöst (siehe auch 1.3 und 1.4). Auch in diesem Fall bleibt der Muskel gelähmt.
Das δ-Conotoxin öffnet die Na^+-Kanäle am Axon eines Neurons auch ohne, dass zuvor ein Erregung ausgelöst wurde. Aufgrund des chemischen Gradienten der Na^+-Ionen sowie des elektrischen Gradienten des Ruhepotenzials strömt nun Na^+ in den Neuriten ein und depolarisiert seine Membran. Die daraus resultierende Spannungsänderung zieht eine Öffnung der K^+-Kanäle nach sich, in deren Folge K^+-Ionen ausströmen, um die Membran wieder zu repolarisieren. Da aber die Öffnung der Na^+-Poren bestehen bleibt, strömen

weiterhin Na^+-Ionen in das Neuron ein. Daraus ergibt sich eine Dauerdepolarisation der Membran, die am synaptischen Endknöpfchen einen hohen Ca^{2+}-Einstrom bewirkt. Eine Entleerung nahezu aller synaptischen Vesikel in den synaptischen Spalt ist die Folge. Die so freigesetzte Transmittermenge löst an der Postsynapse ein hohes Endplattenpotenzial aus, was zu einer Dauererregung des Muskels und damit zu einem Krampf führt (siehe auch 1.3 und 1.4).
Das κ-Conotoxin blockiert die K^+-Kanäle an der Axonmembran. Dadurch wird die Repolarisationsphase eines AP unterbunden und die Membran bleibt depolarisiert. Hieraus resultiert wie beim δ-Conotoxin eine hohe Transmitterausschüttung, die eine Dauererregung des Muskels bis hin zum Krampf bewirkt.

1.6 *Analysieren Sie das Material M3 sorgfältig. Es gibt Ihnen wesentliche Informationen für die Bearbeitung der Aufgabe. Für die Beurteilung der beiden Substanzen als Schmerzmittel sollen Sie für beide Stoffe die Vor- und Nachteile ihrer molekularen Wirkungsmechanismen darlegen.*

Beim Einsatz von Morphin als Schmerzmittel führt dessen Bindung an die Opiatrezeptoren der Schmerzneurone zu einer Blockade der Adenylatcyclase, was als Konsequenz eine geringere cAMP-Synthese als im Normalfall nach sich zieht. Dies reduziert den Ca^{2+}-Einstrom in die Präsynapse, da im Falle einer Erregung weniger Ca^{2+}-Ionenporen geöffnet werden und infolgedessen auch weniger Transmitter freigesetzt wird. So wird die Schmerzwahrnehmung herabgesetzt, was den Einsatz des Morphins als Schmerztherapeutikum ermöglicht. Allerdings gleichen die Zellen die Enzymhemmung durch eine gesteigerte Produktion an Adenylatcyclase wieder aus. Dieses wiederum macht eine stetige Dosissteigerung des Morphins erforderlich und erklärt die Morphinabhängigkeit der Patienten. Ein Absetzen der Droge führt zu einer starken Erhöhung der Menge an aktiver Adenylatcyclase, wodurch Schmerzen viel stärker als normal wahrgenommen werden und führt zu nachhaltigen Entzugserscheinungen.
Beim Einsatz von ω-Conotxin werden die Ca^{2+}-Ionenkanäle der Synapsen direkt blockiert, was ebenfalls den Ca^{2+}-Einstrom im Falle einer Erregung vermindert. Auch hier wird somit die Transmitterausschüttung gehemmt, was wie oben gezeigt die Schmerzwahrnehmung vermindert. Im Vergleich zum Morphin stellt sich hier keine Gewöhnung ein, und eine Erhöhung der Conotoxingabe ist nicht erforderlich. Eine Abhängigkeit des Patienten von dem Schmerzmittel tritt nicht ein. Als einziger Nachteil kann hier nur angeführt werden, dass durch das Conotoxin auch alle anderen Synapsen in der Erregungsübertragung blockiert werden könnten.

2.1 *Hier sollen die biochemischen Prozesse dargestellt werden, die sich an einer menschlichen Lichtsinneszelle nach einem Lichtreiz abspielen. Die Erregungsübertragung auf die nachfolgenden Zellen ist an dieser Stelle nicht gefragt. Fassen Sie dazu zunächst die Veränderungen des Potenzialverlaufs kurz zusammen und erklären Sie danach die molekularen Ursachen.*

Ein Lichtreiz bewirkt an einer menschlichen Lichtsinneszelle eine Hyperpolarisation der Membran auf einen bestimmten Wert, der während der Dauer des Reizes konstant bleibt. Wird das Licht ausgeschaltet kehrt die Membranspannung auf den ursprünglichen Wert zurück.
Das einfallende Licht bewirkt in der Membran der Discs – den Membranstapeln des Außensegments menschlicher Lichtsinneszellen – eine Aktivierung des dort eingelagerten Rhodopsins (dem Sehfarbstoff des Auges). Dabei wird das Retinal – der Aldehydbestandteil des Rhodopsins – von seiner 11-cis-Konformation in die all-trans-Konformation isomerisiert. Dieses aktiviert im Anschluss eine Vielzahl an Transducin-Molekülen, die als periphere Proteine der Disc-Membran auf der Zellinnenseite anhaften. Diese aktivierten Transducin-Moleküle erregen in der Folge viele Phosphodiesterase-Moleküle, die als Enzyme die Umwandlung einer großen Menge von cGMP in GMP katalysieren. Da bei dieser Art des Prozessverlaufs die Zahl der aktiven Substanzen von Ebene zu Ebene vervielfacht wird, spricht man von einer Erregungskaskade, so dass bereits geringe Lichtmengen ausreichen, um das Potenzial der Membran zu verändern.
Das cGMP fungiert als eine Art second-messenger, der bei Dunkelheit Na^+-Kanäle an der Membran der Stäbchen geöffnet hält. Das ermöglicht einen stetigen Na^+-Einstrom entlang eines elektrochemischen Gradienten, wodurch sich ein im Vergleich zu einer Nervenzelle relativ geringes Ruhepotenzial einstellt. Durch das Licht wird wie oben beschrieben der second-messenger abgebaut und infolgedessen die Na^+-Kanäle geschlossen. Da aber wie auch bei Neuronen weiterhin K^+-Ionen ausströmen, kommt es zu einer Hyperpolarisation der Membran, weil der Anteil der negativen Ladungen im Zellinneren überwiegt. Nachfolgende Dunkelheit lässt die Menge an c-GMP wieder ansteigen, die Zahl der geöffneten Na^+-Kanäle erhöht sich wieder und die Membran wird auf den Ausgangszustand depolarisiert.

2.2 *Hier sollen Sie eine Erklärung für den unterschiedlichen Potenzialverlauf bei der Lichtsinneszelle einer Schnecke finden. Auch hierbei ist es sinnvoll, wenn Sie den Potenzialverlauf zunächst beschreiben und anschließend erklären.*

Im Falle einer Lichtsinneszelle einer Schnecke führt ein Lichteinfall zu einer Depolarisation der Membran auf einen spezifischen Wert, der konstant bleibt, bis das Licht ausgeschaltet wird. Bei nachfolgender Dunkelheit wird die Membranspannung auf den Ursprungswert repolarisiert.
Im Gegensatz zur Lichtsinneszelle des Menschen liegt bei einer Schnecke bei Dunkelheit ein negativeres Membranpotenzial vor. Dies ließe sich dadurch erklären, dass keine Na^+-Ionenkanäle offen gehalten werden und sich ein Ruhe-

potenzial wie bei Neuronen aufbaut. Dafür spricht auch der Wert des Membranpotenzials, der im Vergleich zur Membranspannung eines Stäbchens deutlich negativer ist. Durch einfallendes Licht könnten nun Ionenkanäle geöffnet werden, die positiv geladene Ionen einströmen lassen, wie z. B. Na^+ oder Ca^{2+}.

Alternativ wäre es auch denkbar, dass im Falle von Dunkelheit entsprechend der Vorgänge der menschlichen Sinneszelle Tunnelproteine geöffnet gehalten werden, die negativ geladene Ionen entlang eines chemischen Gradienten einströmen lassen, z. B. Cl^-. Diese Hypothese erscheint jedoch weniger wahrscheinlich, da die Anionen gegen den elektrischen Gradienten in die Zelle diffundieren müssten.

3 *Für diese Aufgabe müssen Sie das Material M 5 sorgfältig analysieren. Hierbei ist es sinnvoll zunächst die Zahl der gemeinsamen Merkmale der Tiergruppen zu ermitteln. Darauf aufbauend sollen Sie dann einen Stammbaum konstruieren, in dem Sie auch das Auftreten der einzelnen Merkmale angeben. Welche Form (siehe Variante I und II) Sie dabei wählen, bleibt Ihnen überlassen. Beachten Sie jedoch, dass es sich bei allen Tiergruppen um rezente Arten handelt, weshalb die Angabe ihrer Namen auf einer Ebene erfolgen muss. Anschließend sollen Sie Ihre Überlegungen formulieren, die Ihrem Stammbaum zugrunde liegen.*

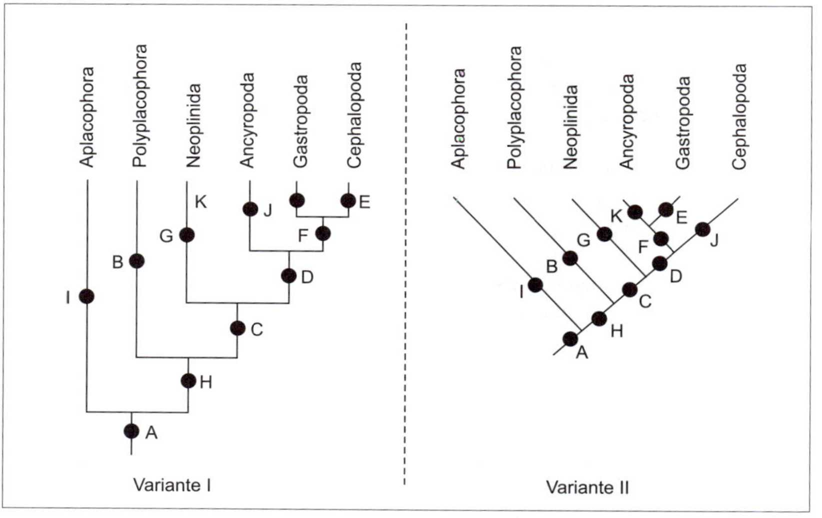

Das Merkmal A tritt bei allen Gruppen auf. Daher ist es als ein ursprüngliches Merkmal anzusehen, da die Annahme, dass es im Verlauf der Stammesgeschichte der Weichtiere in Analogie mehrmals entstanden ist, relativ unwahrscheinlich ist. Eine mehrfach analoge Entwicklung eines Merkmals wäre nur denkbar, wenn die einzelnen Gruppen den gleichen Umweltbedingungen und damit Selektionsmechanismen ausgesetzt gewesen wären. Daher ist davon auszugehen, dass die Urform der Weichtiere dieses Merkmal bereits besaß oder aber erstmals ausgebildet hat. Da die Gruppe der Aplacophora als einzige Gruppe das Merkmal H nicht besitzt dagegen jedoch Merkmal I, kann man davon ausgehen, dass sich diese Gruppe als erste von den übrigen abspaltete und im Verlauf der Evolution das Merkmal I ausbildete, während bei dem Vorfahren der restlichen Gruppen das Merkmal H entsteht, da auch hier eine mehrfache analoge Entwicklung kaum denkbar ist (vgl. zu A). Die Gruppe der Polyplacophora weisen zwar das Merkmal H auf nicht jedoch die Merkmale C, D, E, F, G, I, J und K, woraus sich schließen lässt, dass diese Gruppe sich im stammesgeschichtlichen Verlauf als nächste von der Entwicklungslinie abspaltete und danach das Merkmal B ausbildete, da dieses nur bei ihnen auftritt. In der Entwicklungslinie die restlichen Tiergruppen entstand im weiteren Verlauf der Evolution das Merkmal C, da es bei allen dieser Gruppen zu finden ist. Aus diesem Vorläufer entsprangen dann einerseits die Neoplinida, die sich durch das Auftreten von Merkmal G auszeichnen und eine weitere Gruppe, die ein ganglioneurales Nervensystem ausbildeten (Merkmal D) und daher den Vorläufer der Gastropoda, der Cephalopoda sowie der Ancyropoda darstellt. Im Gegensatz zu den Ancyropoda besitzen die Gastropoda als auch die Cephalopoda ein Muskelsystem zur raschen Streckung von Fuß und Tentakeln (Merkmal F). Auch im Fall dieser beiden Gruppen ist eine zweifache analoge Entwicklung eines gemeinsamen Merkmals unwahrscheinlicher als die Annahme, dass es sich bei beiden um ein abgeleitetes Merkmal handelt (siehe auch zu A). So lässt sich vermuten, dass sich die Vorläufer der Echten Schnecken, Kopffüßer und Ancyropoda in zwei Linien aufspalteten, von denen eine das Merkmal J ausbildete und sich zur heutigen Gruppe der Kahnfüßer und Muscheln entwickelte. Der andere Zweig brachte als Gemeinsamkeit Fangarme sowie Lochkameraaugen hervor und entwickelte sich erst danach zu den heutigen Gastropoden und Cephalopoden. Auch bei diesen beiden Gruppen entstanden die charakteristischen Merkmale K und E erst nachdem sich der gemeinsame Entwicklungsverlauf getrennt hatte.

Biologie (Niedersachsen): Erhöhtes Anforderungsniveau
Abiturprüfung 2007 – Aufgabe II

Der Kolibri

Im Zentrum dieser Aufgabe steht der Kolibri, von dem Sie einige morphologische, physiologische und genetische Merkmale im Vergleich zu anderen Vogelarten näher untersuchen und seine stammesgeschichtliche Verwandtschaft zu anderen Vögeln deuten.

1 Der Kolibri unter evolutiven Aspekten

1.1 Leiten Sie auf der Grundlage der Informationen und des Fotos (M 1) die evolutive Beziehung der Lebewesen ab.
Erläutern Sie die biologische Bedeutung, die sich daraus für den Kolibri und die Pflanze ergibt.

2 Stoffwechselphysiologische Untersuchungen bei Kolibri und Taube

2.1 Beschreiben Sie die im Diagramm (M 2) dargestellten Untersuchungsbefunde, ausgehend von der Lufttemperatur 30 °C.
Begründen Sie die experimentellen Befunde im Wach- und Torporzustand.

2.2 Vergleichen Sie die Untersuchungsergebnisse (M 3a).
Erklären Sie den Sachverhalt unter Einbeziehung der Ergebnisse des Modellexperimentes (M 3b).

2.3 Werten Sie die experimentellen Befunde unter dem Gesichtspunkt der Temperaturregulation aus (M 4).

3 Verwandtschaftsbeziehungen verschiedener Vogelarten

3.1 Vergleichen Sie die dargestellten Untersuchungsergebnisse (M 5).

3.2 Begründen Sie mit M 5 die Verwandtschaftsbeziehungen der Vogelarten.

3.3 Skizzieren Sie auf der Grundlage der Untersuchungsbefunde (M 5), der Hinweise (M 6) und Ihrer Schlussfolgerungen aus 3.2 einen Stammbaum, der die Abspaltung der jeweiligen Vogelarten von gemeinsamen Vorfahren verdeutlicht.

3.4 Vergleichen Sie die Phänotypen der jeweiligen Vogelarten (M7).
Erläutern Sie den Sachverhalt unter Einbeziehung Ihrer zuvor gewonnenen Erkenntnisse über die Verwandtschaftsbeziehungen.

M 1: Nahrungserwerb beim Kolibri

Die nachstehende Abbildung zeigt einen Schwertschnabelkolibri beim Besuch einer Pflanze mit Röhrenblüte. Diese Kolibriart weist eine Körperlänge von etwa 7 cm auf, der Schnabel ist dagegen 10 cm lang. Zum Vergleich: Die Rüssellänge großer Hummeln beträgt dagegen nur etwa 15 mm. Die Blüten, die von Kolibris angeflogen werden, sind häufig rot gefärbt und weisen interessanterweise keine Saftmale auf, die Insekten normalerweise den Weg zum Nektar weisen. Rot wiederum wird von den Insekten nicht als Farbe wahrgenommen. Die Nahrungsgrundlage der Kolibris besteht aus Blütennektar, zusätzlich nehmen Kolibris auch kleine Insekten auf. Die Nektaraufnahme – sogar aus freihängenden Blüten – ist den Kolibris möglich aufgrund ihrer besonderen Fähigkeit zum Schwirrflug. Der Vogel scheint dabei vor der Blüte zu stehen, wobei die Flügelbewegung eine liegende Acht beschreibt. Neben dem Schwirrflug ist die Fähigkeit zum Rückwärtsfliegen unter den Vögeln einzigartig. Zählungen ergaben, dass ein Kolibri während des Tages bis zu 2 000 Blüten anfliegt.

Verändert aus: www.planet-wissen.de („Meister im Kunstflug")

M2: Torpor

Kolibris haben ihr Verbreitungsgebiet ausschließlich auf dem amerikanischen Kontinent. Ihre Körpermasse ist außerordentlich gering. so weisen die leichtesten Vertreter eine Körpermasse von etwa 3 g auf. Bei Nahrungsmangel und niedrigen Außentemperaturen – generell zu Beginn der Dämmerungsphase – verfallen die Vögel in einen Starrezustand, der als Torpor bezeichnet wird. Dabei wird die Körpertemperatur, die normalerweise 42 °C beträgt, auf 20 °C abgesenkt.

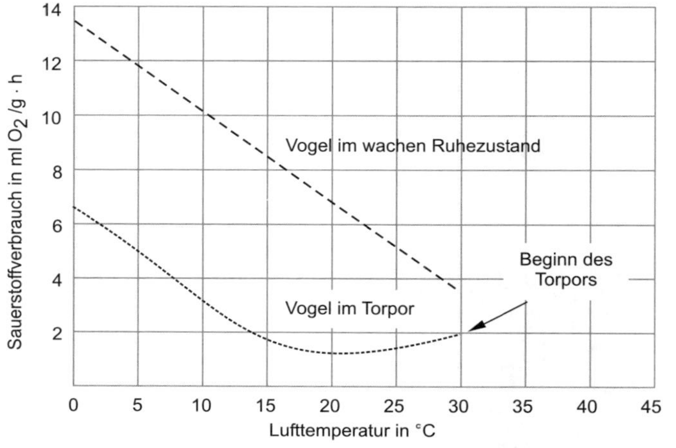

Verändert aus: Schmidt-Nielsen: Physiologie der Tiere, Spektrum Akademischer Verlag 1999, S. 241

M3: Experimentelle Befunde

M3a: Sauerstoffverbrauch von Kolibri und Taube

Vogelart	Körpermasse (g)	Sauerstoffverbrauch (ml O_2/g · h)	Aktivitätsgrad
Kolibri	3,8	10,7	in Ruhe
		85,0	im Flug
Taube	150	1,5	in Ruhe
		42,0	im Flug

Verändert aus: Cleffmann, Stoffwechselphysiologie der Tiere, Verlag Ulmer 1979, S. 70

M 3b: Modellversuch

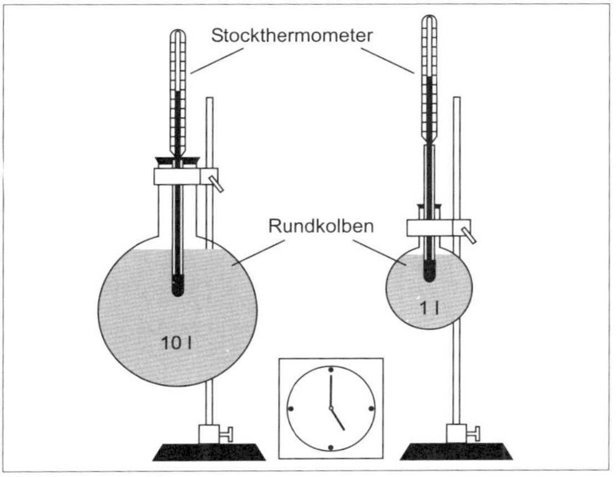

Die Raumtemperatur betrug während des Experiments 23 °C; das Wasser hatte zu Versuchsbeginn eine Temperatur von 75 °C.

Formeln zur Berechnung von Kugeloberfläche und -volumen:
Kugeloberfläche: $4\pi r^2$
Kugelvolumen: $4/3\pi r^3$

Verändert aus: Zauner, F., Schwarzmaier, W.: Energiehaushalt, Klett 1985, S. 56

Zeit (min)	10 Liter-Kolben Temperatur (°C)	1 Liter-Kolben Temperatur (°C)
0	75	75
120	60	45,5
240	49	32,5
300	45	31

M 4: Körpertemperatur bei jungen Zaunkönigen: 3, 12 und 15 Tage nach dem Schlüpfen

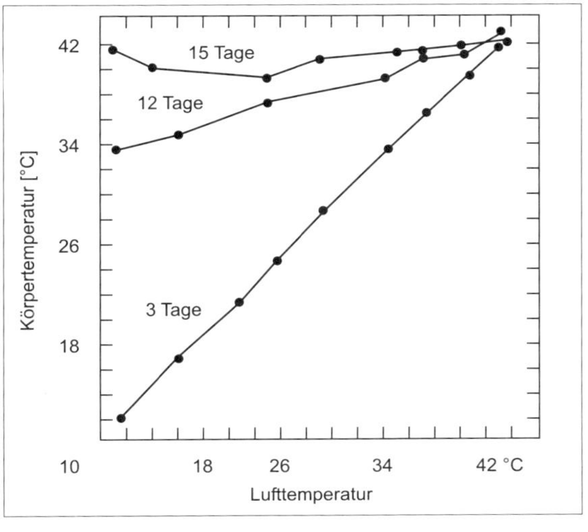

Verändert aus: Penzlin, Lehrbuch der Tierphysiologie, S. 366, 6. *Auflage, Fischer Verlag 1996*

M5: DNA-Schmelzkurven

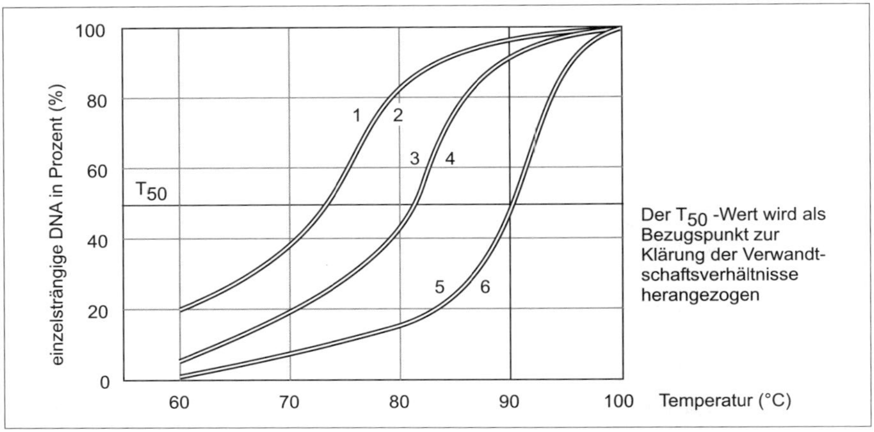

(1) Hybrid-DNA Kolibri/Nektarvogel
(2) Hybrid-DNA Mauersegler/Rauchschwalbe
(3) Hybrid-DNA Mauersegler/Kolibri
(4) Hybrid-DNA Rauchschwalbe/Nektarvogel
(5) beide DNA-Stränge der Rauchschwalbe
(6) beide DNA-Stränge des Kolibri

Verändert aus: www.ipn.uni-kiel.de;Biologie-Olympiade

M6: Hinweise zur Stammbaumerstellung

Die Erniedrigung des T_{50}-Wertes um 1 °C entspricht einem Zeitraum von 4,5 Millionen Jahren. Verwenden Sie neben dem zu entwickelnden Stammbaumschema eine Zeitleiste.

M7: Verwandt oder nicht verwandt

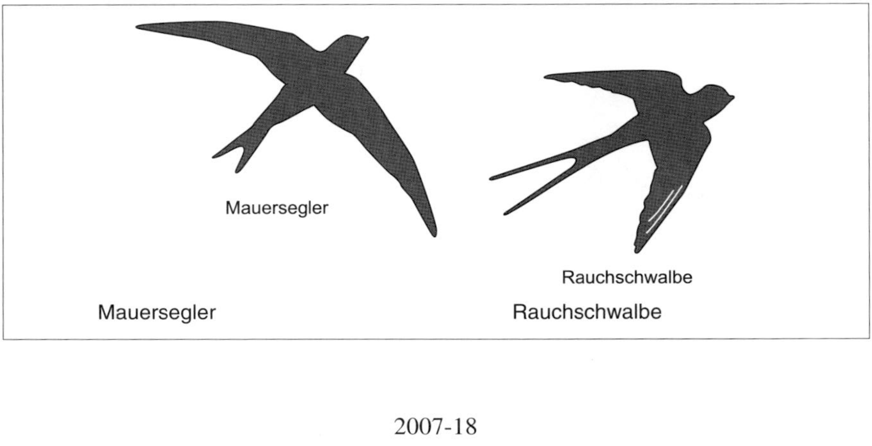

Verändert aus: Osche: Evolution, S. 54, Herder-Verlag 1977
Foto des Nektarvogels: © Nightowlza/Dreamstime.com

Lösung

Die Aufgabe bezieht sich auf folgende Inhalte der Schwerpunkte:

Stoffwechsel und seine Regulation:
- *Zellatmung und Gärung: Sauerstoffaufnahme und -abgabe*
- *Spezielle Aspekte des Energieumsatzes: Temperaturregulation, Freisetzung von Abwärme*

Evolution:
- *Ursachen der Evolution: Evolutionsfaktoren und ihr Zusammenwirken (genetische Variabilität, Angepasstheiten, Koevolution)*
- *Verlauf der Evolution: Analyse bzw. Erstellung eines Stammbaums (DNA-Hybridisierung, Homologie-Analogie-Vergleich, Konvergenz)*

1.1 *In der ersten Teilaufgabe geht es um die Beziehung zwischen Kolibris und Pflanzen mit Röhrenblüten unter evolutionsbiologischen Gesichtspunkten. Daher müssen Sie die Informationen zu den morphologischen Angepasstheiten von Kolibri und Blüte in ihren Details genau erfassen und miteinander verknüpfen, um anschließend auf die biologischen Vor- und Nachteile dieser spezifischen Beziehung eingehen zu können.*

Ableiten der evolutiven Beziehung:
Anhand der Abbildung und des Informationstextes in M1 kann man entnehmen, dass das besondere Aussehen des Kolibris und vermutlich auch sein Wahrnehmungsvermögen auf die Blütenmerkmale besonders abgestimmt sind.

Deutlich wird dies an folgenden Merkmalen: Der schmale, lange Schnabel passt besonders gut in die röhrenförmige Blüte und die rote Blütenfarbe ist vom Vogel explizit wahrnehmbar. Durch die Anordnung der Staubgefäße ist eine Pollenübertragung durch das Gefieder des Vogels gewährleistet.
Die Blütenmerkmale sind nicht auf Insekten ausgerichtet, da diese die rote Blütenfarbe nicht wahrnehmen können, auch Saftmale fehlen. Weiterhin verhindert die besondere Länge der Blüte, dass selbst Insekten mit langem Rüssel an den Nektar gelangen. Vermutlich werden die Blüten fast ausschließlich von den auf sie abgestimmten Bestäubern, den Kolibris, angeflogen. Erklärbar ist diese besondere Lebensgemeinschaft als das Ergebnis eines wechselseitigen Anpassungsprozesses, der als Koevolution bezeichnet wird.

Erläutern der Bedeutung der Koevolution für den Kolibri und die Pflanze:
Der biologische Vorteil für die Blütenpflanze liegt in der Erhöhung ihrer reproduktiven Fitness, denn es wird weitgehend verhindert, dass Fremdpollen übertragen werden. Der biologische Vorteil für den Vogel ist in seiner gesicherter Ernährung begründet, da der Nektar von möglichen Konkurrenten nicht erreicht wird. Das bewirkt auch beim Vogel eine Erhöhung seiner reproduktiven Fitness. Für beide Lebewesen ergibt sich somit ein Selektionsvorteil.
Die gegenseitige Abhängigkeit bedeutet allerdings auch eine besondere Gefährdung der beteiligten Lebewesen, sobald z. B. einem Organismus die Lebensgrundlage entzogen wird.

2.1 – *In dieser Teilaufgabe sollen Sie eine spezielle, physiologische Besonderheit des Kolibris hinsichtlich seines Energiestoffwechsels, den Torpor, analysieren. Erfassen Sie dazu systematisch die Details des Diagramms und beachten Sie auch den Hinweis, dass Sie mit Ihrer Beschreibung der Graphen bei einer Lufttemperatur von 30 °C, d. h. also von rechts, anfangen sollen. Geben Sie zuerst kurz an, welche Abhängigkeit im Diagramm dargestellt wird und gehen Sie dann in Ihrer Beschreibung vergleichend auf die beiden Graphen ein.*
– *Beginnen Sie erst nach Fertigstellung Ihrer Beschreibung mit der Begründung für die experimentellen Befunde. Beachten Sie in Ihren Ausführungen hierzu den Hinweis im Text zur Absenkung der Körpertemperatur während des Torporzustand und bedenken Sie, dass über den Sauerstoffverbrauch und die Zellatmung Wärme zur Aufrechterhaltung der Körpertemperatur produziert wird.*

Beschreibung der Diagramme:
Dargestellt ist der Sauerstoffverbrauch eines Kolibris während der Wachphase und während des Torpors bei Lufttemperaturen zwischen 30 °C und 0 °C.
Im wachen Ruhezustand ist in dieser Temperaturspanne bei zunehmender Umgebungstemperatur eine lineare Abnahme des Sauerstoffverbrauchs von etwa 13 mL auf etwa 4 mL $O_2 \cdot g^{-1} \cdot h^{-1}$ zu verzeichnen. Zu Beginn des Torpors ist sogleich eine Abnahme des Sauerstoffverbrauchs festzustellen. Bei 30 °C ist er um 50 % gegenüber dem Wachzustand reduziert und erreicht bei einer Luft-

temperatur von 20 °C ein Minimum. Bei dieser Temperatur ist der Sauerstoffbedarf im wachen Ruhezustand ca. 7-mal höher. Lufttemperaturen unter 20 °C bedingen dann eine lineare Zunahme des Sauerstoffbedarfs. Bei 0 °C ist der Bedarf an Sauerstoff aber immer noch um etwa 50 % gegenüber dem Wachzustand reduziert.

Begründen der Befunde:
Der Sauerstoffverbrauch kann als Maß für den Energiebedarf des Vogels angesehen werden. Beim aeroben Kohlenhydratabbau fällt z. B. Wärme an, die zur Aufrechterhaltung der Körpertemperatur benötigt wird. Mit steigender Temperaturdifferenz zwischen Körper und Umgebung bzw. zurückgehender Außentemperatur nehmen der Energiebedarf und damit der Sauerstoffverbrauch zu, wie dies im oberen Graphen (Wachzustand des Kolibris) zum Ausdruck kommt.
Der Beginn des Torpors ist – bei gleicher Umgebungstemperatur – sogleich mit einer beträchtlichen Abnahme des Sauerstoffverbrauchs verbunden, da der normale Sollwert der Körpertemperatur von 42 °C auf 20 °C im Torporzustand verstellt wird (siehe Textinformation).
Der Sauerstoffverbrauch im Torporzustand ist daher dann am geringsten, wenn die Außentemperatur diesem neuen Sollwert entspricht. Wenn die Außentemperaturen den Sollwert im Torpor unterschreiten, müssen die Wärmeverluste an die Umwelt durch Energie liefernde, aerobe Stoffwechselleistungen wieder ausgeglichen werden, d. h. der Sauerstoffverbrauch wird entsprechend dem unteren Graphen gesteigert.
Der Torporzustand ist demzufolge als eine besondere, energiesparende physiologische Angepasstheit des Kolibris anzusehen.

2.2 *Halten Sie sich auch in dieser Teilaufgabe konsequent an den Arbeitsauftrag: Fassen Sie zunächst nur die Tabellenwerte in Worte und setzen Sie diese dann untereinander in Beziehung. Anschließend analysieren Sie die Ergebnisse des Modellexperiments, da diese Ihnen wichtige Hinweise für die geforderten Erklärungsansätze zum Unterschied des relativen Sauerstoffverbrauchs von Kolibris bzw. Tauben geben.*

Vergleichen der Untersuchungsergebnisse:
Die Taube weist eine etwa 40-mal höhere Körpermasse auf als der Kolibri. Ihr relativer Sauerstoffverbrauch beträgt jedoch im Ruhezustand nur 1/7 von dem des Kolibris. Im Fluge verbrauchen beide Vogelarten beträchtlich mehr Sauerstoff: der Kolibri etwa achtmal so viel, bezogen auf Gramm und Stunde, und die Taube sogar die 28fache Menge. Der relative Sauerstoffbedarf des Kolibris ist im Fluge verglichen mit dem der Taube doppelt so hoch.
Das Modellexperiment zeigt: Der großvolumigere Kolben mit der relativ geringeren Oberfläche zeigt eine Temperaturerniedrigung des Inhaltes um 30 °C, der kleinere bei gleicher Ausgangstemperatur eine Temperaturerniedrigung um 44 °C nach 300 Minuten; der großvolumigere Kolben verliert also weniger

Energie pro Zeiteinheit als der Kolben mit dem geringeren Volumen und der relativ größeren Oberfläche.

Erklären:
Die experimentellen Befunde zum Sauerstoffverbrauch sind demzufolge ebenfalls erklärbar durch das sehr viel geringere Volumen und die relativ größere Oberfläche des Körpers des Kolibris, über die die Wärmeabgabe erfolgt und die durch erhöhte Stoffwechselleistung (Verbrauch an Sauerstoff zum aeroben Abbau energiereicher Nährstoffbausteine) ausgeglichen werden muss. Die bei der Taube – bezogen auf den Ruhezustand – höhere Steigerung des Sauerstoffbedarfs für den Flug ist als Folge der 40-fach höheren Körpermasse anzusehen, die in der Luft bewegt werden muss. Aufgrund seiner relativ größeren Oberfläche und des energiebedürftigen Schwirrfluges verbraucht der Kolibri aber immer noch etwa doppelt so viel Sauerstoff pro Gramm und Stunde für den Flug.

Sollten Sie die Bergmann'sche Regel, die ja den Sachverhalt zusammenfasst, im Unterricht thematisiert haben, können Sie diese durchaus in Ihre Ausführungen einbeziehen, ansonsten wird sie jedoch für eine vollständige Lösung hier nicht erwartet.

2.3 *Geben Sie zunächst in einem Satz an, welche Abhängigkeiten im Diagramm von M4 dargestellt werden und fassen Sie dann die Tendenzen der einzelnen Graphen in der Reihenfolge des angegebenen Alters der Zaunkönige zusammen, bevor Sie Ihre Daten auswerten. Machen Sie sich vor Ihren Ausführungen hierzu noch einmal klar, inwiefern sich die Temperaturregulation von gleich- und wechselwarmen Tieren unterscheidet.*

Im Diagramm ist die Abhängigkeit der Körpertemperatur unterschiedlich alter Zaunkönigküken von der Außentemperatur dargestellt. Den Daten ist zu entnehmen, dass die Körpertemperatur des Zaunkönigs drei Tage nach dem Schlüpfen jeweils ungefähr der Lufttemperatur entspricht. Nach 12 Tagen ist verglichen mit den jeweiligen Außentemperaturen stets eine höhere Körpertemperatur festzustellen. Bei niedrigen Außentemperaturen sind die Temperaturdifferenzen besonders groß: Z. B. beträgt bei 10 °C Lufttemperatur die Temperaturdifferenz zur Körpertemperatur ca. 24 °C, bei 40 °C Lufttemperatur ist dagegen nur noch eine Differenz von 2 °C feststellbar. 15 Tage nach dem Schlüpfen ist trotz unterschiedlicher Lufttemperaturen eine nahezu gleiche Körpertemperatur zwischen 40 °C und 42 °C zu messen. Drei Tage nach dem Schlüpfen zeigt der Zaunkönig noch die Temperaturabhängigkeit poikilothermer (wechselwarmer) Tiere. Die Fähigkeit zur Temperaturregulation gleichwarmer Tiere bildet sich offensichtlich erst allmählich aus und ist beim Zaunkönig erst 15 Tage nach dem Schlüpfvorgang nahezu erreicht.

3.1 *In diesem Aufgabenblock wird die DNA-Hybridisierungstechnik zur Bestimmung von Verwandtschaftsverhältnissen herangezogen. Bevor Sie die Schmelzkurven hierzu miteinander vergleichen und in 3.2 weiter heranziehen, sollten Sie sich Ihre Kenntnisse über den Ablauf dieser Technik noch einmal in Erinnerung rufen, ohne dass Sie diese hier wiedergeben müssen. Sinnvoll ist auch hier ein einleitender Satz zum abgebildeten Diagramm, ehe Sie auf die 6 Schmelzkurven vergleichend eingehen.*

Dargestellt ist der zunehmende Übergang reiner und hybrider DNA in den einzelsträngigen Zustand im Verlaufe einer Temperaturerhöhung von 60 °C auf etwa 100 °C. Je nach Art der eingesetzten DNA variiert der Prozentsatz festgestellter einzelsträngiger DNA bei den jeweiligen Temperaturen. Bei 60 °C liegt z. B. im Falle der reinen Kolibri- und auch der reinen Rauchschwalben-DNA kaum einzelsträngige DNA vor. Hybrid-DNA von Mauersegler/Kolibri bzw. Rauchschwalbe/Nektarvogel liegen dagegen zu etwa 5 % in Einzelstrangform vor, Hybrid-DNA von Kolibri/Nektarvogel bzw. Mauersegler/Rauchschwalbe zu etwa 20 %. Ein 50 %iger Übergang in den einzelsträngigen Zustand erfolgt bei der reinen Kolibri-DNA bzw. der reinen Rauchschwalben-DNA bei einer Temperatur von ca. 90 °C, bei der Hybrid-DNA von Mauersegler/Kolibri bzw. der von Rauchschwalbe/Nektarvogel bei etwa 82 °C und im Falle der hybriden DNA von Kolibri/Nektarvogel bzw. Mauersegler/Rauchschwalbe bereits bei etwa 73 °C. Ein 100 %iger Übergang in den einzelsträngigen Zustand erfolgt bei reiner und hybrider DNA im Temperaturbereich zwischen 90 °C und 100 °C und ist relativ schwer voneinander abzugrenzen.

3.2 *Anhand Ihres Vergleichs der Schmelzkurven zu 3.1 lassen sich jetzt die Verwandtschaftsverhältnisse der beteiligten Arten ermitteln. Da von Ihnen eine Begründung gefordert wird, müssen sie jetzt zunächst angeben, weshalb man diese Technik zur Bestimmung der Verwandtschaft überhaupt benutzen kann. Gehen Sie dann systematisch darauf ein, welche der beteiligten Vogelarten jeweils eng bzw. weit entfernt miteinander verwandt sind, indem Sie die T_{50}-Werte der Hybrid-DNA miteinander vergleichen.*

Es gilt: Je niedriger der T_{50}-Wert bzw. je größer die Differenz zwischen dem Schmelzpunkt der entsprechenden Hybrid-DNA und der reinen DNA ist, desto weniger komplementär sind die beiden Stränge und desto entfernter sind die untersuchten Vogelarten miteinander verwandt. Dabei wird angenommen, dass längere Zeiträume bei konstanter Mutationsrate größere Veränderungen in der Nucleotidsequenz der DNA bedingen als kürzere Zeitspannen. Diese Mutationen haben Auswirkungen auf den Schmelzpunkt der hybriden DNA, da sich bei geringerer Komplementarität entsprechend weniger Wasserstoffbrückenbindungen ausbilden können und damit ein geringerer Energieaufwand zum Lösen der Einzelstränge erforderlich ist.
Auf der Grundlage der Untersuchungsbefunde ist die Rauchschwalbe näher mit dem Nektarvogel als mit dem Mauersegler, der Kolibri entsprechend näher mit dem Mauersegler als mit dem Nektarvogel verwandt, da die T_{50} Werte der Hy-

brid-DNA von Kolibri/Nektarvogel und Rauchschwalbe/Mauersegler eine größere Temperatur-Distanz zur Rein-DNA von Kolibri und Rauchschwalbe aufweisen als die von Hybrid-DNA zwischen Kolibri/Mauersegler und Rauchschwalbe/Nektarvogel zur Rein-DNA.

3.3 *Zur Erstellung einer Zeitachse müssen Sie jetzt neben Ihren Ausführungen zu 3.2 die Hinweise in M6 berücksichtigen und dann die genaue Differenz zwischen den T_{50}-Werten von Reinstrang-DNA und Hybrid-DNA messen. Daraus ermitteln Sie den zeitlichen Abstand der beiden Verzweigungszeitpunkte der Vorfahren von Rauchschwalbe/Nektarvogel bzw. Kolibri/Mauersegler. Dann zeichnen Sie zunächst eine Zeitachse und platzieren die rezenten Arten zum Zeitpunkt 0 nebeneinander, ehe Sie die Verzweigungszeitpunkte eintragen. Ausgehend von einer Ursprungsart zeichnen Sie dann die Verzweigungslinien.*

Der Stammbaum auf der Grundlage der Untersuchungsbefunde und einer korrekten Zuordnung der Zeitskala, sodass das Alter der gemeinsamen Vorfahren ersichtlich wird, sollte Folgendes beinhalten:
Die Aufspaltung in die Entwicklungslinien zum Nektarvogel/ Rauchschwalbe bzw. zum Mauersegler/Kolibri erfolgte vor etwa 76 Millionen Jahren.
Die Aufspaltung bzw. Verzweigung der Entwicklungslinien zur Rauchschwalbe bzw. zum Mauersegler erfolgte vor etwa 36 Millionen Jahren.

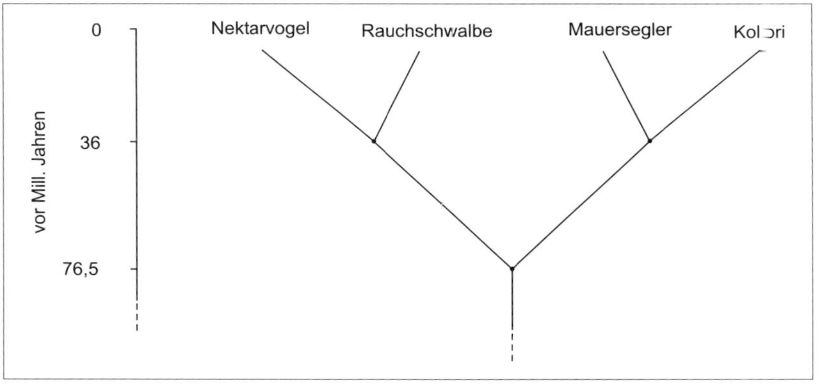

Rechnung: $\Delta T_{50}\left(\frac{1}{2}-\frac{5}{6}\right)=17\,°C \quad 17\cdot 4{,}5=76{,}5$ Mill. Jahre

$\Delta T_{50}\left(\frac{3}{4}-\frac{5}{6}\right)=8\,°C \quad 8\cdot 4{,}5=36$ Mill. Jahre

$\Delta T_{50}\left(\frac{1}{2}-\frac{3}{4}\right)=9\,°C \quad 9\cdot 4{,}5=40{,}5$ Mill. Jahre

Hinweis: Die Nummern in den Klammern sind keine Bruchzahlen! Sie ordnen in M5 den DNA-Strängen der verschiedenen Vögel die entsprechenden Schmelzkurven zu.

3.4 *In der letzten Teilaufgabe sollen Sie zunächst nur die morphologischen Daten von Mauersegler und Rauchschwalbe sowie Kolibri und Nektarvogel miteinander vergleichen und die großen Ähnlichkeiten herausstellen. Um diese Ähnlichkeiten plausibel erklären bzw. erläutern zu können, müssen Sie Ihre Ergebnisse aus 3.2 und 3.3 bezüglich der Verwandtschaft heranziehen. Mithilfe dieser Daten können/sollen Sie dann entscheiden, ob die großen Ähnlichkeiten im Erscheinungsbild homolog oder analog zu erklären sind, d. h. auf gleicher genetischer Grundlage oder auf konvergenter Entwicklung durch gleichen Umweltdruck beruhen.*

Zwischen dem Mauersegler und der Rauchschwalbe bestehen große Ähnlichkeiten im äußeren Erscheinungsbild: jeweils lang ausgebildete Flügel, kurze Schnäbel, gegabelter Schwanz. Nektarvogel und Kolibri weisen übereinstimmend einen relativ langen Schnabel auf und sind beide relativ klein.
Die molekularbiologische Verwandtschaftsanalyse zeigt eine nähere Verwandtschaft zwischen den unterschiedlich aussehenden Arten Kolibri und Rauchschwalbe einerseits und den ebenfalls sehr unterschiedlich aussehenden Arten Nektarvogel und Mauersegler andererseits. Die großen Ähnlichkeiten zwischen den entfernter verwandten Arten beruhen daher vermutlich nicht auf Homologie sondern auf der Herausbildung analoger Strukturen durch konvergente Entwicklung.

Biologie (Niedersachsen): Erhöhtes Anforderungsniveau
Abiturprüfung 2008 – Aufgabe I

Riesenhauswurze – Überlebenskünstler auf den Kanarischen Inseln

Die Flora der Kanarischen Inseln ist einzigartig. Einerseits kommen in einem relativ begrenzten Gebiet Pflanzen vor, die fast allen Vegetationszonen der Erde angehören, andererseits ist der Prozentsatz von Arten, die nur hier vorkommen, überaus hoch. Sehr viele Beispiele hierfür findet man innerhalb der Gattung *Aeonium*, der Riesenhauswurze.
Manche dieser Arten sind oft nur auf eine einzelne Insel begrenzt. Ihr Vorkommen kann sich sogar nur auf einen einzelnen Gebirgszug, eine Steilwand in einer bestimmten Höhenlage oder nur einen einzelnen Felsen beschränken.
In den folgenden Aufgaben sollen Sie sich mit ökologischen, stoffwechselphysiologischen und evolutiven Aspekten im Zusammenhang mit Riesenhauswurzen auseinander setzen.

1 Ökologische und stoffwechselphysiologische Aspekte

1.1 Beschreiben Sie den typischen Bau eines Laubblattes.
Vergleichen Sie ihn mit dem eines Blattes von *Aeonium haworthii* (M 1).

1.2 Vergleichen Sie die in M 2 dargestellten Befunde an Buchen mit denen von *Aeonium*.
Entwickeln Sie anhand von M 2 eine Hypothese bezüglich des pH-Wert-Verlaufs bei *Aeonium haworthii*.

1.3 Skizzieren Sie ein beschriftetes, die wesentlichen Vorgänge verdeutlichendes Schema der Sekundärreaktionen bei der Fotosynthese.

1.4 Erläutern Sie die Methoden der Autoradiographie und Chromatographie, die zu einem der Autoradiogramme von M 3 geführt haben.

1.5 Leiten Sie auf der Grundlage von M 2 und der Autoradiogramme in M 3 ein vereinfachtes Stoffwechselschema (M 4) ab.
Begründen Sie Ihre jeweiligen Entscheidungen unter Bezug auf M 2 und die Autoradiogramme in M 3.

1.6 Werten Sie die Materialien M 1 und M 2 b im Hinblick auf die Angepasstheiten an den natürlichen Standort von *Aeonium haworthii* aus.

2 Evolution der Gattung *Aeonium* auf den Kanarischen Inseln

2.1 Erläutern Sie die Artenvielfalt bei der Gattung *Aeonium* auf Teneriffa (M 5 a–c) aus ökologischer und evolutiver Sicht.

2.2 Entwickeln Sie begründete Hypothesen über die Verteilung der im Material (M 5 d) dargestellten Arten auf den Kanarischen Inseln auf der Grundlage des Stammbaums.

M1: *Aeonium haworthii:* Habitus und Blattquerschnitt durch ein Laubblatt, schematisch

A: Habitus

B: Blattquerschnitt

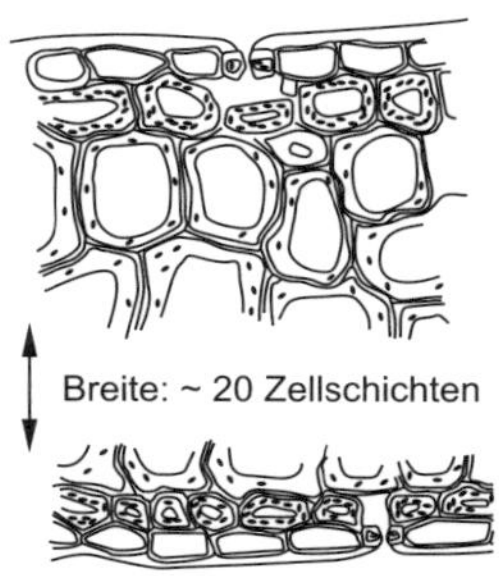

C: Information

Aeonium haworthii ist wie jede Art der Gattung *Aeonium*, die zur Familie der Dickblattgewächse gehört eine wasserspeichernde (sukkulente) Pflanze. Sie wächst auf Teneriffa in einem Bereich, in dem es tagsüber heiß und trocken ist, während nachts bei niedrigen Temperaturen eine recht hohe Luftfeuchtigkeit herrscht.

Blattquerschnitt erstellt anhand mikroskopischer Schnitte durch ein Laubblatt von Aeonium haworthii.

M2: pH-Untersuchungen an *Aeonium*

Die Tatsache, dass *Aeonium* einer der auffälligsten Vertreter der Blattsukkulenten auf Teneriffa ist, führte in der Folgezeit zu systematischen Untersuchungen an dieser Pflanze.

Einheimische gaben nach Befragung an, dass Pflanzen der Gattung *Aeonium* zu bestimmten Zeiten sehr viel saurer schmeckten als zu anderen Zeiten. Bei der bei uns heimischen Buche tritt ein derartiges Phänomen nicht auf. Daher nahm man den unter natürlichen Bedingungen gehaltenen Pflanzen zu verschiedenen Tageszeiten im Hochsommer Blätter ab und untersuchte den Zellsaft der Vakuole auf seinen pH-Wert. Weiterhin ermittelte man Daten hinsichtlich der Aufnahme und Abgabe von Kohlenstoffdioxid.

M2a: pH-Wert des Zellsaftes der Vakuole

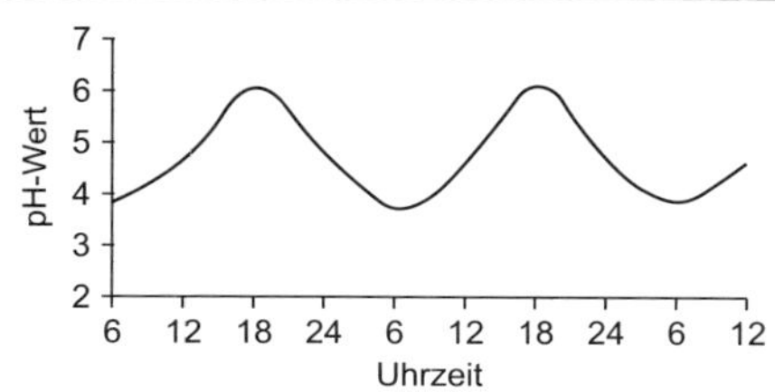

M2b: Kohlenstoffdioxidaufnahme bzw. -abgabe bei *Aeonium* im Vergleich zur Buche

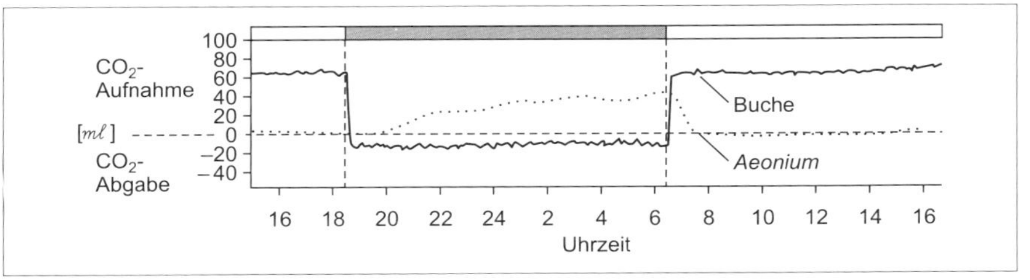

Verändert aus: Ruppert, W.: Ökologische Varianten der CO_2-Fixierung. In: Unterricht Biologie, Heft 232 (1998), S. 53.

M3: Autoradiogramme

Zur Aufklärung des Stoffwechselwegs bei den Pflanzen der Gattung *Aeonium* wurde eine Reihe von Experimenten unter Anwendung der Autoradiographie durchgeführt. Das hinzugefügte radioaktiv markierte Natriumhydrogencarbonat ($NaH^{14}CO_3$) zerfällt in wässriger Lösung unter Freisetzung von Kohlenstoffdioxid ($^{14}CO_2$). Im Folgenden sind die jeweiligen Ergebnisse dieser Versuchsserien zusammengefasst.

Hinweis: Phosphoenolpyruvat (PEP) dient hier als CO_2-Akzeptor im Zytoplasma.

Versuchsreihe A: Zytoplasmaextrakt isolierter Mesophyllzellen bei Dunkelheit

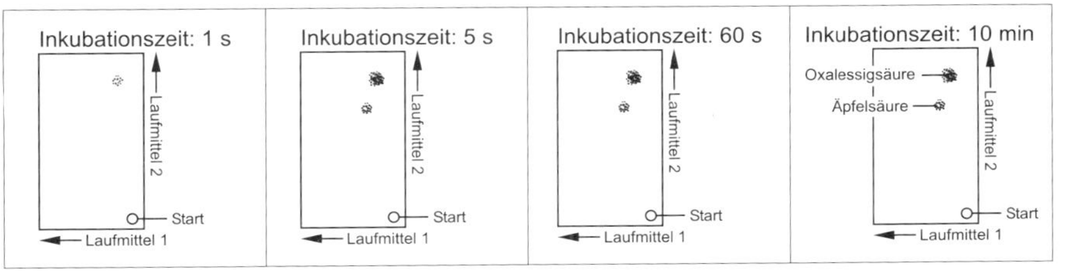

Versuchsreihe B: Extrakt der Vakuole isolierter Mesophyllzellen bei Dunkelheit

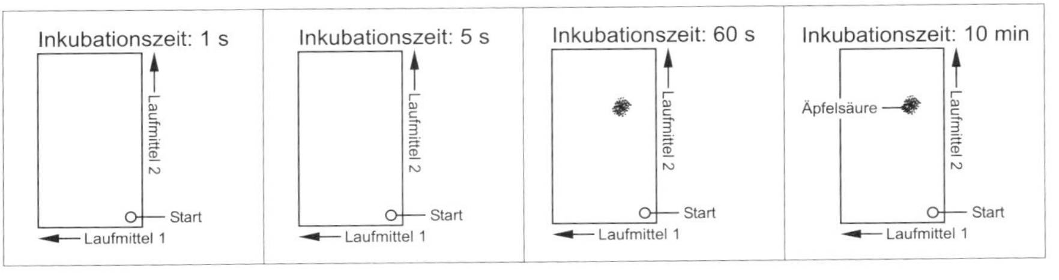

Folgende Autoradiogramme entstanden, nachdem man bei Dunkelheit Mesophyllzellen 20 Minuten lang mit $NaH^{14}CO_3$ inkubiert hat, danach eine Stunde gewartet und erst dann belichtet hat.

Versuchsreihe C: Zytoplasmaextrakt einschließlich Chloroplastenextrakt unter Lichteinfluss ohne erneute Inkubation

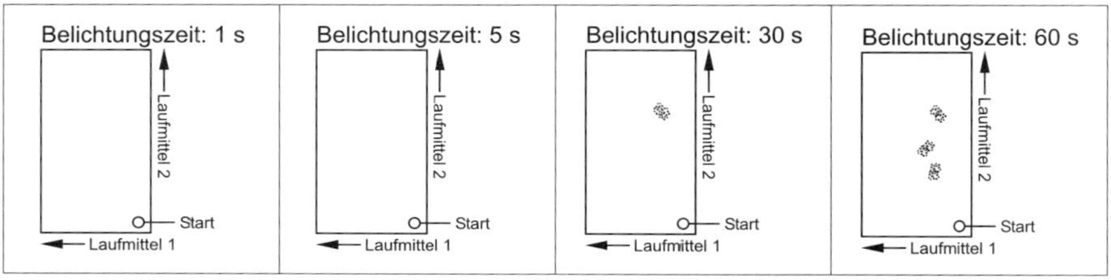

Versuchsreihe C: Fortsetzung

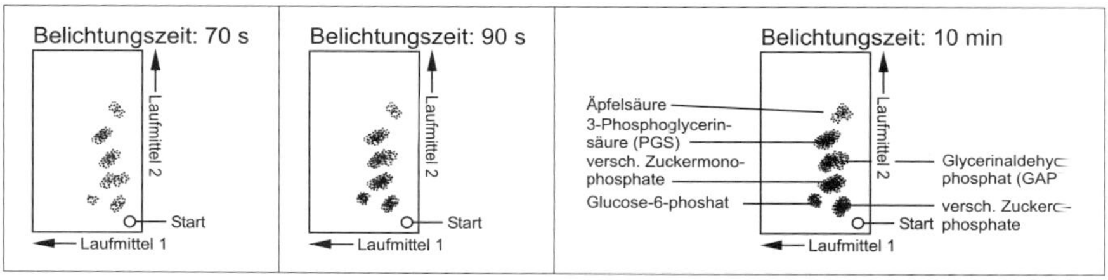

Abbildung erstellt nach Daten aus:
http://nobelprize.org/nobel_prizes/chemistry/laureates/1961/calvin-lecture.pdf

M4: Vereinfachtes Stoffwechselschema der Sekundärreaktionen bei *Aeonium*

Übernehmen Sie folgendes Schema in vergrößerter Form auf Ihren Klausurbogen als Grundlage für das Stoffwechselschema (Teilaufgabe 1.5)

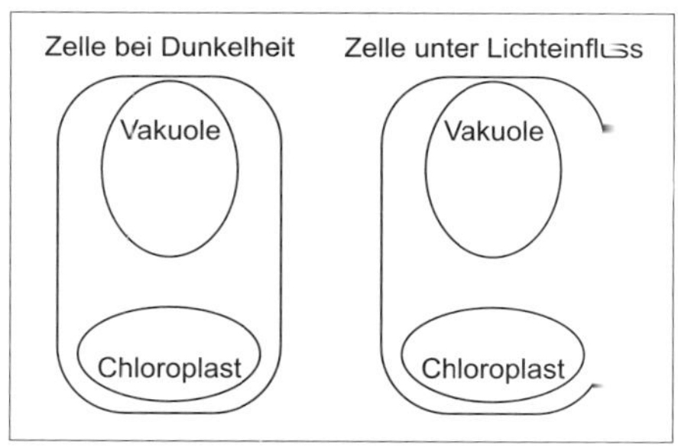

M5: Evolution der Gattung *Aeonium*

M5a: Geografie und Topografie der Kanarischen Inseln

Das Archipel der Kanarischen Inseln liegt im Atlantik der nordafrikanischen Küste vorgelagert und besteht aus 7 Hauptinseln, 6 kleineren Nebeninseln und einigen Felsen, die fast alle vulkanischen Ursprungs sind. Von der Fläche her ist Teneriffa die größte Insel. Die höchsten Erhebungen sind der Pico del Teide auf Teneriffa (3 717 m), der Roque de los Muchachos auf La Palma (2 426 m) und der Pico de las Nieves auf Gran Canaria (1 949 m). Die westlichen Inseln und Gran Canaria sind durch tief eingeschnittene Schluchten und auf der Nordwestseite durch steil zum

Meer hin abfallende Steilwände gekennzeichnet. Im Süden von Teneriffa und besonders von Gran Canaria befinden sich weite Ebenen. Daneben existieren auf Teneriffa und La Palma alte Vulkankrater mit einem enormen Umfang, die von steilen Randgebirgen umgeben sind. Fuerteventura und Lanzarote besitzen aufgrund eines trockeneren Klimas eine nur lockere Vegetationsdecke. Auch kommen hier keine nennenswert hohen Bergmassive vor.

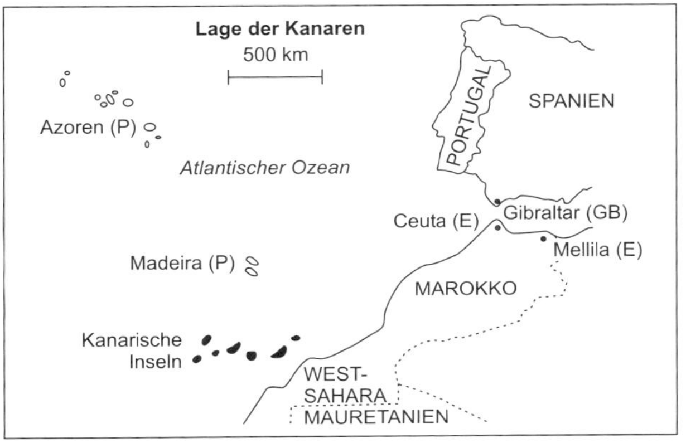

Karte verändert aus: Borowski, B., Bourmer, A.: Baedeker: Gran Canaria, Verlag Carl Baedeker, Ostfildern 2001. Text verändert aus: http://www.floracanaria.de.

M5b: Profilschnitt Teneriffas und das Vorkommen von 7 Arten der Gattung *Aeonium*

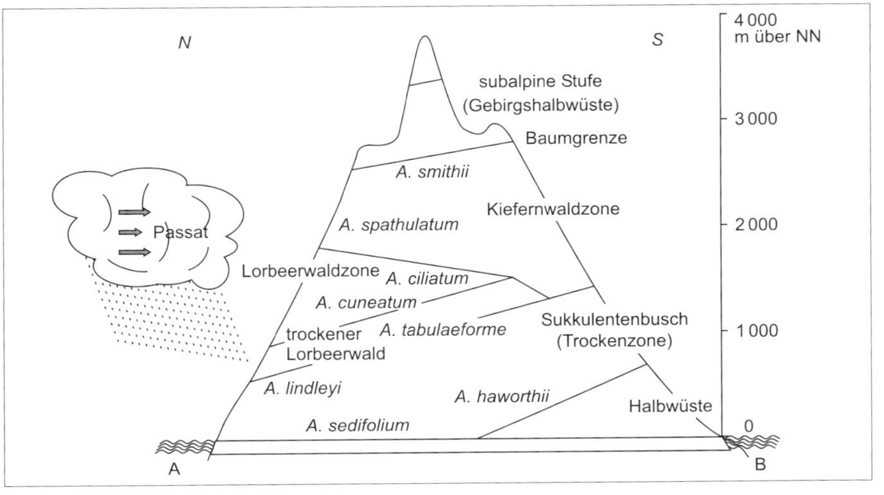

Verändert aus: Walter, H., Breckle, W.: Ökologie der Erde, Band 2. Gemäßigte und arktische Zonen außerhalb Euro-Nordasiens, 1984, S. 79 © SPEKTRUM AKADEMISCHER VERLAG, Heidelberg. Spektrum Akademischer Verlag ist ein Imprint von Springer SBM.

Hinweis: In Marokko (Afrika) findet man nur die Art *Aeonium arboreum*.

M5c: Charakterisierung von 8 auf Teneriffa vorkommenden Arten

Art (alphabetisch)	Besonderheiten
Aeonium ciliatum	Halbschattige Standorte, auch bei wenig Boden, Ausläufer bildend, Stamm bis zu 2 m hoch werdend
Aeonium cuneatum	Feuchte, halbschattige Felsspalten, kaum Stamm ausgeprägt, Ausläufer bildend, Stamm bis zu 50 cm hoch, geringe Sukkulenz
Aeonium haworthii	In Felsspalten, auch bei wenig Boden, Ausläufer bildend, verholzender Strauch, bis zu 1 m hoch werdend, starke Sukkulenz
Aeonium lindleyi	Nur im Norden vorkommender bis zu 30 cm hoch werdender Sukkulentenbusch
Aeonium sedifolium	In Felsspalten, sehr kleine Blättchen, nur bis zu 15 cm hoch werdende Pflanze, Blätter hochsukkulent und klebrig
Aeonium smithii	Verträgt Fröste bis zu –10 °C, stark sukkulente Stämme, bis zu 40 cm hoch werdend, wächst gut auf Vulkansand
Aeonium spathulatum	In Felsspalten von Schluchten, sehr kälteverträglich, bis zu 50 cm hoch werdender, stark verzweigter Strauch
Aeonium tabulaeforme	Kein Stamm, bis zu 30 cm hoch, krautig, in Felsspalten, stirbt nach Blüte ab, Ausläufer bildend, sehr dichte, flache Blattrosetten

Zusammengestellt nach: http://www.floracanaria.de

M5d: Verwandtschaftsbeziehungen und Verbreitung der *Aeonium*-Arten auf den Kanarischen Inseln

Die angegebenen Arten auf den jeweiligen Inseln stellen nur eine Auswahl der insgesamt 38 Arten der Gattung *Aeonium* auf den Kanarischen Inseln dar.

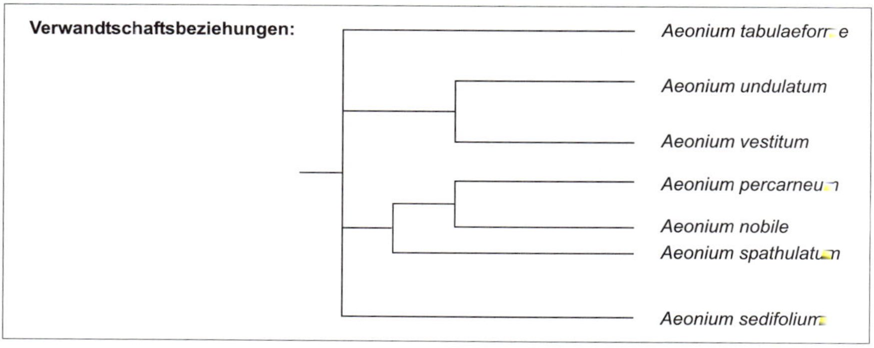

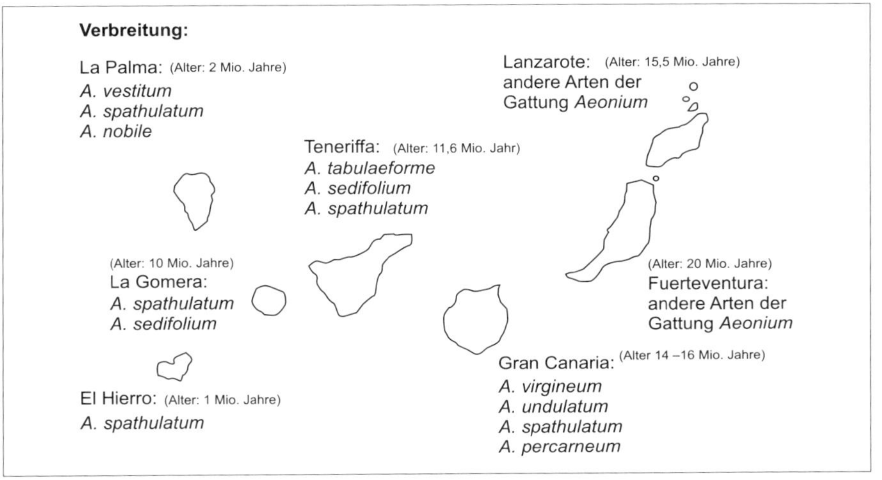

Verwandtschaftsbeziehungen basierend auf: Mort, M. E., u. a.: Phylogenetic relationships and evolution of Crassulaceae. In: American Journal of Botany 88 (1), S. 76–91.
Verbreitung verändert aus: Tove H. Jorgensen, Jens M. Olesen: ... of island plants: evidence from Aeonium (Crassulaceae) of the Canary Islands. In: Perspectives in Plant Ecology, Evolution and Systematics. Urban & Fischer Verlag, 2001.

Lösung

Die Aufgabe beinhaltet die folgenden Schwerpunktthemen:

Auf- und abbauender Energiestoffwechsel
- *Fotosynthese: Ablauf von Primär- und Sekundärreaktionen (Chromatographie im Experiment, Autoradiographie)*

Wechselwirkungen und Produktivität im Ökosystem Wald
- *Ökologische Toleranzen (ausgewählte abiotische Faktoren im Ökosystem Wald)*
- *Wechselwirkungen zwischen Lebewesen (ökologische Nische, Konkurrenzausschluss und Konkurrenzvermeidung)*

Evolution:
- *Ursachen der Evolution (Evolutionsfaktoren und ihr Zusammenwirken, Artbildung)*

1.1 *Zunächst sollen Sie den typischen Aufbau eines Laubblattes strukturiert und fachsprachlich richtig wiedergeben. Anschließend gilt es* ***Ähnlichkeiten*** *und* ***Unterschiede*** *zum Blatt der Riesenhauswurz A. haworthii zu ermitteln.*

Der Querschnitt eines typischen Laubblattes zeigt eine charakteristische Abfolge von unterschiedlichen Geweben. Die Blattoberseite wird begrenzt durch eine meist einschichtige Reihe polygonaler, chloroplastenfreier Zellen, der oberen

Epidermis. Dieser ist nach außen hin eine wachsartige Schicht aufgelagert, die als Cuticula bezeichnet wird. Im Blattinneren folgt das ein- oder mehrschichtige Palisadengewebe, das aus dicht nebeneinander liegenden, säulenförmigen Zellen zusammengesetzt ist, die viele Chloroplasten enthalten. Weiter nach unten schließt das Schwammparenchym an. Dieses Gewebe ist gekennzeichnet durch eine Vielzahl an Interzellularen, die sich aus einer lockeren Anordnung seiner unregelmäßig geformten Zellen ergeben, die zudem auch weniger Chloroplasten enthalten. Als Begrenzung der Blattunterseite folgt erneut eine chloroplastenfreie Epidermis. Auch auf der Unterseite ist zum Blattäußeren eine Cutikula aufgelagert, die aber meist schwächer ausgeprägt ist als auf der Blattoberseite. Zusätzlich liegen in der unteren Epidermis noch die sogenannten Stomata, die bei einigen Laubblattarten aber auch in der oberen Epidermis zu finden sind.
Auch das Laubblatt von *Aeonium haworthii* weist an seiner Oberseite eine Cuticula auf, die aber deutlich dicker ist als bei einem typischen Laubblatt. Die dazugehörige obere Epidermis besteht ebenfalls nur aus einer Lage chloroplastenfreier Zellen und besitzt Spaltöffnungen. Eine deutliche Unterscheidung in Palisaden- und Schwammgewebe lässt der Blattquerschnitt dieser Pflanze nicht zu. Aufgrund des Chloroplastengehalts der nachfolgenden Zellen kann das an die Epidermis anschließende Gewebe nur allgemein als Mesophyll bezeichnet werden. Die Zellen dieses Gewebes sind größer als die Epidermiszellen, zeigen aber keinen langgestreckten Bau und auch die charakteristischen großen Interzellularen fehlen. Auf eine ein-, zum Teil auch zweireihige Zelllage mit vielen Chloroplasten folgt eine Schicht aus 20 Reihen, die von großen, chloroplastenarmen Zellen mit ausgeprägter Vakuole aufgebaut wird. Hierauf folgt zur unteren Epidermis hin erneut eine Reihe etwas kleinerer, aber chloroplastenreicherer Zellen, was einen weiteren deutlichen Unterschied zum typischen Laubblatt ausmacht, da in diesem auf das Schwammgewebe kein weiteres Palisadengewebe folgt. Wie beim typischen Laubblatt ist auch die untere Epidermis der Hauswurz mit Stomata versehen und außen von einer Cuticula überzogen.

1.2 *Hier gilt es erneut Gemeinsamkeiten und Unterschiede zwischen Buchen und der Aeoniumart zu ermitteln, die die im Material angeführten Befunde liefern. Anschließend sollen Sie eine Hypothese aufstellen, die den Verlauf des pH-Werts in den Blattzellen der Hauswurz erklärt.*

Der CO_2-Gaswechsel der Buche zeigt im Tagesverlauf, dass am Tag deutlich mehr CO_2 aufgenommen als nachts abgegeben wird. Dabei schwankt die CO_2-Aufname geringfügig um den Wert von 65 *mℓ*. Im Verlauf der Nacht gibt die Buche fortwährend (mit geringen Schwankungen) ca. 15 *mℓ* CO_2 ab. Im Gegensatz dazu steigt die CO_2-Aufnahme bei der *Aeonium*-Art innerhalb der Nacht – von 19.00 Uhr am frühen Abend bis etwa 6.30 Uhr am Morgen – auf ca. 4[illegible] *mℓ* an. Den Tag über gibt die Pflanze jedoch kaum CO_2 ab, nimmt aber auch kaum welches auf, sodass die CO_2-Aufnahme und -Abgabe tagsüber im Bereich der Nulllinie liegt. Parallel zur CO_2-Aufahme des Nachts steigt auch der Säuregehalt der Vakuole der Zellen (pH-Abfall auf 3,8) und sinkt im Tagesverlauf (pH-Anstieg auf 6). Dies steht im Einklang mit dem unterschiedlich sauren Geschmack der Blätter der Pflanze zu unterschiedlichen Zeiten, einem Phänomen, das bei der Buche nicht auftritt.

Der pH-Abfall bei *Aeonium* im Verlauf der Nacht bei gleichzeitiger Steigerung der CO_2-Aufnahme ließe sich durch die Anreicherung des CO_2 in den Vakuolen der Zellen in Form einer Säure erklären. Der Anstieg des pH-Werts im Tagesverlauf wäre dann durch den Abbau der gespeicherten Säure zu CO_2 möglich, das unter Lichteinfluss im Prozess der Fotosynthese zu Kohlenhydraten umgewandelt wird. Dadurch bräuchte die Pflanze tagsüber auch kein weiteres CO_2 aufnehmen bzw. abgeben, sodass ihr CO_2-Gaswechsel bei Null liegt, was mit den Befunden aus M 2 b in Einklang steht.

1.3 *In dieser Teilaufgabe sollen Sie die Sekundärprozesse der Fotosynthese in Form eines Schemas übersichtlich und auf das Wesentliche reduziert darstellen. Eine Erläuterung Ihres Schemas ist* ***nicht*** *vorgesehen, sodass Ihr Schema selbsterklärend sein muss.*

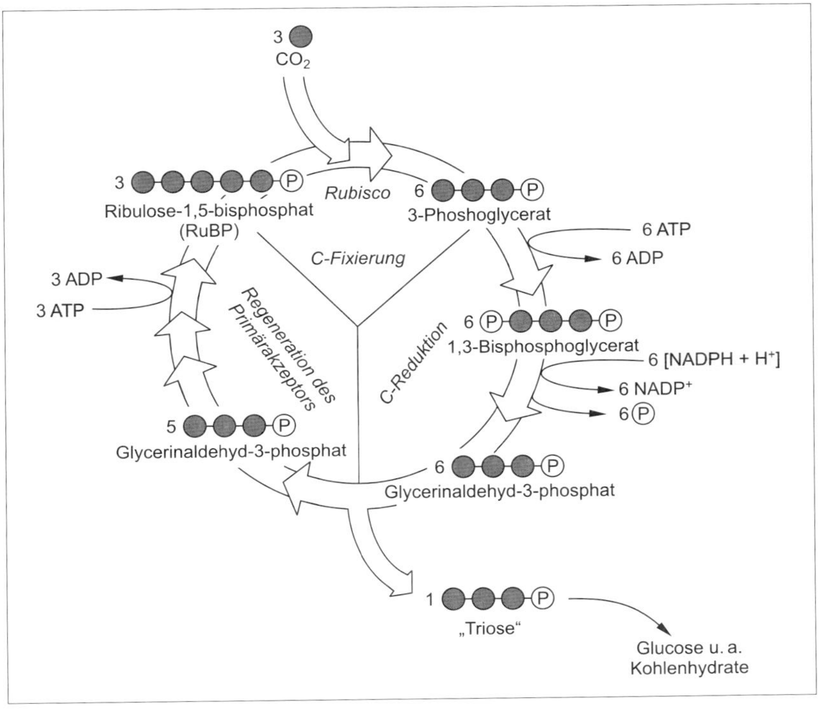

1.4 *Hier sollen Sie die im Experiment aus M 3 eingesetzten Untersuchungsmethoden veranschaulichend darstellen und durch zusätzliche Informationen verständlich machen.*

Mithilfe der Autoradiografie lassen sich Stoffwechselwege aufklären. Dazu werden radioaktiv markierte Ausgangsstoffe eingesetzt, die im Verlauf des zu untersuchenden Prozesses in andere Substanzen umgewandelt werden, die dann aufgrund ihrer Radioaktivität ermittelt werden können. Im vorliegenden Fall wurden isolierte Mesophyllzellen in eine Natriumhydrogencarbonat-Lösung überführt, die das radioaktive Kohlenstoff-Isotop ^{14}C enthielt. Das daraus entweichende $^{14}CO_2$ wurde von den Zellen aufgenommen und für ihren C-Metabolismus verwendet. Nun werden zu unterschiedlichen Zeiten Proben der Zellkultur entnommen, die auf ihre Inhaltsstoffe untersucht wurden. Dazu wurde z. B. in einer Versuchsreihe A das Zytoplasma der Zellen extrahiert und zum Zwecke einer chromatografischen Auftrennung auf ein Trägermaterial übertragen. Diese stationäre Phase wird anschließend so in ein Laufmittel gestellt, dass die mobile Phase bei ihrer Wanderung über das Trägermaterial die Probe mittransportiert. Aufgrund unterschiedlicher Eigenschaften der Zellinhaltsstoffe werden diese von dem Laufmittel unterschiedlich weit transportiert und dementsprechend aufgetrennt. Im vorliegenden Fall führt eine erneute, aber um 90° gedrehte Übertragung des Trägermaterials in ein zweites Laufmittel zu einer deutlicheren Trennung der Inhaltsstoffe des Zytoplasmaextrakts. Auf das in dieser Weise erstellte Chromatogramm wird anschließend Fotomaterial gelegt. An den Stellen des Chromatogramms, wo sich radioaktiv markierte Substanzen befinden, wird der Fotofilm aufgrund der radioaktiven Strahlung geschwärzt. Nach einer Entwicklung des Films werden die im Zytoplasma entstandenen unterschiedlichen Zwischenprodukte folglich sichtbar. Der Grad der Schwärzung ist dabei gleichzeitig ein Maß für die Konzentration des entsprechenden Produkts.

1.5 *Nun sollen Sie anhand der Chromatogramme aus M 3 begründete Schlüsse zum C-Metabolismus der Hauswurz ziehen, auf deren Basis Sie dann ein vereinfachtes Schema erstellen, das die unter M 2 dargestellten Befunde erklärt. Hierzu ist es sinnvoll, zunächst die Versuchsreihen zu analysieren und aufeinander aufbauend zu interpretieren. Wichtig ist hierbei, dass Sie das Material gründlich durcharbeiten und gegebene Hinweise nicht übersehen.*

Die Versuchsreihe A zeigt, dass sich bei Dunkelheit im Zytoplasma der Mesophyllzellen zunächst Oxalessigsäure nachweisen lässt, deren Konzentration sich im Laufe der Zeit zunächst erhöht, dann aber konstant bleibt, da sich die Schwärzung nach 5 sec Inkubationszeit nicht weiter intensiviert. Als ein weiteres Produkt entsteht im Zellplasma Äpfelsäure, die erst nach einer Inkubationszeit von 5 sec im Chromatogramm sichtbar wird und deren Gehalt im weiteren Verlauf konstant bleibt. Das lässt den Schluss zu, dass im Plasma der Mesophyllzellen bei Dunkelheit zunächst aus CO_2 (vgl. nächtliche CO_2-Aufnahme in M 2b) mithilfe des Primärakzeptors Phosphoenolpyruvat (PEP) Oxalessigsäure gebildet wird, die im Anschluss in Äpfelsäure umgewandelt wird, da ihre Konzentration nach einiger Zeit nicht mehr steigt. Da aber auch die Konzentration der Äpfelsäure im Zytoplasma nicht weiter ansteigt, muss auch diese weiterverarbeitet oder abtransportiert werden. In Versuchsreihe B werden die radioaktiv markier-

ten Stoffwechselprodukte sichtbar gemacht, die sich bei Dunkelheit in den Vakuolen der Mesophyllzellen zeigen. Hier lässt sich erst nach 60 Sekunden und auch nur Äpfelsäure nachweisen. *(Auch hier scheint die Konzentration an Äpfelsäure nicht weiter zu steigen, da sich die Schwärzung auf dem Chromatogramm nicht weiter verändert.)* In Kombination mit den Ergebnissen aus der Versuchsreihe A lässt sich schlussfolgern, dass die zunächst im Zytoplasma gebildete Äpfelsäure in die Vakuole abtransportiert wird, weshalb ihre Menge im Plasma nicht weiter ansteigt. *(Eine Erklärung für die konstante Konzentration an Äpfelsäure in der Vakuole ergibt sich hier aber nicht.)*
Die Versuchsreihe C weist die Produkte nach, die sich im Zytoplasma und den Chloroplasten der Mesophyllzellen einstellen, wenn die Zellen über 20 Minuten mit $^{14}CO_2$ inkubiert und erst nach weiteren 60 Minuten Dunkelheit belichtet werden. Erneut tritt als erste Substanz die Äpfelsäure auf, bei einer Belichtungszeit von 30 Sekunden. Als weitere Stoffwechselprodukte lassen sich nach 60 Sekunden im Licht 3-Phosphoglycerinsäure und Glycerinaldehydphosphat nachweisen. Während sich die Konzentration der Äpfelsäure im Zytoplasma und den Chloroplasten nicht verändert, nehmen die Mengen an PGS und GAP im Laufe der Zeit weiter zu. Nach einem Belichtungszeitraum von 70 Sekunden können als weitere Produkte des C-Metabolismus verschiedene Zuckermono- und -diphosphate sowie Glucose-6-phosphat nachgewiesen werden, deren Konzentrationen im weiteren Verlauf ebenfalls ansteigen.
Diese Beobachtungen lassen insgesamt den Schluss zu, dass die Äpfelsäure, die während der Dunkelphase im Zytoplasma zunächst gebildet und dann in der Vakuole gespeichert wurde, im Licht wieder in das Zytoplasma gelangt. Weil ihre Konzentration nicht weiter steigt, ist davon auszugehen, dass sie erneut abgebaut und für die Produktion von PGS und GAP verwendet wird, da eine erneute Zufuhr von radioaktivem C nicht erfolgt. Dafür spricht auch die steigende Konzentration der beiden Substanzen sowie das Auftauchen weiterer radioaktiv markierter Produkte, während die Konzentration der Äpfelsäure durch stetigen Nachschub aus der Vakuole konstant bleibt. Da in der Versuchsreihe C das Zellplasma und die Chloroplasten gleichzeitig untersucht wurden, ist nicht eindeutig entscheidbar, ob die Äpfelsäure bereits im Zytoplasma oder erst in den Cloroplasten wieder abgebaut wird. Wahrscheinlicher ist jedoch, dass ihr Abbau erst in den Chloroplasten erfolgt, da andernfalls ihr Abbau auch während der Dunkelheit stattfinden könnte, was aber durch die Versuchsreihen A und B widerlegt wird. Das Auftreten von PGS, GAP und weiteren Kohlenhydratphosphaten bei Belichtung weist darauf hin, dass am Tag ein normaler Calvin-Zyklus in den Chloroplasten der Mesophyllzellen abläuft, der als Ausgangsstoff CO_2 benötigt. Da die Pflanze am Tag jedoch weder CO_2 aufnimmt noch abgibt, kann man davon ausgehen, dass der Lieferant die Äpfelsäure ist, die nachts in der Vakuole gespeichert wurde. Damit steigt deren Gehalt in der Nacht und sinkt im Verlauf des Tages, was wiederum in Einklang steht mit den pH-Schwankungen in der Vakuole der Pflanze. Durch die Abspaltung von CO_2 von der Äpfelsäure würde auch der Primärakzeptor PEP wieder regeneriert, der dann wieder in das Zytoplasma abgegeben werden könnte.

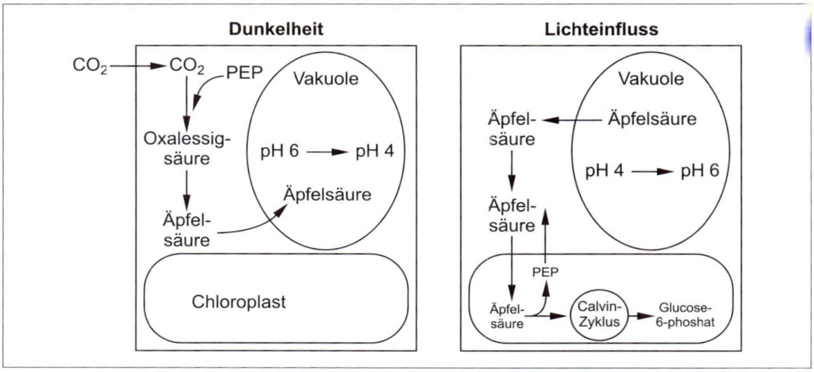

1.6 *In dieser Teilaufgabe sollen Sie aus dem Material M1 (Abbildungen und Text!) und M2b (CO_2-Gaswechsel) die Fakten ermitteln, die im Zusammenhang mit der Anpassung der Pflanze an den natürlichen Standort stehen.*

Als Blattsukkulente ist *Aeonium haworthii* besonders an heiße, trockene Standorte angepasst. So besitzt sie im Blattinneren eine dicke Schicht an Mesophyllzellen mit großen Vakuolen, die als Wasserreservoir angesehen werden können. Darüber hinaus weist die Pflanze eine ausgeprägte Cuticula auf, die besonders dick auf der Blattoberseite ist, wodurch die nicht regulierbare cuticuläre Transpiration eingeschränkt wird. Zusätzlich wird die Transpiration dadurch vermindert, dass die Pflanze tagsüber kein CO_2 aufnimmt, was vermutlich auf geschlossene Stomata zurückzuführen ist. Dadurch wird auch die stomatäre Transpiration begrenzt, sodass die Pflanze aufgrund des trockenen Standorts am Tage kaum Wasser verliert. Die Reduktion des Wasserverlusts wird zusätzlich dadurch begünstigt, dass *A. haworthii* des Nachts, wenn eine hohe Luftfeuchtigkeit vorherrscht, CO_2 über die Spalttöffnungen aufnimmt, bei gleichzeitig eingeschränkter Wasserdampfabgabe aufgrund des verminderten Konzentrationsgefälles. Durch diese Anpassung verhindert die Pflanze ein „Verdursten“ an ihrem Standort.

Trockene, heiße Standorte sind mit einer hohen Sonneneinstrahlung und dadurch Lichtzufuhr für die Pflanzen verbunden, sodass eine ausgiebige Fotosynthese möglich ist. Letztere erreicht *A. haworthii* durch die Schicht an chloroplastenreichen Mesophyllzellen, die unterhalb der oberen wie auch oberhalb der unteren Epidermis liegt. Für diese hohe Fotosyntheseleistung benötigt die Pflanze jedoch CO_2, das sie am Tage nicht aufnehmen kann, da sie ihre Stomata geschlossen hält. Die nächtliche CO_2-Aufnahme, dessen Speicherung als Säure in der Vakuole (vgl. Ausführungen zu 1.2 und 1.5) sowie seine Freisetzung daraus am Tag ermöglichen eine hohe Fotosyntheserate, wodurch ein „Verhungern“ der Pflanze ausgeschlossen wird.

2.1 *Hier sollen Sie evolutive und ökologische Aspekte veranschaulichen, die zu der Artenvielfalt auf Teneriffa geführt haben. Dazu müssen Sie erneut zunächst das Material auswerten und die so gewonnenen Erkenntnisse durch zusätzliche Informationen verständlich machen.*

Die in Material M5c angeführten Arten zeichnen sich durch besondere Standortanpassungen aus. So zeigen Arten wie *Aeonium ciliatum* und *A. cuneatum* keine oder nur eine geringe Sukkulenz, dafür aber Anpassungen an feuchtere, schattigere Standorte. Diese finden sie im Bereich der Lorbeerwaldzone, wo die Passatwinde zu höheren Niederschlägen an den Berghängen führen. Im Unterschied zu *A. ciliatum* wächst *A. cuneatum* vorzugsweise in Felsspalten, die ihr – gerade an der Nordseite der Insel – Schutz vor starken Winden bieten. Stark ausgeprägte Sukkulenz findet sich hingegen bei *A. haworthii, A. lindleyi* und *A. sedifolium,* die sich vorzugsweise in der Trockenzone finden. Dabei besiedeln diese drei Arten jedoch unterschiedliche Hochlagen und Wetterseiten der Insel. Arten wie *A. smithii* und *A. spathulatum* zeichnen sich durch besondere Anpassungen an niedrige Temperaturen aus, weshalb sie in den höheren Lagen der Kiefernwaldzone zu finden sind. Sie unterscheiden sich jedoch in ihren Anforderungen an die Böden, so wächst *A. smithii* vorzugsweise auf Vulkansand. Die unterschiedlichen Anpassungen der Arten beruht somit auf einer Vielzahl an unterschiedlichen ökologischen Nischen, die von den Pflanzen im Laufe ihrer Evolution besetzt werden konnten.
Ausgehend von der Ursprungsart *Aeonium arboreum*, die als einzige Art in Marokko zu finden ist, sind vermutlich durch Vögel, Wind oder Wasser Samen auf die Insel gelangt. Hier entwickelten sich Tochterpflanzen, die als Erstbesiedler weder innerartliche noch interspezifische Konkurrenz oder gar Fressfeinde zu fürchten hatten, sodass sie sich stark vermehren konnten. Aufgrund der geografischen Isolation konnte sich also eine neue Teilpopulation entwickeln, deren Genpool sich jedoch nicht mehr mit dem der Ausgangsart durchmischen konnte. Durch Mutation und Rekombination entstanden neue und andere Phänotypen als auf dem Festland. Die zunehmende innerartliche Konkurrenz konnten nur solche Pflanzen vermeiden, die besondere Merkmale entwickelten, mithilfe derer sie andere Biotope der Insel besiedeln konnten. Wie oben bereits erwähnt besitzt Teneriffa ein breites Spektrum abwechslungsreicher Biotope, sodass eine Vielzahl an unterschiedlichen Selektionsfaktoren auf die Pflanzen der Population in ihren Randbereichen einwirkten. Das führte im Verlauf der Zeit zu weiteren Anpassungen, die weitere Verbesserungen im Hinblick auf die sich verändernden Umweltbedingungen darstellten. Durch diese Einnischung entstanden im Laufe der Zeit neue Rassen, die aufgrund der Ausbildung genetischer Isolationsmechanismen zu neuen Arten wurden. Die Artenvielfalt auf Teneriffa wäre somit durch adaptive Radiation zu erklären.

2.2 *Hier gilt es eine Verknüpfung herzustellen zwischen dem Stammbaum der Arten sowie ihrer Verbreitung auf den Kanarischen Inseln. Dazu ist es zunächst hilfreich, das Vorkommen der Arten im Stammbaum zu kennzeichnen. So erhalten Sie schnell einen Überblick über die Häufigkeit des Auftretens der Arten.*

Die Arten *A. tabulaeforme* und *A. sedifolium* kommen jeweils nur auf einer der Inseln vor. Dabei handelt es sich laut Stammbaum um relativ alte Arten, die bereits früh aus einer Ursprungsart entstanden sind. Dafür spricht auch, dass beide Arten auf älteren Inseln zu finden sind (Teneriffa: 11,6 Mio Jahre; La Gomera: 10 Mio. Jahre). Das vereinzelte Vorkommen dieser Pflanzen deutet auf eine hohe Spezialisierung dieser relativ kleinwüchsigen Arten (vgl. M5c). Auch die Art *A. spathulatum* hat sich vergleichsweise früh entwickelt und wurde auf viele Inseln verbreitet. Als eher kälteverträglich (vgl. M5c) hat sich diese Art sowohl auf alten Inseln gegen Konkurrenten durchsetzen und auf jungen Inseln als Spezialist einer ökologischen Nische behaupten können.
Bei *A. undulatum* und *A. percarneum*, die nur auf Gran Canaria zu finden sind, handelt es sich dagegen um vergleichsweise junge Arten, da sie sich laut Stammbaum erst zu einem späteren Zeitpunkt aus unterschiedlichen Vorfahren entwickelt haben. Ihre Entstehung ließe sich durch geänderte Selektionsbedingungen begründen. In ihren Ansprüchen an die Umwelt müssen sich diese beiden Arten aber grundlegend unterscheiden, sodass sie nur deshalb auf der gleichen Insel anzutreffen sind, da sie unterschiedliche ökologische Nischen besiedelt haben. Das Gleiche gilt auch für *A. vestitium* und *A. nobile*, die nur auf La Palma existieren. Hier spricht das junge Alter der Insel (2 Mio. Jahre) dafür, dass sich diese beiden Arten erst in jüngerer Zeit entwickelt haben. Dabei ist auffällig, dass relativ nah verwandte Arten wie *A. undulatum* und *A. vestitium* oder A. *percarneum* und *A. nobile* nicht gemeinsam auf einer Insel vorkommen. Das spricht dafür, dass diese Arten möglicherweise die gleiche ökologische Nische besiedeln. Dies wird jedoch durch das Konkurrenzausschlussprinzip unterbunden. Bei Arten mit gleichen ökologischen Ansprüchen wird die konkurrenzschwächere von der stärkeren verdrängt.

Biologie (Niedersachsen): Erhöhtes Anforderungsniveau
Abiturprüfung 2008 – Aufgabe II

Das Ökosystem Wald im Wechselspiel abiotischer und biotischer Faktoren

Die Funktionen des Ökosystems Wald sind vielfältig. Sie bekommen die Aufgabe, Auswirkungen ausgewählter abiotischer und biotischer Faktoren unter stoffwechselphysiologischen und evolutiven Aspekten zu untersuchen, und sollen auch der Frage nachgehen, ob Wälder dem anthropogen bedingten Treibhauseffekt entgegenwirken können.

1 **Der anthropogene Treibhauseffekt**

1.1 Beschreiben Sie den anthropogenen Treibhauseffekt.
Werten Sie in diesem Zusammenhang M 1 aus.

1.2 Nehmen Sie unter Bezug auf M 2 zu der Frage Stellung, ob Wälder zur Minderung des Treibhauseffektes beitragen können.

2 **Mykorrhiza**

2.1 Werten Sie M 3 a – c im Zusammenhang aus.

3 **Energiefluss und Bodenatmung im Ökosystem Laubwald**

3.1 Beschreiben Sie den Energiefluss im Ökosystem Wald, ohne auf konkrete Arten einzugehen.

3.2 Erläutern Sie den Verlauf der Kohlenstoffdioxidproduktion in Bodenprobe A (M 4).

3.3 Analysieren Sie M 4 b in Hinblick auf den Anteil verschiedener Organismengruppen an der Bodenatmung zu einem selbst gewählten Zeitpunkt und die sich daraus ergebende Bedeutung dieser Lebewesen.

3.4 Beschreiben Sie die in M 5 dargestellten Versuchsergebnisse.

3.5 Deuten Sie M 5 in Hinblick auf den Verlauf des Streuabbaus.

4 **Evolution zweier Waldvogelarten**

4.1 Erläutern Sie die Evolution der beiden Waldvogelarten Wintergoldhähnchen und Sommergoldhähnchen auch unter Einbezug ökologischer Aspekte (M 6 a und b).

M1: Globaler Kohlenstoffkreislauf

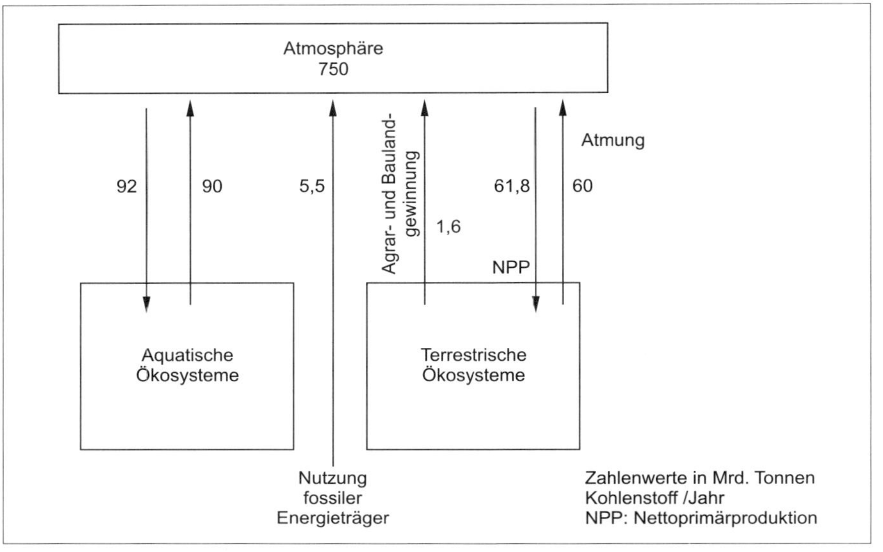

Verändert aus: Kohlmeier, G., Rohner, M.: CO_2-Senke der Wälder und Klimaschutz. Goethe-Universität, Frankfurt am Main 1998

M2: Entwicklung eines Waldes auf einer zuvor vegetationsfreien Fläche

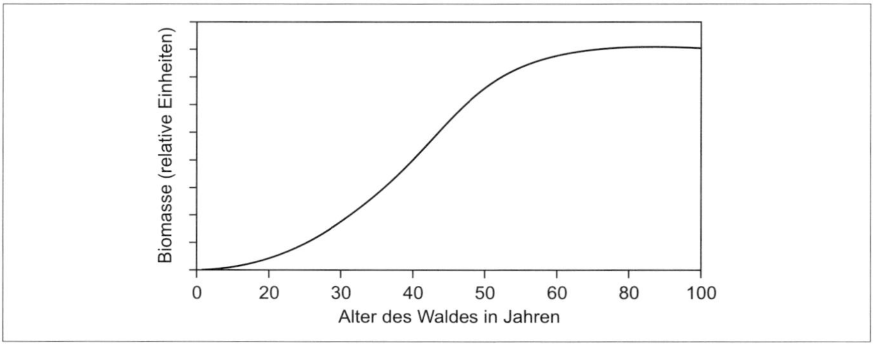

Verändert aus: WSL Dossiers, Wald und CO_2, 2006. www.wsl.ch/dossiers/wald_co2/hintergrung/co2_senke_DE

M3: Mykorrhiza

M3a: Definition

Unter Mykorrhiza versteht man eine enge Verbindung bestimmter Pilzarten mit den Wurzeln von Pflanzen. Der Pilz bildet ein Geflecht um die Pflanzenwurzeln und sendet Pilzfäden in das umgebende Erdreich hinein. Pflanzenwurzeln mit Mykorrhiza bilden keine Wurzelhaare mehr aus.

M3b: Querschnitt durch eine Wurzel mit und ohne Mykorrhiza

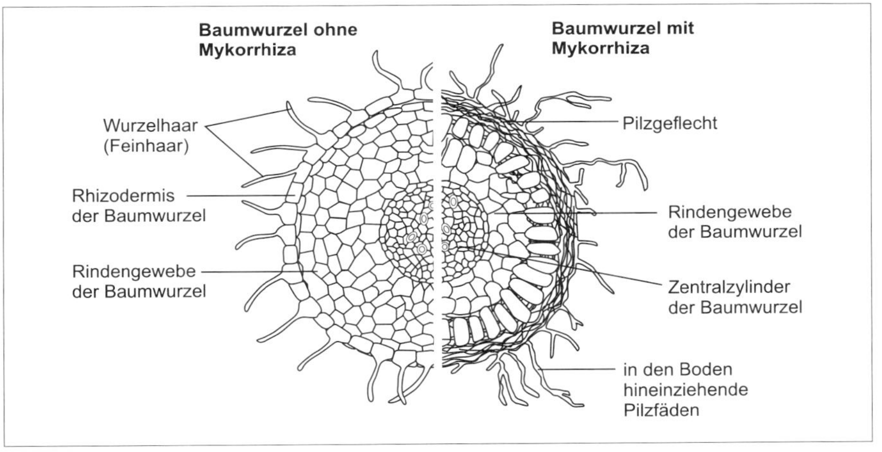

Verändert aus: Steffens, F. u. a.: Die Ektomykorrhiza. In: Biologie in unserer Zeit, 24. Jg. 1994, Nr. 4, S. 214

M3c: Untersuchungen an Kiefernsämlingen (linkes Diagramm) und Pilzgeflechten (rechtes Diagramm)

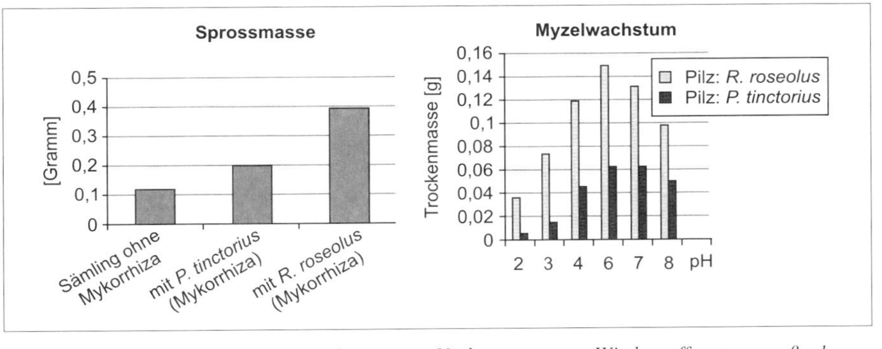

Verändert aus Seak-Jin Kim: Untersuchungen zur Verbesserung von Wiederaufforstungsmaßnahmen, Dissertation Universität Bremen, 2002, S. 37 u. S. 45.

M4: Abbauleistungen von Organismen des Waldbodens

M4a: Bodenatmung

Unter Bodenatmung versteht man die Atmung von Wurzeln und von Bodenlebewesen. Bodenlebewesen besiedeln in einem Laubwald vor allem die an Streu (Falllaub) reiche obere Bodenschicht (Oberboden).

M4b: Kohlenstoffdioxidproduktion von Bodenproben unter spezifischen Bedingungen

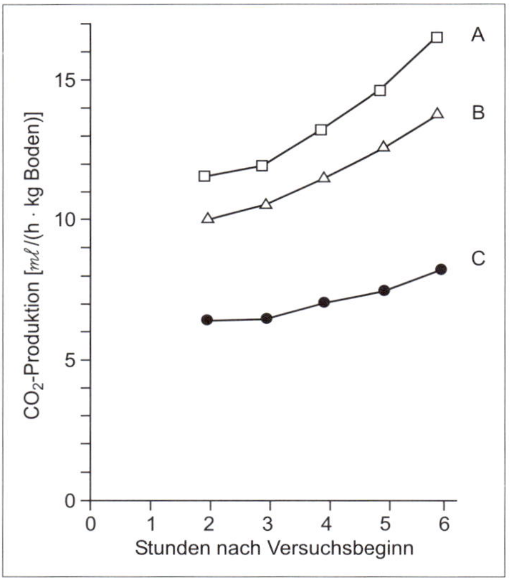

A: Die Bodenprobe wurde zum Zeitpunkt t = 0 mit Glucose (1 g/kg) behandelt.

B: Die Bodenprobe wurde wie in A) mit Glucose behandelt, plus Streptomycin (2 g/kg). Streptomycin tötet nur Bakterien ab.

C: Die Bodenprobe wurde wie in A) mit Glucose behandelt, plus Actidion (2 g/kg). Actidion tötet nur Pilze ab.

Quelle: Gisi, U.: Bodenökologie, Thieme, Stuttgart 1997, S. 179

M5: Streuabbau im Laubwald: das Netzbeutel-Experiment

Frisch gefallenes Laub wird im Herbst in Netzbeuteln unterschiedlicher Maschenweite eingeschlossen und an den Laubsammelstellen im Freiland zwischen nicht eingeschlossenen Blättern wieder ausgelegt.
Netzbeutel der Maschenweite 0,02 mm sind nur von Mikroorganismen (Bakterien, Pilzen, Einzellern wie den Rädertierchen, Wimperntierchen u. a.) passierbar. Die Bodenfauna, zu der neben Regenwürmern z. B. auch Fadenwürmer, Milben, Spinnen, Käfer und diverse andere Insekten und deren Larven zählen, kann nur Netzbeutel mit der Maschenweite 10 mm passieren.

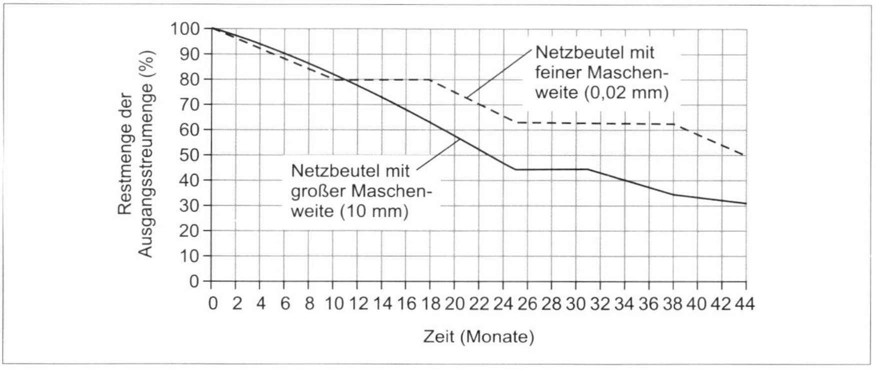

Verändert aus: Gisi, U.: Bodenökologie, Thieme, Stuttgart 1997, S. 181

M6: Evolution zweier Goldhähnchenarten

M6a: Informationen zu Winter- und Sommergoldhähnchen

Wintergoldhähnchen (WG) und Sommergoldhähnchen (SG) gehören weltweit zu den kleinsten Singvögeln. Das Wintergoldhähnchen ist besonders eng an das Vorkommen der Fichte gebunden, bei der dichtes Geäst – insbesondere in der Wipfelregion – auch auf der Unterseite nach Insekten und deren Larven abgesucht wird.

Das Sommergoldhähnchen toleriert dagegen einen höheren Laubbaumanteil in den Wäldern. Diese Goldhähnchen brüten selbst in Parkanlagen, die nur wenige große Fichten aufweisen. Sie bewegen sich in dem lichteren Geäst der Fichten und suchen die ebenfalls aus Insekten und deren Larven bestehende Nahrung bevorzugt auf der Oberseite der Zweige auf.

Die Goldhähnchenarten sollen während der Eiszeit durch vordringende Gletscher aus einer Ausgangspopulation entstanden sein.

Verändert aus: Thaler, Ellen: Die Goldhähnchen, Neue Brehm-Bücherei, Ziemsen-Verlag, Wittenberg, 1990, vertrieben durch den Westarp Wissenschaften-Verlag, Hohenwarsleben

M6b: Sommergoldhähnchen (SG, a) und Wintergoldhähnchen (WG, b) sowie Ausschnitte aus ihrem jeweiligen Reviergesang (kHz = Kilohertz, eine Angabe der Tonhöhe)

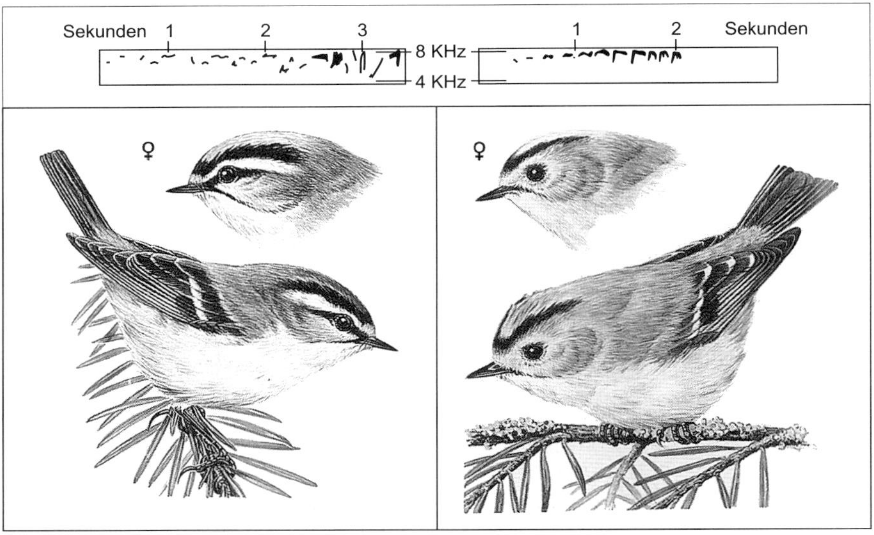

a) Sommergoldhähnchen (SG) b) Wintergoldhähnchen (WG)

Zusammengestellt und verändert aus: Thaler, E.: Die Goldhähnchen, A. Ziemsen-Verlag, Wittenberg Lutherstadt, 1990, vertrieben durch den Westarp Wissenschaften-Verlag, Hohenwarsleben und Bezzel, Dr. E.: BLV-Handbuch Vögel. BLV Verlagsgesellschaft mbH, München 1995,

Lösung

Die Aufgabe beinhaltet die folgenden Schwerpunktthemen:

Auf- und abbauender Energiestoffwechsel
- *Zellatmung und Gärung: aerober Abbau von Glucose*
- *Spezielle Aspekte des Energieumsatzes: Energiekopplung und Energieentwertung*

Wechselwirkungen und Produktivität im Ökosystem Wald
- *Reaktionen von Lebewesen auf Umweltfaktoren: ökologische Toleranzen und zugehörige Toleranzkurven, Variabilität*
- *Wechselwirkungen zwischen Lebewesen: Nahrungsbeziehungen, intra- und interspezifische Konkurrenz*
- *Produktivität und Energiefluss in Ökosystemen: Brutto- und Nettoproduktion auf verschiedenen Trophieebenen und Stoffkreisläufe*

Ursachen der Evolution

- *Evolutionsfaktoren und ihr Zusammenwirken: Mutationen, Rekombination, Isolation, Selektion, genetische und modifikatorische Variabilität, Isolationsmechanismen*
- *Artbildung: Art und Population, allopatrische Artbildung, Veränderung des Genpools*

1.1 *Zunächst sollen Sie einen Ihnen bekannten Sachverhalt strukturiert und fachsprachlich richtig mit eigenen Worten wiedergeben, in dessen Zusammenhang Sie auch die Daten des Materials stellen sollen.*

Unter dem anthropogenen Treibhauseffekt versteht man die durch den menschlichen Einfluss hervorgerufene künstliche Erwärmung der erdnahen Atmosphäre. Unter natürlichen Bedingungen wird die von der Sonne eintreffende Strahlung von der Erdoberfläche aufgenommen und zu einem geringen Teil sofort wieder reflektiert. Der größte Teil wird in Wärme umgewandelt und wieder abgestrahlt. Diese langwellige Strahlung wird von den in der Atmosphäre befindlichen Gasen (CO_2 und Wasserdampf) absorbiert und erneut auf die Erde reflektiert. Auf diese Weise erwärmt sich die erdnahe Atmosphäre, was als natürlicher Treibhauseffekt bezeichnet wird, ohne den ein Leben auf der Erde kaum möglich wäre. Durch die Freisetzung weiterer Gase wie CO_2, das bei Verbrennungsprozessen entsteht, sowie Methan, das aus Erdgaslagern, auftauenden Permafrostböden und aus dem Verdauungsprozess von Rindern stammt, und außerdem Stickoxiden, die sowohl ebenfalls bei Verbrennung fossiler Energieträger entstehen, aber auch aus überdüngten Böden entweichen, oder aber künstlichen Verbindungen (halogenierte Kohlenwasserstoffe) erhöht der Mensch die Konzentration der Treibhausgase, was die Wärmerückstrahlung der Atmosphäre auf die Erde zusätzlich verstärkt und damit auch die Erwärmung erdnaher Luftschichten.
In Material M 1 wird deutlich, dass sowohl aquatische als auch terrestrische Ökosysteme etwas mehr CO_2 aus der Atmosphäre aufnehmen, als sie dahin zurückgeben. Insgesamt werden 153,8 Mrd. t C pro Jahr von der Ökosphäre aufgenommen, aber nur 150 Mrd. t wieder abgegeben. Unter diesen Bedingungen müsste sich die CO_2-Konzentration der Atmosphäre langsam verringern. Durch den anthropogenen Einfluss werden jedoch zusätzlich jährlich 7,1 Mrd. t Kohlenstoff durch Nutzung fossiler Energieträger sowie die Verminderung terrestrischer Ökosysteme bei der Agrar- und Baulandgewinnung an die Atmosphäre abgegeben. Daraus ergibt sich eine jährliche Steigerung des Kohlenstoffgehalts der Atmosphäre um 3,3 Mrd. t.

1.2 *In dieser Teilaufgabe sollen Sie ein begründetes Urteil darüber abgeben, ob Wälder den Treibhauseffekt mindern können. Da Sie dabei das Material mit einbeziehen sollen, müssen Sie dieses zunächst gründlich analysieren.*

Die Abbildung in Material M 2 zeigt die Biomassenproduktion eines Waldes im Verlauf seiner Entwicklung. In den ersten 60 bis 70 Jahren nimmt die Biomasse zu. Danach bleibt sie konstant. Der Zuwachs in den ersten Jahren ist darauf zu-

rückzuführen, dass die Pflanzen mehr C assimilieren und zum Aufbau von Biomasse verwenden, als sie durch dissimilatorische Prozesse wieder abgeben. Nach ca. 70 Jahren hat sich ein Gleichgewicht zwischen Anabolismus und Katabolismus bei den Produzenten eingestellt und die Biomasse des Waldes bleibt konstant.
In Bezug auf den Treibhauseffekt bedeutet dies, dass nur junge Wälder den C-Gehalt der Atmosphäre verringern können, ältere aber nicht. Um den Treibhauseffekt also mithilfe von Wäldern zu verringern, müssten somit neue Wälder angepflanzt werden, was jedoch im Widerspruch zur Agrar- und Baulandgewinnung des Menschen steht. Eine andere Möglichkeit wäre, alte Wälder abzuholzen, um Platz für neue zu gewinnen. Dabei ergäbe sich jedoch ein Problem bei der Vernichtung der alten Bäume, da diese so untergebracht werden müssten, dass der von ihnen fixierte Kohlenstoff nicht erneut freigesetzt wird. Allein eine Wiederaufforstung von Brachland könnte hier für die erste Zeit eine Verminderung des Treibhauseffekts leisten. Hat der Wald jedoch sein Klimaxstadium erreicht, so trägt er zu keiner weiteren Verringerung des C-Gehalts der Atmosphäre mehr bei. Vor diesem Hintergrund ist die Frage, ob Wälder zur Verminderung des Treibhauseffekts beitragen können, zumindest auf Dauer zu verneinen.

2.1 *In dieser Teilaufgabe gilt es, die Ergebnisse verschiedener Materialien in einen Zusammenhang zu stellen.*

Eine Mykorrhiza ist eine Lebensgemeinschaft zwischen einem Pilz und der Wurzel einer Pflanze. Dabei kann es sich um eine Symbiose, Probiose oder Parasitismus handeln. In dem Diagramm M3c ist zu erkennen, dass Kiefernsämlinge mit Mykorrhiza eine wesentlich höhere Sprossmasse entwickeln als solche ohne. Eine Mykorrhiza mit *P. tinctorius* vermag die Sprossmasse der Kiefernsämlinge zu verdoppeln. Im Falle von *P. roseolus* erhöht sich die Masse des Sprosses sogar um das Vierfache. Das Wachstum der Pilze ist, wie das zweite Diagramm in M3c zeigt, vom pH-Wert der Umgebung abhängig. Das größtmögliche Myzelwachstum zeigen beide Pilzarten in schwach saurer Umgebung. Somit liegt der optimale pH-Wert für die Pilze bei pH 6. In stärker saurer oder alkalischer Umgebung sinkt das Wuchsvermögen des Myzels bei beiden Arten. Hier wird weiterhin deutlich, dass *P. roseolus* generell ein effektiveres Wachstum aufweist als *P. tinctorius*. Der Pilz mit der am meisten ausgeprägten Entwicklung des Pilzgeflechtes verursacht zudem die größte Zunahme der Sprossmasse der Kiefernsämlinge. Wie dem Material M3a zu entnehmen ist, bilden die Pflanzenwurzeln in einer Mykorrhiza keine Wurzelhaare mehr aus, deren Funktion die Aufnahme von Wasser und Mineralsalzen ist. Da jedoch die Massenzunahme der Pflanze in der Gemeinschaft mit dem Pilz deutlich höher ist als ohne, ist anzunehmen, dass die Versorgung der Pflanze mit Wasser und darin gelösten Mineralien jetzt von dem Pilz übernommen wird. Wie in M3b erkennbar, entsendet der Pilz zahlreiche Pilzfäden in das Erdreich sowie in die Rinde der Pflanzenwurzel. Auf diese Weise vergrößert sich die Oberfläche der Pflanzenwurzel für die Aufnahme von Wasser und Mineralsalzen beträchtlich, wodurch die Basis für eine gesteigerte

Stoffproduktion bei der Pflanze gelegt wird. Darüber hinaus erkennt man in der Abbildung 3b, dass auch die Rhizodermis der Pflanzenwurzel bei Vorliegen einer Mykorrhiza fehlt. Auch dieses Gewebe wird jetzt von dem Pilzgeflecht ersetzt, wodurch dieser auch den mechanischen Schutz der Pflanze vor Verletzung übernimmt.
Vor diesem Hintergrund stellt die Lebensgemeinschaft einer Mykorrhiza auf alle Fälle für die Pflanze eine Probiose dar. Obwohl das Material keine eindeutigen Beweise dafür liefert, dass nicht auch der Pilz aus dieser Lebensgemeinschaft einen Nutzen zieht, lässt sich vermuten, dass der Pilz im Gegenzug von der Pflanze mit Nährstoffen versorgt wird, die diese im Rindengewebe ihrer Wurzeln speichert. Das bis weit in das Rindengewebe hineinziehende Mycel vergrößert auch für den Pilz die Oberfläche für die Aufnahme von Kohlenhydraten. Somit handelt es sich bei der Lebensgemeinschaft der Mykorrhiza um eine Symbiose.

3.1 *Hier sollen Sie den Ihnen bekannten Sachverhalt der Energienutzung in einem Wald ganz allgemein darstellen.*

Der Energiefluss beginnt wie in jedem Ökosystem mit der Absorption der Lichtenergie der Sonne durch die Pigmente in den fotosynthetisch aktiven Organen der Pflanzen. Ein Teil der durch die Fotosynthese chemisch in den Nährstoffen gespeicherten Energie wird von den Pflanzen zum einen zum Aufbau neuer Biomasse genutzt und zum anderen durch Atmungsprozesse gleich wieder als Wärme abgegeben. Von der pflanzlichen Biomasse geht ein Teil der Energie auf die Primärkonsumenten – die Herbivoren – und über diese an die folgenden Trophiestufen der Nahrungskette weiter. Auch die Konsumenten verwerten die aufgenommene Energie zur Produktion eigener Körpermasse, setzen den weitaus größeren Teil aber auch durch Atmungsprozesse wieder in Form von Wärme frei. Ein weiterer Teil der von den Produzenten und Konsumenten gespeicherten Energie wird auch als organischer Abfall, z. B. in Form von energiereichen Exkreten und abgestorbenen Organismen oder deren Teilen, frei. Die darin gespeicherte Energie wird von den Destruenten genutzt, die das Endglied jeder Nahrungskette darstellen und so auch den letzten Rest der chemischen Energie in Wärme überführen. Allgemein lässt sich festhalten, dass beim Übertritt von einer Trophieebene zur nächsten 90 % der Ausgangsenergie als Wärme verloren geht und nur etwa 10 % nutzbar bleibt.

3.2 *In dieser Teilaufgabe sollen Sie nur den Verlauf der Kurve A in Abbildung 4 veranschaulichend darstellen und erklären.*

Die Abbildung 4 zeigt die CO_2-Produktion einer Bodenprobe, der zusätzlich Glucose beigemischt wurde, in Abhängigkeit von der Zeit. Nach 2 Stunden setzt die Bodenprobe ca. 11,5 $m\ell$ CO_2 pro Stunde und kg Boden frei. Innerhalb der nächsten 4 Stunden steigt die CO_2-Abgabe auf etwa 16,5 $m\ell/h \cdot kg$ Boden. Allgemein lässt sich somit festhalten, dass die CO_2-Produktion der untersuchten Bodenprobe im Laufe der Zeit exponentiell steigt.

Die zugefügte Glucose stellt für die Bodenorganismen eine zusätzliche Nährstoffquelle dar, die sie dazu nutzen, chemisch verfügbare Energie in Form von ATP zu gewinnen. Bei diesem Stoffwechselprozess wird die aufgenommene Glucose im Rahmen der aeroben Glucosedissimilation vollständig zu CO_2 und Wasser abgebaut. Die so gewonnene chemische Energie können die Bodenlebewesen zum eigenen Wachstum oder zur Vermehrung nutzen. Auf diese Weise erhöht sich im Laufe der Zeit die Biomasse der Lebewesen, was bei ausreichender Nahrung zu einer verstärkten Atmungsaktivität und damit CO_2-Produktion führt.

3.3 *Erst an dieser Stelle sollen Sie die übrigen Kurven der Grafik berücksichtigen, um herauszufinden, welche quantitative und qualitative Bedeutung den betrachteten Bodenlebewesen bei der Bodenatmung zukommt. Den Zeitpunkt der Betrachtung können Sie frei wählen.*

Durch die Zufuhr von Streptomycin werden die in der Bodenprobe vorhandenen Bakterien abgetötet. Somit spiegelt der Differenzbetrag der CO_2-Produktion dieser Bodenprobe von der Probe A den Anteil der Bakterien an der Bodenatmung wider. Nach 2 Stunden fällt die CO_2-Abgabe von Bodenprobe B etwa um 1,5 $m\ell$ niedriger aus als bei der Probe A. Der Beitrag der Bakterien zur Atmung der Bodenorganismen liegt damit bei ca. 13 %. Wesentlich höher liegt dagegen die Rate der Pilze an der CO_2-Abgabe des Bodens. In der Probe C wurden die Pilze der Bodenprobe durch Actidion abgetötet. Die von den verbliebenen Bodenlebewesen produzierte CO_2-Menge beträgt in diesem Fall nach 2 Stunden etwa 6,5 $m\ell$/ h · kg Boden. Daraus ergibt sich eine Differenz von 5 $m\ell$ CO_2 zu der Atmung aller Bodenorganismen der Probe A. Folglich ergibt sich für die Pilze ein Anteil von ca. 44 % an der Gesamtatmung. Insgesamt lässt sich festhalten, dass in dem untersuchten Boden die Bodenatmung zu etwas mehr als der Hälfte auf die Aktivität von Pilzen und Bakterien zurückzuführen ist, wobei die Pilze das meiste CO_2 produzieren. Die restlichen 43 % des CO_2-Ausstoßes sind auf aerobe Dissimilationsvorgänge von Pflanzenwurzeln und der Bodenfauna zurückzuführen.

3.4 *In dieser Teilaufgabe geht es darum, die in der Abbildung aus M 5 ersichtlichen Zusammenhänge strukturiert und fachsprachlich richtig wiederzugeben. Aber aufgepasst: Eine Erklärung der Sachverhalte wird hier noch nicht gefordert.*

Das Diagramm beschreibt den prozentualen Anteil der Reststreumenge in zwei Netzbeuteln unterschiedlicher Maschenweite über 44 Monate. In den Netzbeuteln mit großer Maschenweite nimmt der Gehalt des Laubstreus innerhalb der ersten 2 Jahre (genauer 25 Monate) nahezu linear auf 45 % ab. Anschließend bleibt die Reststreumenge über weitere 6 Monate konstant. Vom 31. bis 38. Monat des Untersuchungszeitraums fällt die Streumenge auf ca. 33 % des Ausgangsgehalts. Am Ende des Untersuchungszeitraums ist die Streumenge letztlich auf 32 % der Ausgangsmenge gefallen.

In den Netzbeuteln mit geringerer Maschenweite wird in den ersten 10 Monaten genauso viel der Ausgangsstreumenge abgebaut wie in den Netzen mit großen Maschen. Anschließend stagniert der Abbau jedoch über weitere 8 Monate. Vom 18. bis zum 25. Untersuchungsmonat fällt der Reststreugehalt von 80 % auf etwa 63 % der Ausgangsmenge. Über ein weiteres Jahr (exakter 13 Monate) erfolgt danach erneut kein weiterer Abbau. Erst im letzten halben Jahr der Untersuchung wird die Laubstreu bis auf 50 % der Ausgangsmenge abgebaut.

3.5 *Erst in dieser Teilaufgabe sollen Sie die Ergebnisse der Untersuchung zum Abbau der Laubstreu interpretieren.*

In den ersten 10 Monaten zeigen die beiden Teilexperimente identische Ergebnisse, die Zersetzung des Laubs erfolgt in beiden Netzen gleich. Daraus lässt sich folgern, dass die ablaufenden Abbauprozesse in diesem Zeitraum unabhängig von größeren Destruenten sind, die nur in die Netze mit großer Maschenweite eindringen können. Somit sind die Zersetzungsvorgänge abhängig von abiotischen Faktoren wie z. B. Feuchtigkeit, Temperatur o. Ä. Als weiterer Grund könnten biotische Faktoren ursächlich sein, die auf der Aktivität der Mikroorganismen beruhen, die in beide Netze eindringen können. So wäre beispielsweise eine Vermehrung dieser mikrobiellen Destruenten denkbar aufgrund erhöhter Nahrungszufuhr oder aber günstiger abiotischer Umweltbedingungen.
Während die Zersetzungsprozesse in den Netzen kleiner Maschenweite anschließend stagnieren, finden in den großmaschigen Netzen die Vorgänge kontinuierlich weiterhin statt. Eine Erklärung hierfür bietet die Tätigkeit der größeren Bodentiere, die sich in den Netzen einfinden. Regenwürmer, Fadenwürmer, Milben, Spinnen, Käfer und diverse andere Insekten und deren Larven verwerten das Laub als Nahrung und Zerkleinern das organische Material. Dadurch wird die Oberfläche des Laubstreus für die Mikroorganismen vergrößert, sodass die Mikroben dieses besser abbauen können. Da dieser Prozess in den engmaschigen Netzen unterbunden ist, stagniert die Zersetzung hier.
Nach 25 Monaten stagniert der Abbau sowohl in den kleinmaschigen Netzen als auch in denen mit großer Maschenweite. Ursächlich hierfür könnten abiotische Faktoren sein, die sowohl die Aktivität der Bodenfauna als auch der Mikroben limitieren. Dass die Abbauprozesse in den großporigen Netzen bereits im 31. Monat nach Versuchsbeginn weitergehen, ist ein weiteres Indiz dafür, dass aufgrund geänderter abiotischer Umweltbedingungen die Bodenfauna erneut aktiv wird. Die Mikroben bekommen abermals neue Ausgangssubstanzen zu Verfügung gestellt. Dafür spricht auch, dass das Experiment im Herbst begann und nun nach 31 Monaten – im Frühjahr – durch steigende Temperaturen die Aktivität der Bodenfauna erneut anwächst. Die durch die erhöhten Temperaturen ebenfalls mobilisierten Mikroben finden in den kleinmaschigen Netzen noch keine ausreichend aufbereitete Nahrung vor, sodass hier der Laubstreuabbau zunächst stagniert. Erst durch die Temperatursteigerung vermehren sich entweder auch die mikrobiellen Zersetzer, weshalb auch hier der Abbau wieder steigt, und/ oder führen die höheren Temperaturen zu einer Aktivierung der mikrobiellen Abbauprozesse.

In der Endphase der untersuchten Zersetzung sind gerade die Mikroben, die in beide Netzsorten eindringen konnten, wie Bakterien, Pilze, Einzeller, z. B. Rädertierchen, Wimpertierchen u. a., maßgeblich am Abbau des toten organischen Pflanzenmaterials beteiligt. Der Zersetzungsgrad des Laubstreus hat zu dieser Zeit ein solches Maß erreicht, dass für seine Verarbeitung nur noch mikrobielle Destruenten ausschlaggebend sind.
Die Versuchsergebnisse belegen somit das Zusammenwirken von Destruentengruppen, deren Einzelarten sich in ihrer Größe unterscheiden, beim natürlichen Abbau des Streumaterials.

4.1 *In dieser letzten Teilaufgabe sollen Sie die Evolution der beiden Wintergoldhähnchenarten veranschaulichend darstellen und dabei besonders ökologische Aspekte berücksichtigen, die Sie dem Material M6 entnehmen können.*

Durch das Vordringen der Gletscher im Verlauf der Eiszeit wurde eine Population der Ursprungsart der Goldhähnchen geteilt. Auf diese Weise entstanden zwei Teilpopulationen, deren Genpool sich aufgrund der geografischen Isolation nicht mehr durchmischen konnte. In beiden Populationen entwickelten sich durch unterschiedliche Mutationen und Rekombinationen neue, aber verschiedene Phänotypen.
Aufgrund der räumlichen Separation ist anzunehmen, dass die beiden Teilpopulationen auf Biotope mit unterschiedlichen Umwelt- und daher Selektionsbedingungen trafen. Infolgedessen erzielten nur die phänotypisch am besten angepassten Individuen eine höhere reproduktive Fitness und brachten ihr Erbgut daher vermehrt in den Genpool ein. Dieses führte im Laufe der Zeit dazu, dass sich die Genpools beider Teilpopulationen immer stärker voneinander unterschieden.
Kam es nach der Eiszeit durch Vermehrung der beiden Teilpopulationen zu einer Überlappung der Verbreitungsgebiete, so ließen genetische Isolationsmechanismen, die sich im Verlauf der getrennten Entwicklung gebildet hatten, keine Fortpflanzung der beiden Gruppen untereinander mehr zu. Die Ausbildung unterschiedlicher Gesänge in den beiden Verbänden verhindert ein Erkennen der unterschiedlichen Sexualpartner ebenso wie die Entstehung verschiedenartiger Gefiederfärbung. Somit waren aus den beiden Teilpopulationen zwei neue Arten entstanden, deren Individuen keine fruchtbaren Nachkommen mehr zeugten.
Eine Koexistenz der beiden Arten in einem gemeinsamen Lebensraum lässt sich daraus erklären, dass sie im Laufe ihrer verschiedenartigen Evolution unterschiedliche ökologische Nischen besiedelt haben. So bewohnt das Wintergoldhähnchen vorzugsweise Kiefern, in deren Wipfelregion es seine Nahrung sowohl auf der Ober- als auch Unterseite der Äste findet. Dagegen suchen sich die Sommergoldhähnchen ihre Nahrung hauptsächlich auf der Oberseite von Kieferästen, die im lichteren Baumbereich zu finden sind. Bezüglich seines Brutplatzes zeigt es eine weitere Toleranzbreite als das Wintergoldhähnchen, da es in seinem Lebensraum einen höheren Laubbaumanteil akzeptiert. Auf diese Weise wird eine Konkurrenz der beiden Arten untereinander verringert.

Biologie (Niedersachsen): Erhöhtes Anforderungsniveau
Abiturprüfung 2009 – Aufgabe I

Algen – eine besondere Pflanzengruppe

Algen besiedeln die unterschiedlichsten Lebensräume, von tropischen Korallenriffen bis zu polaren Packeisfeldern, von heißen Quellen bis zu eisigen Hochgebirgsgipfeln. Einige Algenarten gehören zu den in den größten Tiefen vorkommenden Pflanzen. Andere verursachen immer wieder schwere Vergiftungen, die tödlich enden können. Eine Algenart produziert sogar eines der stärksten bekannten Nervengifte.
In den folgenden Aufgaben sollen Sie sich mit stoffwechselphysiologischen, nerven- und sinnesphysiologischen sowie evolutiven Aspekten im Zusammenhang mit Algen auseinander setzen.

1 Stoffwechselphysiologische Aspekte

1.1 Beschreiben Sie die Lichtverhältnisse in unterschiedlichen Meerestiefen anhand von M 1 a.

1.2 Vergleichen Sie die in M 1 c dargestellten Befunde von Grünalgen mit denen von Rot- und Braunalgen.
Erklären Sie anhand von M 1 a–c, weshalb die von Mark und Diane Littler 1985 entdeckte Rotalgenart bis zu einer Meerestiefe von 274 Metern vorkommt.

1.3 Nehmen Sie unter Bezug auf M 1 d begründet Stellung zu der Aussage, dass die Veränderung der Algendicke und des Pigmentgehalts bei den Grünalgen *Ulva lactuca* und *Codium fragile* eine besondere Strategie zum Überleben in tieferen Wasserschichten darstellt (M 1 a–d).

2 Nerven- und sinnesphysiologische Aspekte

2.1 Erläutern Sie die Erregungsleitung am myelinisierten Axon einer menschlichen Nervenzelle anhand einer beschrifteten, die Vorgänge verdeutlichenden Skizze.

2.2 Ermitteln Sie für jedes der in M 2 genannten Algentoxine, welche Auswirkung es auf die Erregungsübertragung und die Muskeltätigkeit beim Menschen hat.

2.3 Stellen Sie die in einem Stäbchen des menschlichen Auges ablaufenden Vorgänge von der Einwirkung eines Lichtreizes bis zur Ausbildung des Rezeptorpotenzials in Form eines Fließdiagramms dar.

2.4 Leiten Sie aus M 3 a–c ab, wie es nach Reizung mit Licht zur Veränderung des Geißelschlages bei der Alge *Chlamydomonas reinhardtii* kommt.

3 Evolution der Algen

3.1 Ordnen Sie die in der Tabelle genannten Merkmale in den Stammbaum (M 4 a) ein. Begründen Sie Ihre Entscheidungen.

3.2 Prüfen Sie, ob die Erkenntnisse aus M 4 b den Stamm in M 4 a stützen.

M 1: Algenwachstum in den Tiefen der Meere

M 1a: Lichtverhältnisse in Meerwasser unterschiedlicher Tiefen

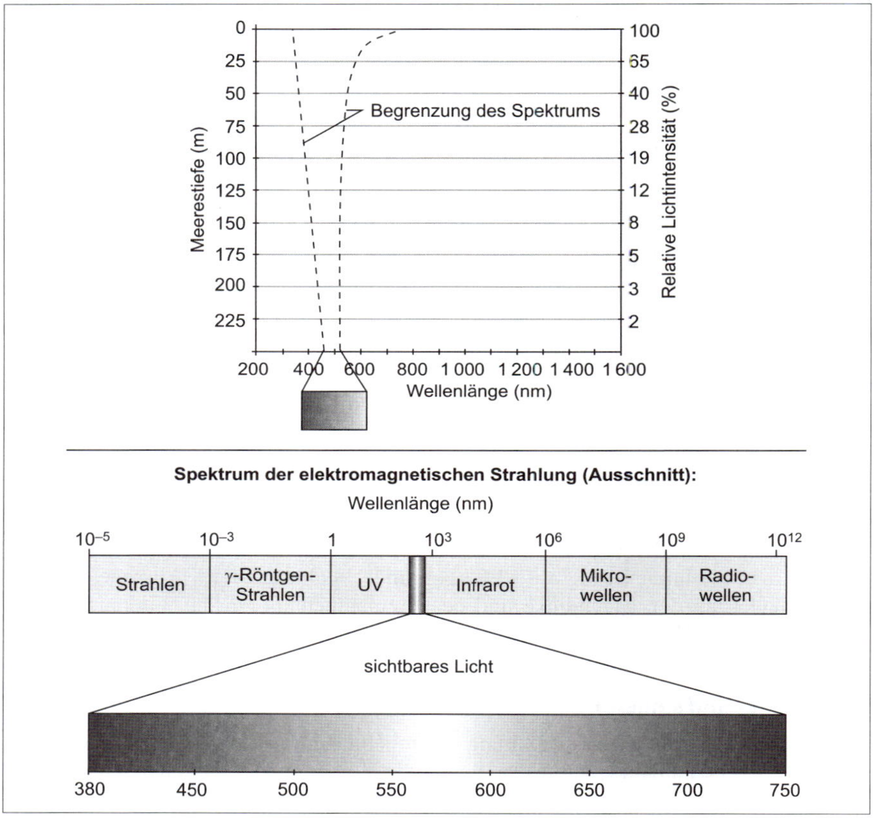

Verändert aus: Strasburger, Eduard: Lehrbuch der Botanik, Spektrum Akademischer Verlag, Heidelberg 2008, S. 275–276

M 1b: Spektakulärer Fund in nachtdunklen Meerestiefen

Niemand hat erwartet, fotosynthetisch aktive Pflanzen in fast nachtdunklen Tiefen des Meeres zu finden. Aber es gibt sie. Im Lichtkegel des Forschungstauchboots „Johnson-Sea-Link“ hat man vor den Bahamas quadratmetergroße Flecken mit einer bisher unbekannten Rotalge entdeckt, die selbst in einer Rekordtiefe von 274 Metern offensichtlich gut gedieh. Diese Pflanzen wuchsen tiefer als an irgendeiner anderen Stelle der Erde.

Verändert aus: Littler, Diane S., Littler, Mark M.: Algenwachstum in ozeanischen Tiefen. In: BiuZ Nr. 6 (1994), S. 330–335

M 1c: Absorptionsspektren der fotosynthetisch bedeutsamen Pigmente aus Grün-, Braun- und Rotalgen

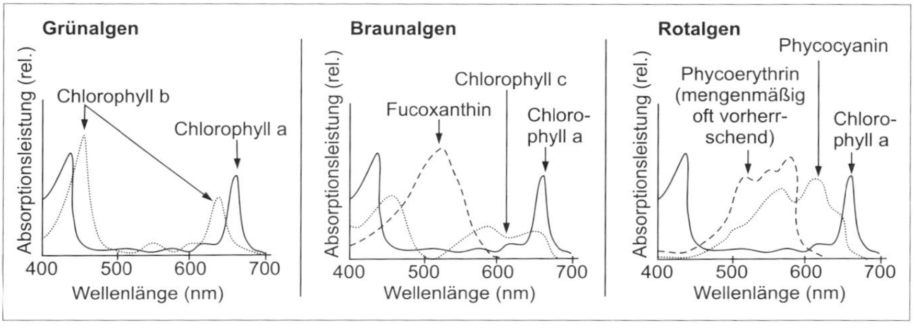

Verändert aus: Preisfeld, Angelika, Grotjohann, Norbert: Deep under.
In: Unterricht Biologie, Heft 230 (2006), S. 33

M 1d: Eigenschaften der Grünalgen *Ulva lactuca* und *Codium fragile* in unterschiedlichen Meerestiefen

Als gängige Lehrbuchmeinung galt die von ENGELMANN aufgestellte chromatische Adaptation. Darunter versteht man die vertikale Zonierung des Vorkommens verschiedener Algenarten in unterschiedlichen Meerestiefen. Danach können Grünalgen nur in den oberen Wasserschichten vorkommen. Neuere Untersuchungen zeigen jedoch, dass einige Grünalgen auch in tieferen Regionen des Meeres vorkommen, was die Wissenschaftler zunächst sehr verwunderte. Folgende Untersuchungsergebnisse an den Grünalgen *Ulva lactuca* und *Codium fragile*, entnommen aus verschiedenen Wassertiefen, gaben Aufschluss über dieses Rätsel.
Ulva lactuca kommt in verschiedenen Tiefen der Küstengewässer vor. *Codium fragile* ist eine Tiefengrünalge. Die Zuordnung der Entnahmestellen der Algenproben zu verschiedenen Wassertiefen sind im Diagramm mit den Buchstaben A–E gekennzeichnet, wobei die Wassertiefe von A bis E zunimmt. Die Entnahmestellen A–C liegen im Küstengewässer, die Entnahmestellen D und E im Tiefenwasser, wobei der Tiefenunterschied zwischen D und E besonders groß ist.

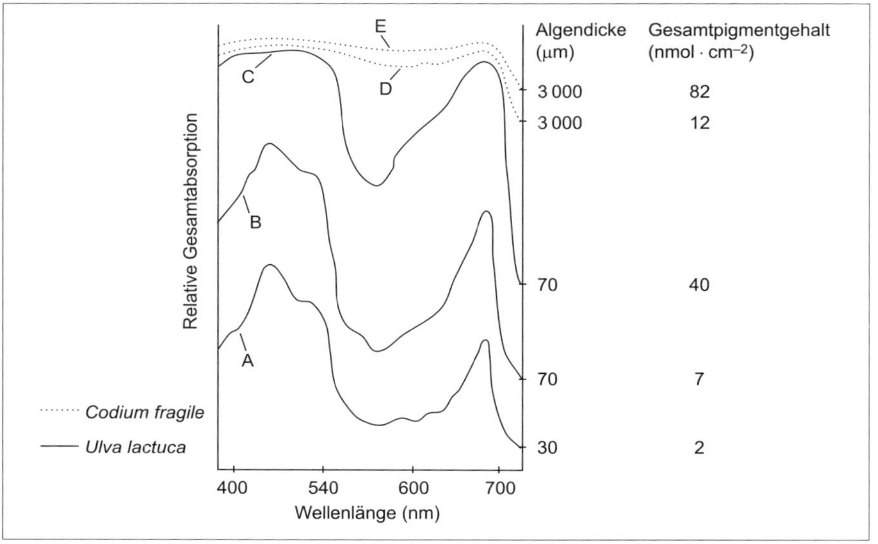

Verändert aus: Kremer, Bruno P.: Die chromatische Adaptation der Meeresalgen. In: Biologie in unserer Zeit Vol. 13, Issue 4 (1993), S. 104 – 108

M 2: Vergiftungen durch Algen

Einige Muschel- und Rifffischarten fressen auch giftige Algen. Die Toxine dieser Algen reichern sich in den genannten Organismen an, sind aber für diese nicht giftig. Verzehrt der Mensch jedoch diese kontaminierten Muscheln oder Fische, so zeigen sich bei ihm zum Teil tödliche Vergiftungserscheinungen. Im Folgenden sind drei dieser Algentoxine und ihre Wirkung aufgeführt.

Algentoxin	**Mechanismus am Wirkungsort**
Saxitoxin	verstopft die Na^+-Ionenkanäle in der postsynaptischen Membran einer motorischen Endplatte
Maitoxin	öffnet die Ca^{2+}-Kanäle an den synaptischen Endknöpfchen
Ciguatoxin	bindet an spannungsgesteuerte Na^+-Ionenkanäle des Axons und verursacht deren permanente Öffnung

Zusammengestellt aus: Erdmann, U.: Ciguatera – wenn eine Fischmahlzeit gefährlich wird. In: Unterricht Biologie, Heft 280 (2002), S. 44 – 49. Schantz, E.: Phytotoxins from Dinoflagellates. In: Pure & App. Chem., Vol. 52 (1979), Seite 183 – 188

M 3: Algenrhodopsin

M 3a: Information

Die einzellige Alge *Chlamydomonas reinhardtii* trägt zwei Geißeln, mit denen sie sich im Wasser fortbewegen kann. Diese Alge zeigt Phototaxis. Das heißt, sie ist in der Lage, ihre Schwimmrichtung in Abhängigkeit von der Richtung des in das Wasser einfallenden Lichts aktiv zu verändern. Mitte des 19. Jahrhunderts entdeckten Forscher einen orangefarbenen Fleck in der Nähe der Geißeln. Dieser Augenfleck ermöglicht es der Alge, Licht zu absorbieren. Im Bereich des Augenflecks ist in der Plasmamembran ein Pigment eingelagert, das mit dem Rhodopsin im menschlichen Auge nah verwandt ist. Die in den Thylakoidstapeln eingelagerten Carotinoide reflektieren von außen einfallendes Licht auf das Algenrhodopsin, wodurch die Absorptionswahrscheinlichkeit erhöht wird.
Dieses Algenrhodopsin ist dafür verantwortlich, dass sich die begeißelte Alge anhand des Lichts orientieren kann. Dieser Vorgang wurde in den letzen Jahren intensiv erforscht. Dabei erkannte man, dass die Veränderung des Geißelschlags, die zu einer Orientierungsbewegung führt, unter anderem von einem Calciumionen-Einstrom in die Algenzelle abhängig ist.

M 3b: Aufbau von *Chlamydomonas reinhardtii* und ihres Augenflecks, schematisch

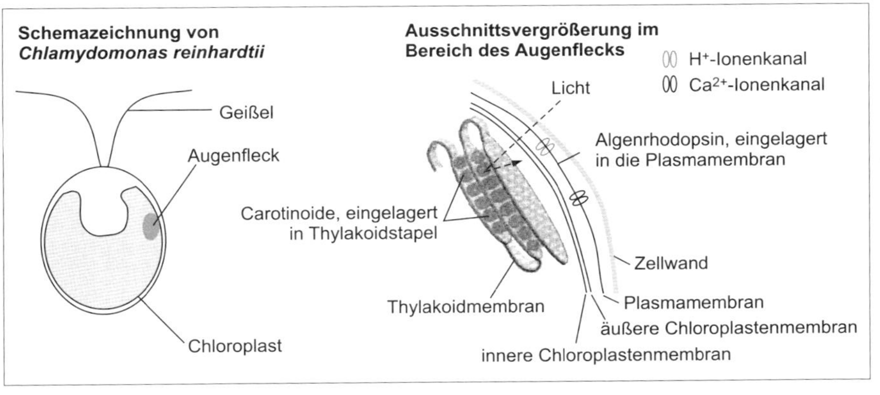

Verändert aus: Berthold, Peter: Analyse der Funktion des Photorezeptors Channelrhodopsin 1 der Grünalge Chlamydomonas reinhardtii, Dissertation, Universität Regensburg, Regensburg 2006

M 3c: Membranleitfähigkeiten bei unterschiedlichen pH-Werten

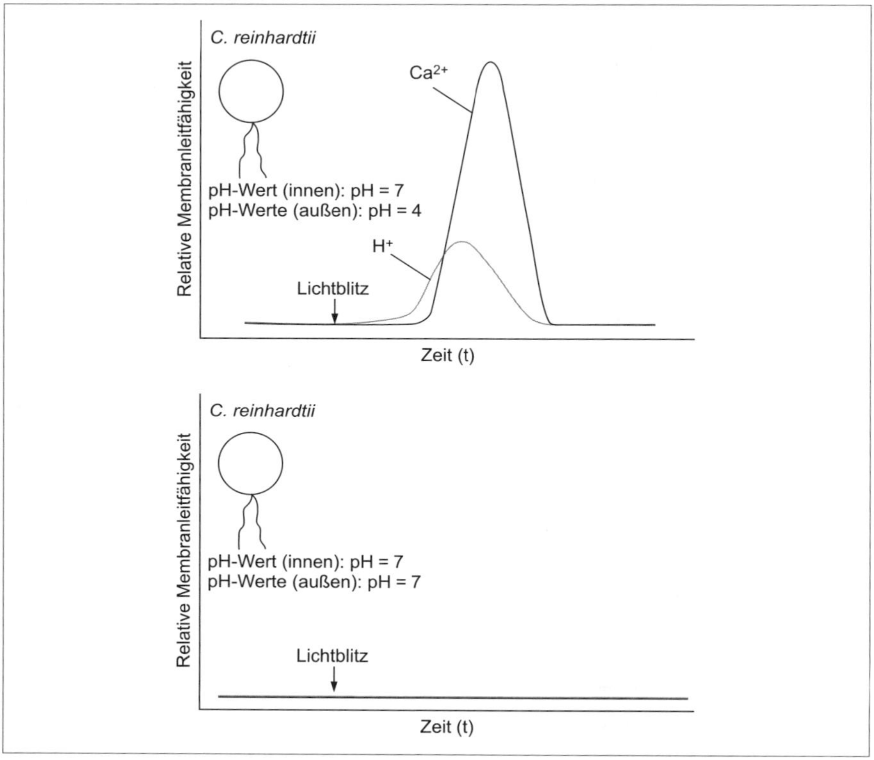

Zusammengestellt und verändert aus: Beck, Christina: Vom roten Auge der grünen Alge. In: Max-Planck-Forschung 4/2002, S. 52 – 55

M 4: Verwandtschaftliche Beziehungen bei Algen

M 4a: Stammbaum der Algen

Algen wurden klassisch anhand ihrer Farbe in verschiedenen Gruppen eingeteilt. Mit Hilfe weiterer untersuchter Merkmale ist es gelungen, die Stammesentwicklung der Algen und der höheren Pflanzen zu rekonstruieren. Die Merkmale sind in folgender Tabelle zusammengestellt.

	Chlorophyll			Weitere Pigmente			„Pflanzenembryo“	
	a	b	c	Lutein	Phycocyanin / Phycoerythrin	Fucoxanthin	ungeschützt	geschützt durch Gewebe der Elternpflanze
Braunalgen (Phaeophyceae)	+	–	+	–	–	+	+	–
Rotalgen (Rhodophyceae)	+	–	–	+	+	–	+	–
Grünalgen (Chlorophyceae)	+	+	–	+	–	–	+	–
Höhere Pflanzen (Plantae)	+	+	–	+	–	–	–	+

Zusammengestellt aus: Strasburger, E. et al.: Lehrbuch der Botanik, Gustav Fischer Verlag, Stuttgart 1991; Purves, W. K. et al.: Biologie, Spektrum Akademischer Verlag, Heidelberg 2006

Übernehmen Sie folgendes Schema auf Ihren Klausurbogen als Grundlage für den Stammbaum.

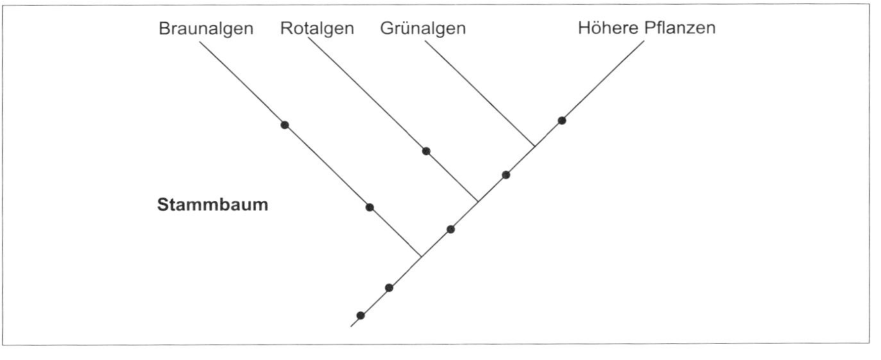

M 4b: Evolution der Chloroplasten

Die Entstehung der Algen geht unter anderem darauf zurück, dass vor langer Zeit ein Cyanobakterium (Blaualge) in einen ursprünglichen, eukaryotischen Einzeller aufgenommen und nicht vollständig abgebaut wurde. Dieses Ereignis wird als primäre Endosymbiose bezeichnet.

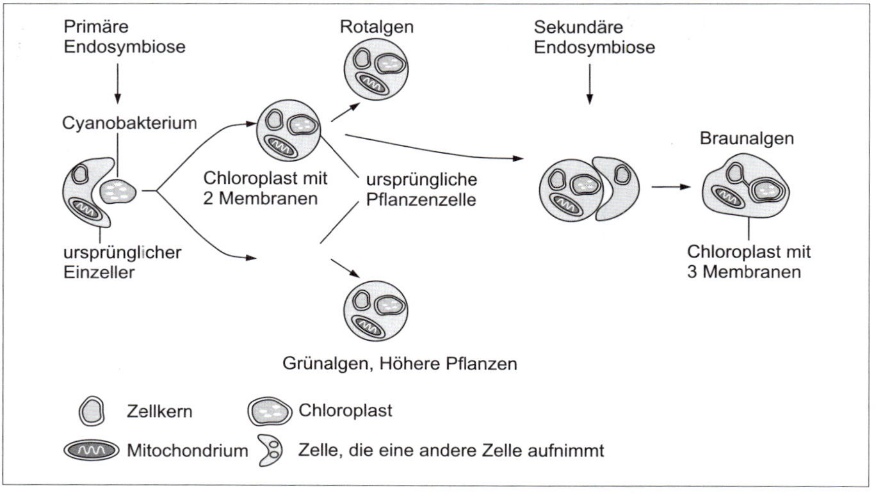

Verändert aus: Purves, William K., Übersetzer: Held Andreas: Biologie, Herausgeber: Markl, Jürgen, Spektrum Akademischer Verlag, Heidelberg 2006, S. 685

Lösung

Die Aufgabe beinhaltet die folgenden Schwerpunktthemen:

Auf- und abbauender Energiestoffwechsel
– Fotosynthese
– Farbstoffe, Chromatographie im Experiment, Absorptions- und Wirkungsspektren

Gesundheit des Menschen
– Reizaufnahme, Erregungsbildung und -weiterleitung

Evolution des Menschen
– Ansätze zur Rekonstruktion und Erklärung der stammesgeschichtlichen Entwicklung

1.1 *Aufgepasst! Die Aufgabenstellung verlangt von Ihnen keine reine Beschreibung des Diagramms, sondern eine Darstellung der Lichtqualitäten in unterschiedlichen Meerestiefen, die sich aus der Grafik ableiten lassen.*

Aus der Grafik in M 1a lässt sich entnehmen, dass die Intensität des einfallenden Lichtes mit zunehmender Meerestiefe sinkt. Fällt in 25 m Tiefe noch eine Lichtmenge von etwa 65 % der auf die Wasseroberfläche treffenden Strahlung, so sind es in 50 m noch 40 % und in 100 m Tiefe nur noch 19 %.

Parallel zur abnehmenden Lichtintensität verengt sich auch der Spektralbereich des einfallenden Lichts mit steigender Wassertiefe. Dicht unter der Wasseroberfläche reicht der Wellenlängenbereich von etwa 340 nm bis etwa 750 nm. In 50 m Meerestiefe umfasst der Bereich noch Wellenlängen von 350 nm bis ca. 550 nm, d. h., rotes Licht erreicht diese Tiefe nicht mehr. In Wassertiefen von 250 m lässt sich nur noch Licht mit einem Spektralbereich von 450 – 550 nm feststellen, also blaues und grünes Licht.

1.2 *Im ersten Teil dieser Aufgabe sollen Sie die aus den Grafiken des Materials ableitbaren Befunde bei Braun- und Rotalgen denen von Grünalgen gegenüberstellen. Es ist sinnvoll, dass Sie zunächst die Grafik der Grünalgen auswerten und im Anschluss daran die Unterschiede und Gemeinsamkeiten im Vergleich mit den anderen Algenarten aufzeigen. Im zweiten Aufgabenteil können Sie dann, auf der Basis Ihrer gewonnenen Erkenntnisse, das Vorkommen von Rotalgen in großen Meerestiefen begründen.*

Grünalgen besitzen nur die Chlorophylle a und b, die besonders rotes und blaues Licht absorbieren. Licht der Wellenlängen von 500 nm bis 600 nm – also grünes Licht – wird von diesen Pigmenten kaum aufgenommen.
Braunalgen weisen, wie auch die Rotalgen, ebenfalls Chlorophyll a auf, wodurch auch sie rotes und blaues Licht für die Fotosynthese verwerten können. Sie besitzen aber beide kein Chlorophyll b. Dafür enthalten Braunalgen Chlorophyll c, wodurch sie in der Lage sind, Licht im Spektralbereich von 400 – 480 nm und von 530 bis 670 nm zu absorbieren. Das maximale Absorptionsvermögen dieses

Pigments ist allerdings geringer als das der anderen Chlorophylle. Weiterhin besitzen Braunalgen den Farbstoff Fucoxanthin, der Licht von 400 nm bis 590 nm, also besonders das grüne Licht (Absorptionsmaximum bei 520 nm), absorbiert. Braunalgen können daher, im Gegensatz zu den Grünalgen, nahezu den gesamten Spektralbereich des sichtbaren Lichts für die Fotosynthese verwenden.
Mithilfe ihres Chlorophyll a absorbieren die Rotalgen, ebenso wie die Grünalgen, besonders gut rotes und blaues Licht. Daneben besitzen diese Algen aber noch die Farbstoffe Phycoerythrin und Phycocyanin. Phycoerythrin, das oft mengenmäßig am stärksten vorhanden ist, absorbiert besonders gut Licht der Wellenlängen von 520–580 nm und Phycocyanin das Licht im Bereich von 480–660 nm. Somit können Rotalgen, im Gegensatz zu den Grünalgen, Licht des nahezu gesamten Spektralbereichs für die Fotosynthese verwerten. Einzig in einem engen Bereich um 460 nm tritt eine Absorptionslücke auf.
In große Meerestiefen dringt nur noch blaues und grünes Licht vor (vgl. Aufgabe 1.1). Da Rotalgen durch die Pigmente Phycocyanin und Phycoerythrin diese Wellenlängen besonders gut nutzen können, um ihre fotoautotrophe Lebensweise mithilfe der daraus erzeugten Energie aufrecht zu erhalten, dringen sie auch in solche extreme Gewässertiefen vor.

1.3 *In dieser Teilaufgabe müssen Sie zunächst die angesprochenen Versuche aus M 1d auswerten, um im Anschluss eine Einschätzung der vorgegebenen These abzugeben.*

Die Untersuchungen an *Ulva lactuca* zeigen, dass mit zunehmender Wassertiefe die Dicke der Algen zunimmt. Parallel dazu steigt auch die relative Gesamtabsorption dieser Algenart an. Mit zunehmender Dicke des Algenkörpers steigt außerdem der Gesamtpigmentgehalt. Aufgrund der erhöhten Farbstoffkonzentration kann auch die Absorption von Licht des Wellenlängenbereichs von 500–550 nm gesteigert werden. So wird einerseits der mit steigender Wassertiefe sinkenden Lichtintensität entgegengewirkt, da eine höhere Pigmentmenge die Wahrscheinlichkeit der Lichtabsorption erhöht, als auch die geringe Absorption von grünem Licht gesteigert.
Bei *Codium fragile* zeigt sich, dass in großen Tiefen keine Steigerung der Algendicke mehr zu verzeichnen ist. Auch bei großen Tiefenunterschieden beträgt bei dieser Algenart die Dicke 3 000 µm. Allerdings erhöht diese Alge ebenfalls ihren Gesamtpigmentgehalt in größeren Wassertiefen; da dort nur noch geringe Mengen an blauem und grünem Licht einfallen (s. o.), welches Grünalgen nur mäßig absorbieren (vgl. 1.2), kann die Gesamtabsorption auf diese Weise verstärkt werden.
Die Aussage, dass eine Veränderung der Algendicke und des Pigmentgehalts eine besondere Strategie zum Überleben in tieferen Wasserschichten darstellt, lässt sich durch die angeführten Versuche daher nur eingeschränkt bestätigen. Die Aussage trifft zwar auf die Alge *Ulva lactuca* zu, die in Küstengewässern vorkommt, aber die Tiefsee-Alge *Codium fragile* steigert, im Zuge der Anpassung an ein Überleben in tieferen Wasserschichten, nur ihren Pigmentgehalt.

2.1 *Hier wird von Ihnen zunächst eine Skizze zur saltatorischen Erregungsleitung an Axonen gefordert, die Sie anschließend erläutern sollen.*

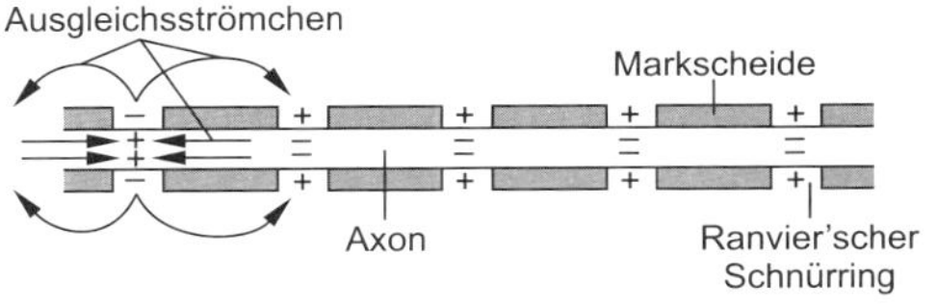

An einem Axon mit Markscheide können Aktionspotenziale nur an den Ranvier'schen Schnürringen ausgebildet werden. Dies führt an diesen Stellen zu einer kurzzeitigen Umpolung des Membranpotenzials. Im Ruhezustand liegt an der Membranaußenseite ein positiver, an der Innenseite ein negativer Ladungsüberschuss vor. Wird am Axonhügel nun ein Aktionspotenzial generiert, so kommt es zu einer kurzzeitigen Ladungsumkehr an dieser Stelle der Membran. Aufgrund des Ladungsunterschieds zum ersten Schnürring entstehen durch Anziehung der verschieden geladenen Ionen im Extra- und Intrazellularraum Ausgleichsströmchen. Diese depolarisieren die Membran des benachbarten Schnürrings, an dem bei Überschreitung des Schwellenwerts ebenfalls ein Aktionspotenzial ausgelöst wird. Hier beginnt der Vorgang dann von Neuem, sodass das Aktionspotenzial von Schnürring zu Schnürring springt, was als saltatorische Erregungsleitung bezeichnet wird. Aufgrund der Refraktärzeit der zuvor depolarisierten Stelle werden Aktionspotenziale nur in eine Richtung – vom Axonhügel zur Synapse – geleitet.

2.2 *In dieser Aufgabe sollen Sie zum einen die Auswirkungen verschiedener Gifte auf die Mechanismen der Erregungsübertragung zwischen einer Nervenzelle und einer Muskelfaser des Menschen erläutern und zum anderen die Folgen ableiten, die sich daraus für die Muskeltätigkeit ergeben. Hier ist es sinnvoll, zunächst die molekularen Vorgänge einer Synapse bei einer normalen Erregungsübertragung darzustellen und im Anschluss daran die Änderungen der Prozesse unter dem Einfluss der Gifte zu erklären.*

Treffen vom Axon einlaufende Aktionspotenziale in der Präsynapse einer motorischen Endplatte ein, so lösen sie die Öffnung von Ca^{2+}-Kanälen aus. Dies führt zu einem Einstrom von Ca^{2+}-Ionen, wodurch mit Acetylcholin gefüllte Vesikel mit der präsynaptischen Membran verschmelzen, sodass der Transmitter exocytotisch in den synaptischen Spalt freigesetzt wird. Dort diffundiert er zu der postsynaptischen Membran und bindet an spezifische Rezeptorstellen von Na^{+}-Tunnelproteinen, worauf sich diese öffnen. Nachfolgend kommt es dann zu einem verstärkten Na^{+}-Einstrom in die Muskelfaser und ihre Membran wird depolarisiert. Übersteigt dieses postsynaptische Potenzial den Schwellenwert, so werden an der Muskelfasermembran Aktionspotenziale generiert, die eine Kontraktion der Muskelfaser und damit auch des Muskels bewirken.

Saxitoxin greift in die Vorgänge der Erregungsübertragung an der postsynaptischen Seite der motorischen Endplatte ein, indem es die chemisch gesteuerten Na^+-Poren blockiert. Unter seinem Einfluss kann also an der postsynaptischen Membran kein Na^+-Einstrom mehr ausgelöst werden und es werden keine Aktionspotenziale mehr generiert. Folglich kann die Muskelfaser nicht mehr kontrahieren und der Muskel bleibt gelähmt.

Maitoxin öffnet an präsynaptischen Membranen die spannungsabhängigen Ca^{2+}-Kanäle, sodass es unter dem Einfluss dieses Giftes zu einem Einstrom von Ca^{2+}-Ionen kommt. Wie eingangs geschildert, werden dadurch Aktionspotenziale an der Muskelfasermembran generiert und Muskelkontraktionen ausgelöst. Da sich unter der Wirkung des Maitoxins die spannungsabhängigen Ca^{2+}-Kanäle aber nicht mehr schließen, führt dies zu einer Aktionspotenzial-Abfolge mit hoher Frequenz und dadurch zu einem Muskelkrampf.

Ciguatoxin bindet an die spannungsgesteuerten Na^+-Ionenporen der Axonmembran und verursacht deren stetige Öffnung, was eine Repolarisation der Membran verhindert (oder zumindest stark verlangsamt). Dadurch wird der Ca^{2+}-Einstrom an der Präsynapse verstärkt und, wie beim Maitoxin, ist ein Muskelkrampf die Folge.

2.3 *Hier sollen Sie die Prozesse der Ausbildung eines Rezeptorpotenzials an einer menschlichen Lichtsinneszelle in Form eines Pfeildiagramms verständlich machen.*

Rhodopsin
(Verbindung aus Opsin und 11-cis Retinal)

↓ *Lichteinfall bewirkt*

Umwandlung von 11-cis-Retinal in All-trans-Retinal

↓ *bedingt Zerfall in*

Opsin + All-trans-Retinal

↓ *aktiviert*

Transducin

↓ *aktiviert*

Phosphodiesterase

↓ *katalysiert*

Umwandlung von cGMP in GMP

Erregungskaskade: (Transducin bis Umwandlung von cGMP in GMP)

Von Stufe zu Stufe verstärkt sich das Signal um den Faktor 100.

Beispiel: 1 Opsin-Molekül aktiviert 100 Transducin-Moleküle, von denen jedes wiederum 100 PDE-Moleküle aktiviert

↓ *bedingt*

Sinkende cGMP-Menge

↓ *bedingt*

Verschluss von Na^+-Poren

↓ *bedingt*

Fallender Na^+-Einstrom

↓ *bedingt*

Hyperpolarisation der Membran = Rezeptorpotenzial

2.4 *In dieser Teilaufgabe müssen Sie erneut das Material genau analysieren, um daraus eine Erklärung der molekularen Ursachen des Geißelschlags der Alge zu entwickeln.*

Unter Lichteinfluss öffnen sich bei der Alge *Chlamydomonas reinhardtii* H^+-Kanäle in der Zellmembran, was zu einem Protonen-Einstrom führt, sofern sich die Alge in einem sauren Milieu befindet (s. M 3c). Dieser H^+-Einstrom bewirkt die

Öffnung von Ca^{2+}-Tunnelproteinen in der Algenmembran, was einen Ca^{2+}-Einstrom nach sich zieht (vgl. M 3c). In Folge davon ergibt sich die Orientierungsbewegung der Alge durch den so ausgelösten Geißelschlag (siehe M 3a).
Die Tatsache, dass der Protoneneinstrom die Öffnung von Ca^{2+}-Poren bedingt, zeigt sich darin, dass beim Aufenthalt der Alge in neutraler Umgebung (pH 7) Lichteinfall keinen Einfluss auf die relative Leitfähigkeit der Membran für Protonen und Ca^{2+}-Ionen ausübt. Darauf weist auch die Beobachtung hin, dass sich die Membranleitfähigkeit für Ca^{2+}-Ionen im sauren Milieu, zeitlich verzögert, nach dem Protoneneinstrom ändert.

3.1 *An dieser Stelle müssen Sie zunächst den Stammbaum aus dem Material in Ihr Manuskript übertragen, um dann den Punkten darin die entsprechenden Merkmale der Tabelle zuzuordnen. Anschließend müssen Sie die von Ihnen gewählte Zuordnung begründen.*

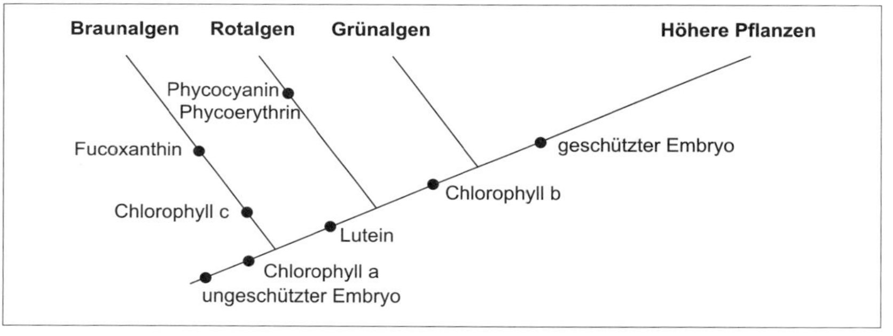

Der gemeinsame Vorfahre aller im Stammbaum aufgeführten Arten besaß ungeschützte Embryonen. Dieses Merkmal ist, bis auf die höheren Pflanzen, bei allen Algen vorhanden. Die Wahrscheinlichkeit, dass diese Eigenschaft bereits beim Urahn der Pflanzen vorkam, ist größer als eine mehrfache analoge Entstehung. Aus dem gleichen Grund ist auch das Auftreten von Chlorophyll a bei allen vorliegenden Arten ein Hinweis darauf, dass dieses Merkmal bereits zu einem sehr frühen Zeitpunkt ihrer gemeinsamen Entwicklung vorhanden war.

Aus diesem Vorläufer aller Pflanzen spaltete sich dann recht früh eine Gruppe ab, aus der sich, isoliert von den übrigen, die Braunalgen entwickelten, die als einzige Gruppe die Pigmente Chlorophyll c und Fucoxanthin besitzen. Die Ausbildung dieser Kennzeichen kann daher erst nach Abspaltung der Entwicklungslinie von dem Vorfahren der übrigen Pflanzen und Algen entstanden sein. Ob Chlorophyll c vor oder nach der Ausbildung des Fucoxanthins entstand, ist aus dem vorliegenden Material nicht entnehmbar. Die Zuordnung dieser Pigmente im Stammbaum kann deshalb auch vertauscht sein. Im Anschluss an diese Trennung der Vorfahren der Pflanzen in zwei Gruppen, trat in der zweiten Gruppe das Pigment Lutein auf, das bei allen Nachfahren, die sich daraus entwickelten, vorhanden ist. Auch hier ist die Wahrscheinlichkeit größer, dass dieses Attribut einmal entstanden ist, als dass es sich wiederholt analog entwickelte. In dieser Gruppe kam es dann erneut zur Aufspaltung in zwei Teilpopulationen, die sich isoliert voneinander weiterentwickelten. Während eine davon die Linie der heutigen Rotalgen bildete, die in ihrem weiteren Verlauf der Evolution als Besonderheiten die Pigmente Phycoerythrin und Phycocyanin ausbildeten, trat in der zweiten Teilpopulation erstmals das Pigment Chlorophyll b auf. Da dieses sowohl bei den rezenten Grünalgen als auch den höheren Pflanzen vorliegt, ist es erneut wahrscheinlicher, dass dieses Eigenschaft einmal entstand, als dass sie sich zweimal analog entwickelte.

Da die Grünalgen keine durch das Gewebe der Elternpflanze geschützten Embryonen aufweisen, muss sich dieses Merkmal entwickelt haben, nachdem sich die Ahnen der heutigen Grünalgen von der Gruppe der Chlorophyll b besitzenden gemeinsamen Vorfahren abgetrennt hatten.

3.2 *In dieser Aufgabe müssen Sie sich zunächst mit den aus der Abbildung entnehmbaren Befunden vertraut machen, die Sie dann mit denen des Stammbaums aus M 4a vergleichen.*

Die Abbildung in M 4b zeigt die Evolution der Chloroplasten. Es wird deutlich, dass sich aus einem ursprünglichen Einzeller durch Endozytose eines Cyanobakteriums zwei unterschiedliche Typen von Pflanzenzellen gebildet haben. Aus einer dieser ursprünglichen Pflanzenzellen entwickelten sich die Grünalgen und höheren Pflanzen. Aus dem anderen durch primäre Endosymbiose entstandenen Zelltyp entsprangen zum einen die Rotalgen. Zum anderen führte eine erneute Endozytose (= sekundäre Endosymbiose) dieser Zelle durch einen heterotrophen Eukaryonten zur Entstehung der Braunalgen.

Aus Material M 4b wird somit deutlich, dass Rot- und Braunalgen sowie Grünalgen und höhere Pflanzen auf einen gemeinsamen Vorfahren zurückzuführen sind. Dies stützt die Aussagen des Stammbaums aus M 4a (s. a. 3.1). Auch die aus M4b ersichtliche nähere Verwandtschaft von Grünalgen und höheren Pflanzen wird im Stammbaum (M 4a) dadurch deutlich, dass sich diese Gruppen erst sehr spät in ihrer gemeinsamen Entwicklung getrennt haben.

Gleichzeitig zeigt M 4b aber, dass Braunalgen erst nach sekundärer Endosymbiose einer gemeinsamen Vorläuferzelle mit den Rotalgen entstanden sind. Dies wird durch den Stammbaum in M4a nicht gestützt, da sich in dieser Darstellung die Linie der Braunalgen vor der der Rotalgen abspaltet und somit eine unabhängige Entwicklung der beiden Gruppen impliziert wird. Allerdings weist der Stammbaum auf eine frühzeitige Abspaltung der Braun- und Rotalgen vom gemeinsamen Vorfahren mit den Grünalgen und höheren Pflanzen hin. Dies lässt wiederum auf eine engere Verwandtschaft zwischen Braun- und Rotalgen bzw. Grünalgen und höheren Pflanzen schließen, was auch in M 4b deutlich wird.

Biologie (Niedersachsen): Erhöhtes Anforderungsniveau
Abiturprüfung 2009 – Aufgabe II

Bedeutung von Proteinen in der Immunbiologie und der Evolutionsforschung

Unser Immunsystem schützt uns vor vielen Infektionskrankheiten. Gegen zahlreiche gefährliche Krankheitserreger kann man sich wirkungsvoll impfen lassen. Einen umfassenden Impfschutz gibt es jedoch noch nicht, weil man bis heute nicht genau weiß, wie einige Mikroorganismen unser Immunsystem überwinden. *Mycobacterium tuberculosis*, der Erreger der Tuberkulose, ist ein solcher Mikroorganismus.
Viele neue Ergebnisse auf dem Gebiet der Evolution verdanken wird Techniken aus der immunbiologischen Forschung. Im Folgenden sollen Sie sich mit immunbiologischen Aspekten und Erkenntnissen der Evolutionsforschung im Zusammenhang mit Proteinen auseinandersetzen.

1 Immunantworten

1.1 Erläutern Sie die Vorgänge der spezifischen Immunabwehr, die den Primär- und Sekundärantworten in M 1 a zugrunde liegen.

1.2 Skizzieren Sie den Bau eines Antikörpers unter Zuordnung entsprechender Fachbegriffe.

1.3 Beurteilen Sie Bezug nehmend auf M 1 b und M 1 c die Entscheidungen eines Gesundheitsberaters im Hinblick auf neue Impfkampagnen beim Auftreten des zweiten und dritten Grippevirus.

2 Mycobacterium tuberculosis

2.1 Vergleichen Sie eine normale bakterielle Infektion mit den beiden möglichen Infektionsverläufen bei *Mycobacterium tuberculosis* (M 2 a und M 2 b).

2.2 Erläutern Sie mit Hilfe der Abbildung M 2 c und unter Rückbezug auf M 2 a und M 2 b (II) die besondere Gefährdung von HIV-positiven Menschen durch *Mycobacterium tuberculosis*.

2.3 Erläutern Sie mit Hilfe des Informationsmaterials M 2 d und M 2 e ein Testverfahren, mit dessen Hilfe eine vorangegangene Infektion mit *Mycobacterium tuberculosis* spezifisch nachgewiesen werden kann.

3 Aspekte der Evolutionsforschung

3.1 Fassen Sie die Kernaussagen von M 3 a und M 3 b zusammen.
Entwickeln Sie eine evolutionsbiologisch fundierte Hypothese über das Vorliegen unterschiedlicher Anzahlen des Amylase-Gens in verschiedenen Populationen (M 3 a und M 3 b).

3.2 Beschreiben Sie das in M 4 dargestellte Experiment.
Untersuchen Sie, inwiefern die Methode der Komplement-Fixierung zur Ermittlung von stammesgeschichtlicher Verwandtschaft geeignet ist.

M 1: Immunantworten

M 1 a: Primär- und Sekundärantwort

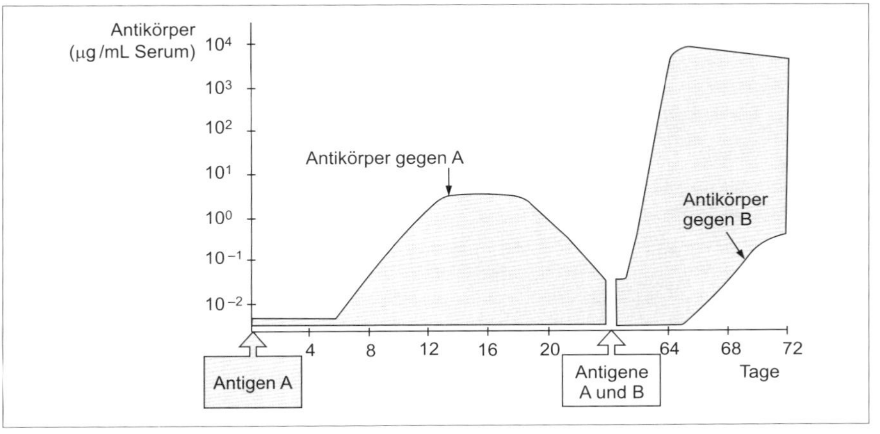

Verändert aus: Janeway, Charles, A., Übersetzer: Beginnen, Kurt: Immunologie, Spektrum Akademischer Verlag, Heidelberg 2002

M 1 b: Szenario: Entscheidungen über Impfkampagnen

Mediziner stellen fest, dass ein neues Influenzavirus (1. Grippevirus) schwere Grippeerkrankungen verursacht. Es besteht die berechtigte Sorge, dass es zu einer Epidemie kommt. Wissenschaftlern der Universität gelingt es rechtzeitig einen speziellen Impfstoff zu entwickeln. Tatsächlich führt die anschließende Impfkampagne zu einem Erfolg. Das Land bleibt von der Grippewelle verschont. In den folgenden Jahren treten wiederholt neue Influenzaviren auf (2. und 3. Grippevirus).
Ein Berater des Gesundheitsministers muss sich jedes Mal für oder gegen eine weitere sehr teure Impfkampagne entscheiden. Er entscheidet sich sowohl beim Auftreten des 2. Grippevirus als auch beim Auftreten des 3. Gruppevirus gegen eine neue Impfkampagne.

M 1c: Oberflächenstrukturen der Grippeviren

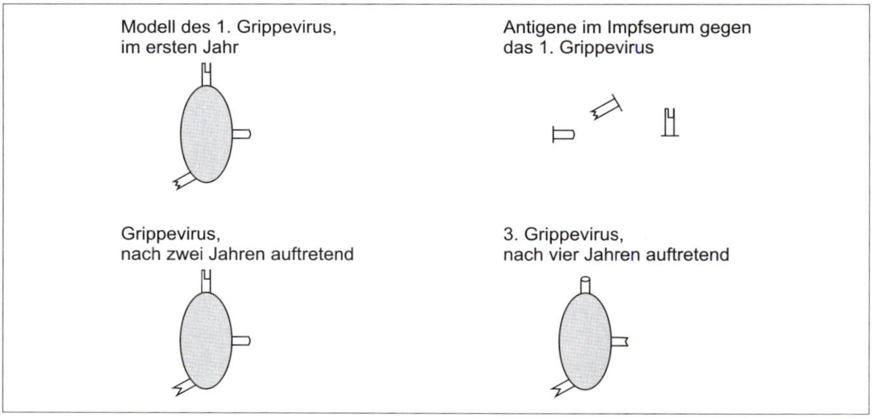

Erstellt nach Daten aus: K. Murphy: Janeway's Immunbiologie, Garland Science, New York 2007, S. 453

M 2: Verlauf zellulärer Immunantworten beim Menschen

M 2a: Information

Die Tuberkulose verursacht von *Mycobacterium tuberculosis*, gehört weltweit zu den gefährlichsten Krankheiten. Bei unterernährten Menschen gehört sie zu den häufigsten Todesursachen. Infektionen mit *Mycobacterium tuberculosis* können bei verschiedenen Menschen unterschiedliche Verläufe zeigen. Das Bakterium produziert keine Toxine. Dennoch führt eine Infektion bei Personen mit geschwächtem Immunsystem zur lebensbedrohenden Lungentuberkulose. Dabei wird Lungengewebe zerstört. Unbehandelt greift die Tuberkulose auf andere Organe über und führt zum Tode. Bei gesunden Menschen wird mit geringer zeitlicher Verzögerung *Mycobacterium tuberculosis* vom zellulären Immunsystem angegriffen. Dieses kann gegen *Mycobacterium tuberculosis* nur aktiv werden, wenn die ersten Makrophagen nach der Phagozytose des Bakteriums einen programmierten Zelltod erleiden, die Zelle zersetzt dabei nicht nur ihre eigenen Zellbestandteile, sondern auch das Bakterium. Bakterienbestandteile können dann von anderen Zellen des Immunsystems präsentiert werden (M 2b, II).

Zusammengestellt aus: Schaible, U. et al.: Apoptosis facilitates presentation … Nat. Medicine, Vol. 9/8 (2003), S. 1039–1046

M 2b: Schematische Darstellung einer normalen Bakterieninfektion (I) und zweier Infektionsverläufe durch *Mycobacterium tuberculosis* (II und III)

Hinweis: Dem Beispiel II geht der programmierte Zelltod eines Makrophagen voraus.

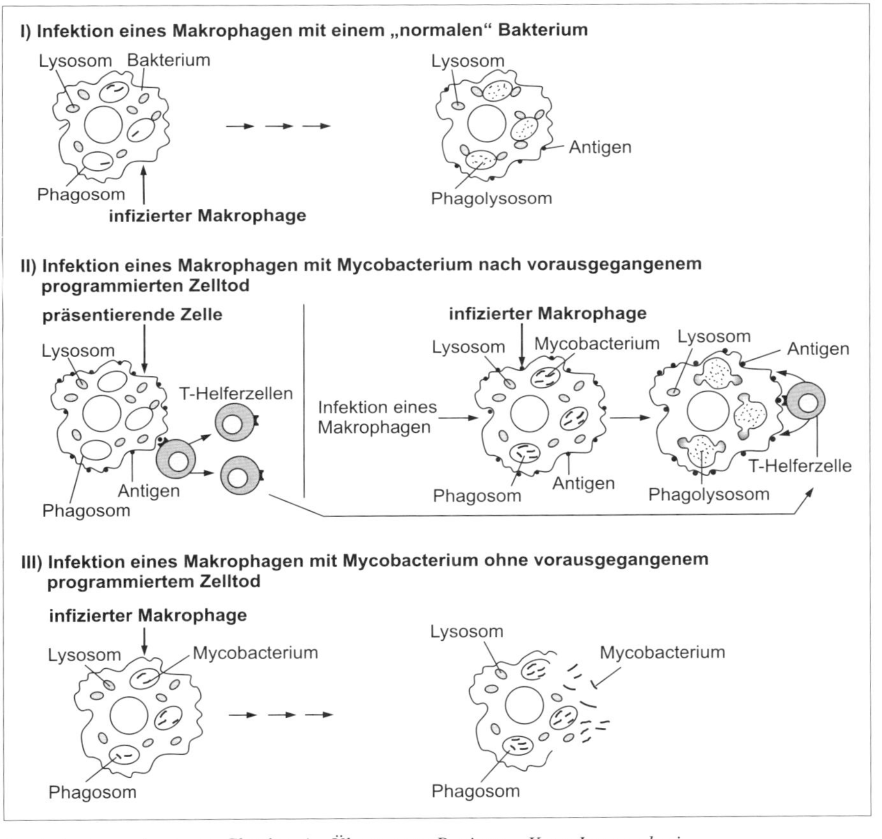

Verändert aus: Janeway, Charles, A., Übersetzer: Beginnen, Kurt: Immunologie, Spektrum Akademischer Verlag, Heidelberg 2002, S. 29

M 2c: Immunantwort auf HIV-Infektion

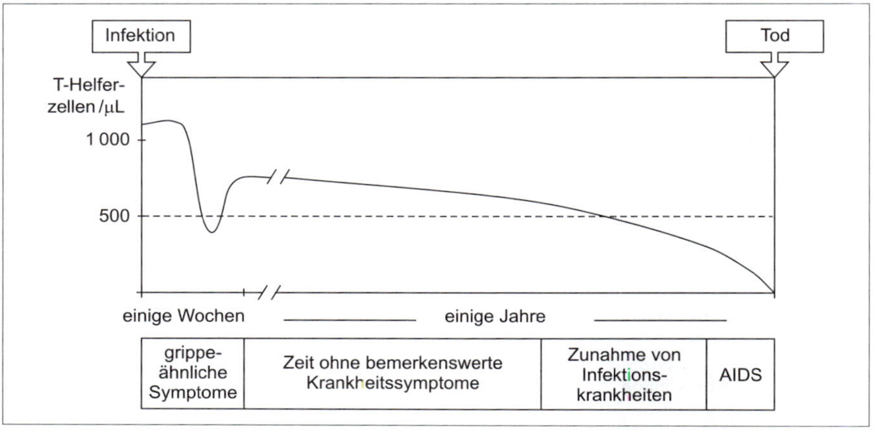

Verändert aus: Janeway, Charles, A., Übersetzer: Beginnen, Kurt: Immunologie, Spektrum Akademischer Verlag, Heidelberg 2002

M 2d: Information zur Interferonbildung

Bei einer Infektion mit *Mycobacterium tuberculosis* produzieren besondere T-Helfer-Zellen den Botenstoff „Gamma-Interferon", ein Glycoprotein. Dadurch aktivieren die T-Helfer-Zeller das Immunsystem. Die Interferonbildung gelingt auch im Reagenzglas mit frischem Blut, das die entsprechenden T-Helfer-Zellen auf Grund einer vorangegangenen Infektion enthält. Diese T-Helfer-Zellen produzieren nach Zugabe von *Mycobacterium*-Antigenen zusätzliches Gamma-Interferon. Diese Erkenntnis nutzt man neuerdings in medizinisch-technischen Laboren, um zu testen, ob sich eine Person in der näheren Vergangenheit mit *Mycobacterium tuberculosis* infiziert hat.

Zusammengestellt aus: http://www.labor-limbach.de/indexphp?id=139

M 2e: Schema eines ELISA-Verfahrens

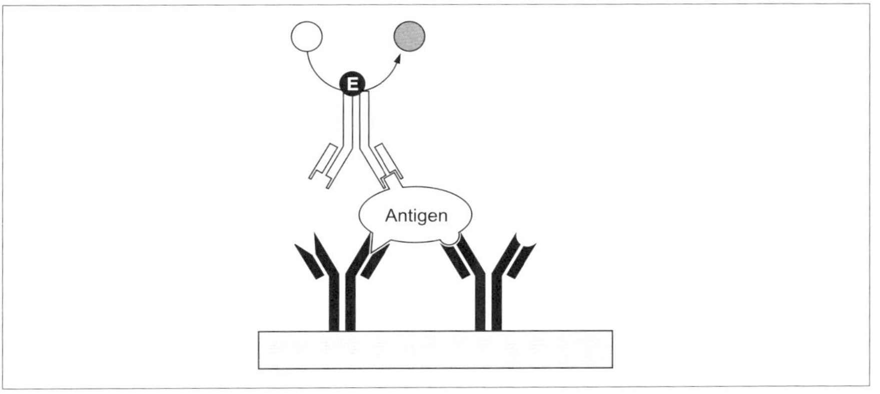

Verändert aus: www.biozentrum.uni-wuerzburg.de/pc1/winkler/students/Versuch6neu.pdf

M 3: Evolution des Amylase-Gens

M 3a: Alpha-Amylase im Speichel

Primaten besitzen im Mundspeichel das Enzym Alpha-Amylase. Es zersetzt Stärke hauptsächlich zu Maltose- und teilweise zu Glucosemolekülen. Letztere können schon über die Mundschleimhaut ins Blut gelangen. Bei genetischen Untersuchungen stießen Forscher kürzlich auf ein besonderes Phänomen: Das Gen für die Alpha-Amylase liegt im Genom des Menschen mehrfach vor. Daraufhin wurde die Enzymaktivität und die Anzahl der Genkopien bei verschiedenen Versuchspersonen und bei Schimpansen gemessen.
Eine Versuchsreihe mit verschiedenen Personen ergab, dass die Amylasekonzentration im Speichel um so größer war, je mehr Genkopien für das Amylase-Gen vorhanden waren.

Zusammengestellt aus: G. H. Perry: Nature Genetics, Vol. 39 (Oktober 2007). S. 1256–1260

M 3b: Durchschnittliche Anzahl der Gene für Alpha-Amylase in verschiedenen menschlichen Populationen und bei Schimpansen

Hinweis: Yakuten und Japaner sowie die Hadza und Datog gelten als populationsgenetisch eng verwandt.

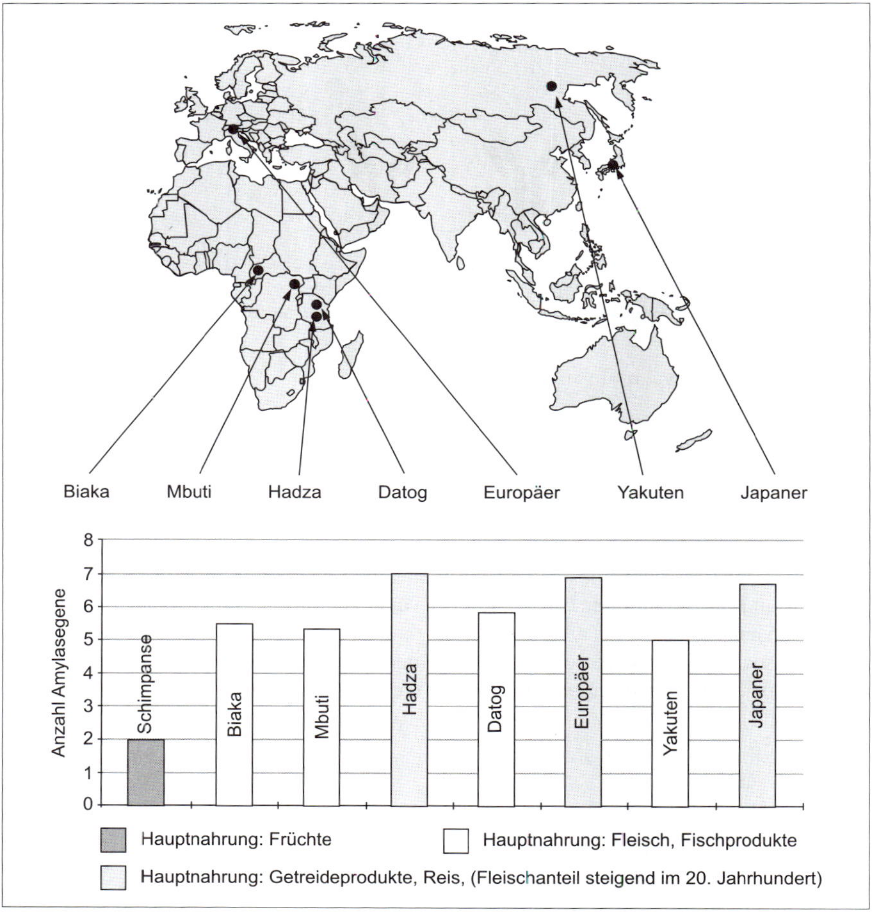

Reprinted by permission from Macmillan Publishers Ltd: Nature Genetics Vol. 39 (October 2007), John Novembre, Jonathan K Pritchard and Graham Coop: Adaptive drool in the gene pool. © 2007

M 4: Komplement-Fixierung

Das Komplementsystem besteht aus Proteinen, die eine unterstützende Funktion bei der Vernichtung von Krankheitserregern haben. Sie binden nur an bereits vorhandene Antigen-Antikörper-Komplexe und erleichtern dadurch die Phagocytose. In Serumproben kann die Menge des ungebundenen Komplements bestimmt werden. Je mehr Antigen-Antikörper-Komplexe vorhanden sind, desto mehr Komplement wird gebunden. Dies nutzt man in der Evolutionsforschung, um die verwandtschaftliche Nähe von Organismenarten zu ermitteln. Ein diesbezüglich geeignetes Protein ist das Serumalbumin.

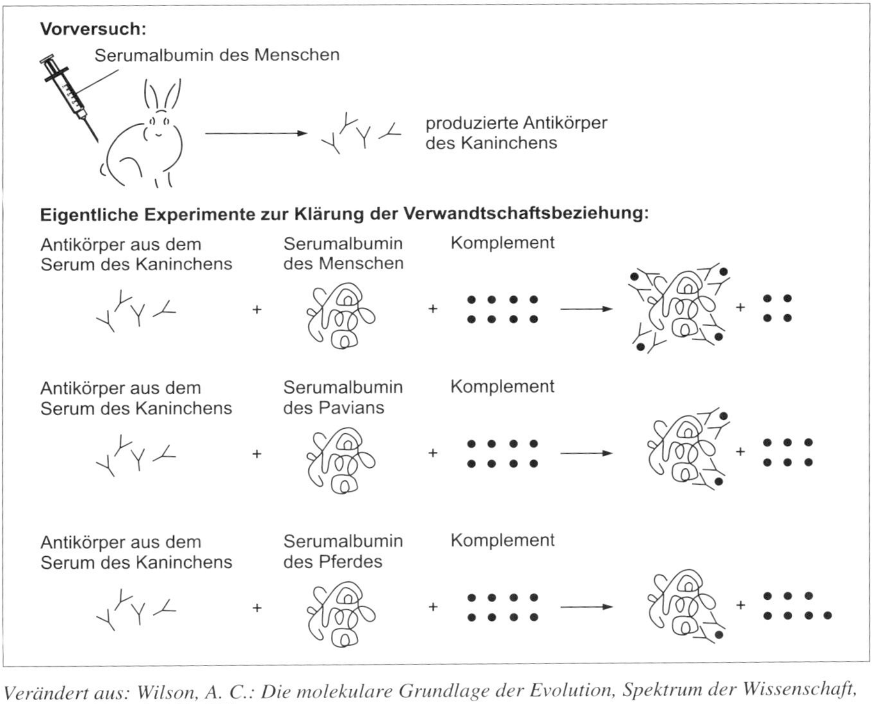

Verändert aus: Wilson, A. C.: Die molekulare Grundlage der Evolution, Spektrum der Wissenschaft, Heft 12 (1985), S. 160–170

Lösung

Die Aufgabe beinhaltet die folgenden Schwerpunktthemen:

Gesundheit des Menschen
- *Immunreaktionen*
  - *Zelluläre und humorale Immunantwort*
  - *Bau und Funktion von Antikörpern*
  - *Vielfalt von Antikörpern und Immunzellen*
- *Anwendungsbaustein: Moderne Analysemethoden der Biologie*
  - *ELISA-Test*

Evolution des Menschen
- *Evolutionsfaktoren und ihr Zusammenwirken*
- *Ansätze zur Rekonstruktion und Erklärung der stammesgeschichtlichen Entwicklung des Menschen*
  - *Auswertung von Ergebnissen biochemischer und molekularbiologischer Untersuchungsmethoden*

1.1 *Hier sollen Sie die Prozesse der zellulären Immunantwort veranschaulichend darstellen, die der in der Grafik dargestellten Änderung der Antiköperzahl zugrunde liegen.*

Nach der Infektion mit einem Antigen A erfolgt ab dem fünften bis etwa zum 14. Tag ein linearer Anstieg der Antikörperkonzentration von etwa 0,005 µg/mL auf etwa 5 µg/mL im Serum. Dieser Gehalt an Antikörpern bleibt bis zum 18. Tag konstant und fällt danach wieder ab. Dabei erfolgt die Abnahme langsamer als der Anstieg. Mit dem Eintritt der Antigene A in den menschlichen Organismus, werden diese von Makrophagen angegriffen. Diese Zellen der unspezifischen Immunabwehr phagozytieren die Antigene und präsentieren sie auf ihrer Zelloberfläche. An die so präsentierten Antigene können nur solche T-Helferzellen binden, die einen spezifischen Rezeptor für dieses Antigen besitzen. Die Wechselwirkung zwischen dem präsentiertem Antigen und dem spezifischen T-Lymphocyten aktiviert die T-Helferzelle, die daraufhin zu einem Zellklon proliferiert, der in seiner Zellmembran die spezifischen Rezeptoren – in diesem Fall Antigen-A-Rezeptoren – besitzt. Ein Teil dieser so entstandenen identischen T-Helferzellen fungiert im Weiteren als Effektorzelle, ein anderer verharrt als T-Gedächtniszelle, bis es zu einem erneuten Kontakt mit dem Antigen kommt. Als Effektorzellen binden die T-Helferzellen nun an die B-Lymphocyten der spezifischen Immunabwehr, die ebenfalls auf ihrer Oberfläche den entsprechenden Antigen-A-Rezeptor tragen. Auf dieses Signal hin proliferieren auch diese B-Lymphocyten zu einem Klon von B-Gedächtnis- und sogenannten Plasmazellen. Als Plasmazellen sezernieren sie die spezifisch gegen das Antigen A gerichteten Antikörper. Da diese Prozesse einige Zeit in Anspruch nehmen, erklärt sich der zeitlich verzögerte Anstieg der Antikörperkonzentration. Durch Bindung der Antikörper an die Antigene A werden diese agglutiniert bzw. neutralisiert. So ge-

nannte Suppressor-Zellen hemmen sodann die weitere Produktion von Antikörpern und deren Konzentration sinkt wieder.
Ca. 60 Tage nach der Erstinfektion mit dem Antigen A kommt es ein zweites Mal zum Kontakt mit dem Antigen A und einem erstmaligen Zusammentreffen mit dem Antigen B. Während die Änderung der Antikörperkonzentration gegen Antigen B den gleichen Verlauf zeigt wie die bei der Erstinfektion mit Antigen A, steigt der Gehalt an Antikörpern gegen Antigen A bereits vier Tage nach dem erneuten Kontakt auf nahezu 10^4 µg/mL Serum und fällt in den nächsten acht Tagen nur langsam ab. Durch den Zweitkontakt mit Antigen A werden die zuvor gebildeten T-Gedächtniszellen aktiviert, die daraufhin die beim Erstkontakt hergestellten B-Gedächtniszellen stimulieren, als Plamazellen sofort mit der Antikörperproduktion zu beginnen. Auf diese Weise werden Antikörper gegen Antigen A schneller und zahlreicher gebildet als bei der Erstkontamination; das Antigen kann rascher abgewehrt werden. Aufgrund der oben dargelegten klonalen Selektion der Gedächtniszellen wirken diese antigenspezifisch und daher nicht gegen Antigen B. Im Falle der Infektion mit Antigen B müssen zunächst die Prozesse der selektiven Proliferation der T- und B-Lymphocyten, die auf ihrer Oberflächen den Antigen-B-Rezeptor tragen, eingeleitet werden, weshalb hier die Änderung der Antikörperproduktion wiederum zeitverzögert und geringer ausfällt.

1.2

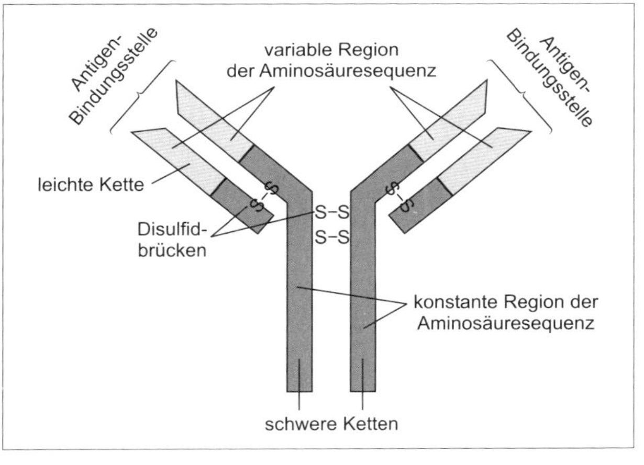

1.3 *Hier müssen Sie über den Einsatz einer Impfkampagne ein eigenständiges begründetes Urteil abgeben. Verwenden sie dazu Ihr Fachwissen über das menschliche Immunsystem und Ihre aus M 1b gewonnenen Erkenntnisse.*

Das entwickelte Impfserum enthält drei verschiedene Antigene. Die Injektion dieser Antigene löst im menschlichen Organismus entsprechend der unter 1.1 dargestellten Prozesse eine Primärantwort aus, in deren Folge drei Typen von Gedächtniszellen gebildet werden, die auf jeweils eines der Antigene spezifisch reagieren. Ein Kontakt mit dem Grippevirus 1, der die gleichen Antigene enthält wie das Impfserum, löst bei einem zuvor geimpften Menschen daher eine Sekundärantwort aus (vgl. Ausführungen zu 1.1), woraufhin das Virus erfolgreich abgewehrt wird, ohne dass es zu einem Krankheitsausbruch kommt.

Beim Kontakt mit dem Grippevirus 2, der noch zwei der dem Impfserum entsprechenden Antigene besitzt, wird ebenfalls eine Sekundärantwort des Immunsystems ausgelöst. Da die Antikörperkonzentration dadurch rech hoch ausfällt, werden auch in diesem Fall die Erreger rasch neutralisiert. Eine erneute Impfkampagne wäre in diesem Fall unökonomisch, da sie mit hohen Unkosten verbunden wäre.

Das Virus 3 besitzt hingegen keines der Antigene, die dem Impfserum entsprechen. Bei einer Infektion durch diesen Grippeerreger kann somit keine Sekundärantwort der spezifischen Immunabwehr ausgelöst werden. Die in diesem Fall ablaufenden Abwehrreaktionen entsprechen einer Primärantwort, in deren Verlauf Gedächtniszellen erst gebildet werden. Da die Antikörperproduktion in diesem Beispiel länger dauert und weniger hoch ausfällt, wäre im Vorfeld eine Impfkampagne mit dem ursprünglichen Serum nicht sinnvoll gewesen, da dieses die mit der Erkrankung einhergehenden heftigen Symptome nicht hätte unterdrücken können. Einzig die Herstellung eines Impfserums mit neuartigen Virus-Antigenen, die denen des Grippevirus 3 entsprechen, wäre hier sinnvoll gewesen, wobei die Ermittlung des neuen Impfstoffes die Kampagne zusätzlich (wie im ersten Fall) verteuert hätte.

2.1 *Achten Sie bei dem hier geforderten Vergleich mit einer normalen Bakterien-Infektion darauf, dass Sie die Gemeinsamkeiten und Unterschiede der jeweiligen Verläufe herausstellen.*

Bei einer normalen bakteriellen Infektion nimmt ein Makrophage endozytotisch ein Bakterium auf. Verschmilzt im Zellinneren dann das bakterienhaltige Phagosom mit Lysosomen zu einem Phagolysosom, wird das Bakterium zersetzt. Seine Antigene können anschließend auf der Oberfläche des Makrophagen präsentiert werden. Auf diese Weise gelingt eine erste unspezifische Eliminierung der Bakterien, die im weiteren Verlauf eine spezifische Abwehr nach sich zieht.

Im Falle von Tuberkulose-Erregern führt die Endozytose der Bakterien bei den Makrophagen zu einem programmierten Zelltod, wobei nicht nur das Bakterium zersetzt wird, sondern auch eigene Zellbestandteile. Weitere Makrophagen können die so freigesetzten Bakterienbestandteile phagozytieren und anschließend die Bakterien-Antigene auf ihrer Oberfläche präsentieren. Im Unterschied zu einer normalen bakteriellen Infektion, können die Makrophagen die „Tuberkulose-Antigene" also nur dann auf ihrer Zellmembran exponieren, wenn sie, statt ganzer Tuberkuloseerreger, zuvor produzierte Bestandteile dieser Bazillen phagozytieren. Ein weiterer Unterschied zu einer normalen Bakterien-Infektion liegt darin, dass lediglich solche antigenpräsentierenden Makrophagen in der Lage sind, die Tuberkulose-Bazillen unbeschadet zu phagozytieren. Im Gegensatz zu einer normalen Bakterieninfektion, erfolgt hier ein Verschmelzen der Phagosomen mit Lysosomen jedoch nur, wenn zuvor eine aktivierte T-Helferzelle in Wechselwirkung mit dem Makrophagen tritt. Das Signal dazu erhält die T-Helferzelle von einem die Antigene des Tuberkuloseerregers präsentierenden Makrophagen, der diese in Form von Bakterienbestandteilen – wie eingangs dargestellt – phagozytiert hatte. Erst nach der Aktivierung des mit dem Tuberkulose-Bakterium infizierten Makrophagen durch eine T-Helferzelle kommt es zur Auflösung des Erregers im Phagolysosom und damit zu einer erfolgreichen, wenn auch verzögerten Immunabwehr.

Zusammenfassend lassen sich folgende Unterschiede festhalten: Normale Makrophagen können ein Tuberkulose-Bakterium, im Gegensatz zu „normalen" Erregern, nicht lysieren, da sie dazu die Hilfe aktivierter T-Helferzellen benötigen. Diese Aktivierung ist jedoch erst möglich, wenn der Makrophage auf seiner Oberfläche die entsprechenden Antigene darbietet. Bei einer normalen Bakterieninfektion ist dies nicht notwendig. Eine „Tuberkulose-Antigen"-Präsentation ist normalen Makrophagen erst nach Phagozytose von Bruchstücken des Tuberkuloseerregers möglich. Diese kann er aber erst nach dem programmierten Zelltod eines Makrophagen erhalten. Es gibt aber auch Gemeinsamkeiten zwischen einer normalen Bakterieninfektion und dem Infektionsverlauf (II) durch *Mycobacterium tuberculosis*: In beiden Fällen können die Makrophagen die Bakterien phagozytieren und die entsprechenden Bakterien-Antigene auf ihrer Zelloberfläche präsentieren.

Bei der Infektion eines Makrophagen mit *Mycobacterium tuberculosis* (= endozytotische Aufnahme des Tuberkulose-Bazillus), der noch keine Antigene des Bakteriums auf seiner Oberfläche besitzt, kommt es nicht zu einem Verschmelzen der Phagosomen mit den Lysosomen. Infolgedessen kann sich das Bakterium im Phagosom des Makrophagen vermehren, was letztlich zum Tod der Abwehrzelle und der Freisetzung weiterer Tuberkulose-Erreger führt.
Letzten Endes zieht die Bakterienvermehrung die Infektion einer Vielzahl an Gewebezellen nach sich und führt unbehandelt zum Tod des Erkrankten. Im Vergleich zu einer normalen Bakterieninfektion, kommt es auch hier zu einer endozytotischen Aufnahme des Erregers. Im Gegensatz dazu, erfolgt jedoch keine Lyse der Bakterien, sondern sogar eine Vermehrung dieser. Bewirkt die Endozytose normaler Bakterien durch antigenlose Makrophagen eine erste unspezifische Abwehr, so führt die Endozytose von Tuberkulose-Bakterien durch vergleichbare Makrophagen zu einer Vermehrung des Erregers.

2.2 *In dieser Teilaufgabe geht es darum, einen Sachverhalt mithilfe von Befunden zu veranschaulichen, die aus einer Grafik abzuleiten sind. Dabei sollen Sie auch Erkenntnisse berücksichtigen, die Sie aus den Materialien M 2a und M 2b (II) gewonnen haben. Es ist sinnvoll, zunächst die besondere Gefährdung eines HIV-Infizierten darzustellen, die sich aus der Grafik in M 2c ableiten lässt. Anschließend sollten Sie dann auf die möglicher Gefahren eingehen, denen ein HIV-Infizierter beim Kontakt mit einem Tuberkulose-Bazillus ausgesetzt ist.*

Einige Wochen nach der Infektion mit einem HIV-Virus treten grippeähnliche Symptome auf. In dieser Zeit kommt es erst zu einem geringfügigen Anstieg und dann zu einem starken Abfall der Zahl an T-Helferzellen auf etwas unter 500 Zellen pro µL Blut. Beim Abklingen der Symptome steigt die Zahl der T-Helferzellen wieder deutlich auf mehr als 500 Zellen pro µL, erreicht aber den ursprünglichen Wert nicht wieder. Im weiteren Verlauf der Krankheit können über mehrere Jahre keine bemerkenswerten Symptome auftreten. Dennoch sinkt während dieser Zeit die Zahl der T-Helferzellen langsam, aber kontinuierlich ab. Wird die kritische Zahl von 500 Zellen/µL Blut unterschritten, treten verstärkt Infektionskrankheiten auf und die Zahl der T-Helferzellen sinkt weiter und schneller. Bei sehr niedrigen Konzentrationen an T-Helferzellen tritt dann das Krankheitsbild AIDS auf, das mit dem Tod des Erkrankten endet.

Charakteristisch für den Verlauf einer HIV-Infektion ist somit eine Abnahme an T-Helferzellen. Wie in M 2b(II) deutlich wird, benötigt eine erfolgreiche Abwehr von Tuberkulose-Bazillen aber das Signal einer T-Helferzelle, wodurch die Lyse der phagozytierten Erreger erst möglich wird. Fehlen die entsprechenden T-Helferzellen im Blut, so unterbleibt dieses Signal und die Bakterien können sich ungehindert in den Makrophagen vermehren und diese zerstören.
In der ersten Zeit nach einer HIV-Infektion – solange die Zahl der T-Helferzellen nicht den kritischen Wert von 500 Zellen/µL unterschreitet – können die Tuberkulose-Bakterien noch erfolgreich bekämpft werden. Die für die Aktivierung der Makrophagen benötigte Anzahl an T-Helferzellen reicht weiterhin aus, diese zur Lyse der Bakterien zu animieren. Nach Unterschreitung des kritischen Wertes gibt es jedoch nicht mehr genug T-Helferzellen, wodurch auch die Makrophagenzahl erheblich sinkt. Infolgedessen bricht die Tuberkulose-Erkrankung aus und auch andere Krankheitserreger können nur noch vermindert abgewehrt werden, weshalb die Zahl an Infektionskrankheiten steigt.

2.3 *Diese Teilaufgabe verlangt von Ihnen die anschauliche Darstellung des ELISA-Tests bezogen auf die Substanz γ-Interferon.*

Wie aus Material M 2d deutlich wird, produzieren T-Helferzellen im Blut eines mit dem Tuberkulose-Erreger infizierten Menschen den Botenstoff γ-Interferon. Entnimmt man nun Blut eines Menschen, bei dem eine kürzliche Tuberkulose-Infektion vermutet wird, und versetzt diese Blutprobe mit spezifischen Antigenen des Erregers, so produzieren die vorhandenen T-Helferzellen auch im Reagenzglas zusätzliches γ-Interferon, wenn tatsächlich ein Kontakt mit den Tuberkulose-Bakterien vorausgegangen ist. Dieses γ-Interferon kann mittels eines ELISA-Tests nachgewiesen werden.

Für das Verfahren werden zunächst Antikörper auf einer Trägerplatte fixiert, die für das γ-Interferon spezifisch sind. Dann wird die vorbehandelte Blutprobe auf diese Platte gegeben. Liegt γ-Interferon in der zu untersuchenden Probe vor, so binden diese Moleküle an die entsprechenden Epitope der Antikörper auf der Trägerplatte. Danach wird überschüssiges Probenmaterial durch gezielte Waschvorgänge von der Mikrotiterplatte entfernt und ein zweiter Typ von Antikörpern zugegeben. Diese zweiten Antikörper, die über eine kovalente Bindung mit einem Enzym verknüpft sind, sind ebenfalls spezifisch für γ-Interferon und binden an verbliebene antigene Determinanten des Moleküls. Anschließend werden überschüssige Antikörper des Typs 2 ebenfalls von der Trägerplatte abgewaschen. Im nun folgenden Arbeitsschritt wird ein für das gebundene Enzym geeignetes Substrat zugegeben und die Menge des so gebildeten Reaktionsprodukts ermittelt. Die Menge des gebildeten Produkts ist proportional zur Menge des vorhandenen γ-Interferons. War der Proband kurze Zeit vor dem Test keiner Tuberkulose-Infektion ausgesetzt, so haben die T-Helferzellen seiner Blutprobe kein zusätzliches γ-Interferon gebildet und der Test fällt negativ aus, da die auf der Mikrotiterplatte fixierten Antikörper keine Moleküle binden. Die Enzym gekoppelten zweiten Antikörper werden also durch den Waschvorgang vollständig entfernt. Als Folge davon kann auch das zugefügte Substrat nicht umgesetzt und kein Reaktionsprodukt ermittelt werden.

3.1 *Bei dieser Aufgabe müssen Sie zunächst wesentliche Befunde zum Vorkommen von Amylase-Genen in verschiedenen Populationen aus dem vorgelegten Material ableiten. Auf dieser Basis sollen Sie anschließend eine Hypothese aufstellen, die das Auftreten der Amylase-Gene in unterschiedlichen Anzahlen evolutiv erklärt.*

Der Speichel von Primaten enthält das Enzym Alpha-Amylase, welches Stärke zersetzt. Je mehr Kopien des Alpha-Amylase-Gens vorliegen, desto mehr Enzym kann der Organismus zur Verdauung und Nährstoff-Versorgung nutzen. Man hat herausgefunden, dass unterschiedliche Bevölkerungsgruppen sich in diesem Merkmal unterscheiden. Die Anzahl der Alpha-Amylase-Gene hängt dabei deutlich mit der Nahrungsgrundlage der jeweiligen Gruppen zusammen: Menschen, die hauptsächlich auf stärkehaltige Nahrungsmittel zurückgreifen (Hadza, Europäer, Japaner), besitzen die höchste Kopien-Anzahl des Amylase-Gens (ca. 7 Kopien). Dies stellt vermutlich einen Selektionsvorteil dar, da sie auf diese Weise die Verdauung der Stärke durch höhere Enzymkonzentrationen beschleunigen können. Der Energiestoffwechsel, der auf einer ausreichenden Zufuhr an Verdauungsprodukten der Stärke basiert, kann folglich gesteigert werden.

Die Biaka, Mbuti, Datog und Yakuten nehmen laut M 3b überwiegend Fleisch- und Fischprodukte zu sich. Die Anzahl Ihrer Amylase-Gen-Kopien ist niedriger als bei den Hadza, Europäern und Japanern (durchschnittlich ca. 5,5 Kopien).

Bei Menschen, die sich vorwiegend von eiweißreichen Produkten ernähren, bietet eine hohe Anzahl von Amylase-Genen offensichtlich keinen Selektionsvorteil. Vor diesem Hintergrund ist die geringere Kopienzahl des Amylase-Gens bei Ihnen sinnvoll, da so keine stofflichen Ressourcen verschwendet werden.

Bei Schimpansen basiert der Energiestoffwechsel vornehmlich auf der Zufuhr zuckerhaltiger Nahrung, weshalb sie keine großen Amylase-Mengen im Speichel benötigen und bei ihnen das Gen nur zweifach vorliegt. Eine Vermehrung des Amylase-Gens böte Schimpansen keinen Selektionsvorteil.

Aufgrund der großen geografischen Entfernung der menschlichen Populationen, die sich durch eine hohe Zahl an Genkopien auszeichnen, lässt sich vermuten, dass die Vermehrung des Amylase-Gens mehrfach unabhängig voneinander aufgetreten ist.

3.2 *Hier müssen Sie zunächst das dargestellte Experiment in seiner Durchführung und Auswertung beschreiben. Im Anschluss daran wird von Ihnen eine Bewertung des Experiments als Nachweisverfahren für die stammesgeschichtliche Entwicklung erwartet.*

Zunächst wird in einem Vorversuch einem Kaninchen menschliches Serumalbumin injiziert. Als Folge davon produziert das Kaninchen Antikörper gegen das menschliche Serumalbumin. Diese Antikörper werden anschließend aus dem Blutserum des Kaninchens isoliert und als Ausgangsmaterial für die eigentliche, nachfolgend dargestellte Untersuchung verwendet.

Eine bestimmte Menge der Antikörper wird zusammen mit menschlichem Serumalbumin und einer festgelegten Menge Komplement vermischt. Da die Antikörper spezifisch für das Serumalbumin des Menschen sind, werden viele Antikörper-Serumalbumin-Komplexe gebildet. Deshalb wird viel Komplement verbraucht und nur eine geringe Menge nicht umgesetztes Komplement ermittelt.

Wird die gleiche Menge Antikörper in einer weiteren Probe mit dem Serumalbumin des Pavians und einer identischen Menge an Komplement gemischt, so entstehen weniger Antikörper-Serumalbumin-Komplexe, da die Spezifität der Antikörper gegenüber dem Serumalbumin des Pavians deutlich geringer ist als gegenüber dem des Menschen. Folglich wird auch weniger Komplement verbraucht.

Bei einer Untersuchung des Komplementverbrauchs beim Einsatz von Serumalbumin eines Pferds ergeben sich noch stärker verringerte Mengen. Die Anzahl an Pferdealbumin-Antikörper-Komplexen ist daher ebenfalls deutlich geringer, was auf der mangelhaften Spezifität der Antikörper gegenüber dem Serumalbumin des Pferdes beruht.

Je höher der Komplementverbrauch, desto größer ist auch die Zahl der gebildeten Albumin-Antikörper-Komplexe. Die verwendeten Antikörper besitzen besondere Bindungsstellen für menschliches Serumalbumin, die auf dessen räumlichen Bau ausgerichtet sind. Der Bau des Serumalbumins ergibt sich aus der spezifischen Aminosäuresequenz des Bluteiweißes des Menschen. Bei Arten, die näher mit dem Menschen verwandt sind, liegen weniger Unterschiede in der Aminosäureabfolge der Albuminmoleküle vor, sodass sich deren räumlicher Bau weniger stark unterscheidet als bei weiter entfernten Arten. Infolgedessen können die verwendeten Antikörper bei näheren Verwandten des Menschen besser binden. Das Verfahren der Komplement-Fixierung bietet eine gute Möglichkeit die Verwandtschaftsbeziehung verschiedener Arten gegenüber einem Bezugsorganismus – im obigen Beispiel dem Menschen – im Vergleich zu analysieren. Eine Aussage über die Verwandtschaftsverhältnisse der verschiedenen Arten untereinander lässt sich aus dieser Untersuchungsmethode jedoch nicht ableiten.

Biologie (Niedersachsen): Erhöhtes Anforderungsniveau
Abiturprüfung 2010 – Aufgabe I

Frösche in ihrem Lebensraum

Wie viele andere wild lebende Tiere sind auch die Frösche in ihrem Vorkommen bedroht. Je mehr der Mensch unbebautes Land für seine eigenen Zwecke nutzt, desto kleiner wird ihr Lebensraum. Im Gegensatz zu den „glitschigen" Sprungkünstlern unserer Heimat wecken die farbenfrohen tropischen Froscharten, die sich mit starken Giften ihrer Haut wehren, beim Betrachten oftmals große Begeisterung.
In den folgenden Aufgaben sollen Sie sich mit stoffwechselphysiologischen, nerven- und sinnesphysiologischen sowie ökologischen Aspekten im Zusammenhang mit Fröschen auseinandersetzen.

1 Ökologische Aspekte

1.1 Skizzieren Sie mithilfe von M 1 ein beispielhaftes Nahrungsnetz im Ökosystem See, das vier Trophieebenen (Ernährungsstufen) sowie den Frosch als Glied des Nahrungsnetzes berücksichtigt.

1.2 Erläutern Sie nach Zuordnung der Tabellen in M 2 zu einer bestimmen Jahreszeit die unterschiedlichen Messwerte im Hinblick auf die Wassertiefe.

2 Nerven- und sinnesphysiologische Aspekte

2.1 Erläutern Sie die Vorgänge an einer Haarsinneszelle des Seitenlinienorgans bei Ablenkung der Cilien durch Wasserströmungen in verschiedene Richtungen (M 3 a–c).
Entwickeln Sie bezogen auf eine Sinneszelle des Seitenlinienorgans eine begründete Hypothese auf die Frage, warum bei Eigenbewegungen des Frosches, die zu einer Ablenkung der Cilien in Richtung Kinocilium führen, keine Impulse an das ZNS gemeldet werden (M 3 a und M 3 c).

2.2 Stellen Sie die Vorgänge auf molekularer Ebene beim Ablauf der Muskelkontraktion nach erfolgter Erregungsübertragung in einem Fließdiagramm dar.

2.3 Erläutern Sie, welche Auswirkung Batrachotoxin auf die Informationsleitung, die Informationsübertragung und die Muskeltätigkeit beim Menschen hat (M 4).
Prüfen Sie, inwiefern die in M 5 genannten Gifte als Gegenmittel bei einer Vergiftung mit Batrachotoxin infrage kommen.

3 Ökophysiologische Aspekte

3.1 Beschreiben Sie die in M 6 dargestellten Experimente und die Beobachtungen.
Interpretieren Sie die Beobachtungen aus M 6 unter Berücksichtigung von M 1 a im Hinblick auf die Überwinterung des Teichfroschs auf dem Seegrund.

3.2 Erläutern Sie, wie bei Süßwasserfröschen und marinen Knochenfischen die Stabilisierung des inneren Millieus erreicht wird (M 7 a und M 7 b).

M 1: Frösche und ihre Ernährung

M 1a: Allgemeine Information

Im zeitigen Frühjahr versammeln sich viele Froscharten an flachen Gewässern. Dort laichen sie ab und dort wachsen auch die Kaulquappen heran. Frösche sind Lungenatmer. Nach dem Untertauchen können sie trotzdem für eine längere Zeit unter Wasser bleiben, denn sie atmen auch durch ihre schleimig-feuchte Haut, die von vielen feinen Blutgefäßen durchzogen ist. So kann der im Wasser gelöste Sauerstoff durch die Haut ins Blut diffundieren. Frösche leben als Kaulquappen von pflanzlichen und tierischen Organismen, vor allem von Plankton und Algen auf dem Untergrund, von denen sich auch die Larven einiger Mücken ernähren. Erst als adulte Tiere leben die Frösche räuberisch von tierischer Nahrung. Zu den Beutetieren vieler Froscharten gehören z. B. Mückenlarven, Schlammröhrenwürmer, Regenwürmer, Fliegen, Schnecken, Libellenlarven und Kleinkrebse. Größere Froscharten ernähren sich sogar von kleineren Fischen.

M 1b: Tierarten an einem typischen „Froschgewässer"

An einem typischen „Froschgewässer" leben außer den Fröschen noch andere Tierarten. In der Abbildung sieht man eine Libelle, eine Ringelnatter, einen Barsch, eine Wasserspitzmaus, eine Stockente, einen Iltis, einen Rückenschwimmer, eine Libellenlarve, eine Larve des Gelbrandkäfers und einen Fischreiher.

Zusammengestellt und verändert aus:
Perkins, L: Amphibien und Reptilien. Octopus Book Limited, Bel Air 1974, S. 7.
Dannefelser, B., Leder, K.: Treffpunkt Bromelientümpel. In: Unterricht Biologie, Heft 242 (1999), S. 33–37.

M 2: Messwerte ausgewählter Faktoren in zwei verschiedenen Jahreszeiten eines Sees

Tabelle 1:

Tiefe [m]	Temperatur [°C]	O_2-Gehalt [mg/ℓ]	NH_4^+-Gehalt [mg/ℓ]	NO_3^--Gehalt [mg/ℓ]	PO_4^{3-}-Gehalt [mg/ℓ]
0	21,9	11,3	0,34	0,15	0
3	21,5	11,7	0,35	0,14	0
6	16,1	1,6	0,50	0,15	0,06
9	7,8	0	10,2	0,31	4,59

Tabelle 2:

Tiefe [m]	Temperatur [°C]	O_2-Gehalt [mg/ℓ]	NH_4^+-Gehalt [mg/ℓ]	NO_3^--Gehalt [mg/ℓ]	PO_4^{3-}-Gehalt [mg/ℓ]
0	1	13,6	1,2	1,28	0,47
3	1,6	13,1	1,2	1,26	0,45
6	2,0	11,3	1,2	1,34	0,46
9	3,4	11,3	1,2	1,45	0,38

Verändert aus Jaenicke, J.(Hrsg.): Biologie heute S II, Lehrerband Teil 1. Schroedel Verlag, Hannover 1998, S. 231.

M 3: Das Seitenlinienorgan bei Fröschen

M 3a: Information

Haarsinneszellen der Wirbeltiere sind für die Umwandlung mechanischer Reize in elektrische Signale verantwortlich. Man findet sie unter anderem in den Seitenlinienorganen der Fische und Amphibien, wo sie Wasserbewegungen registrieren.
Die ins Wasser ragenden Fortsätze der Haarsinneszellen sind mit den Fortsätzen von weiteren 40–80 Haarsinneszellen in eine gallertartige Scheide, die Cupula, eingebettet. Die Cupula ist eine gallertartige Kuppel von etwa 0,1 mm Länge. Die einzelnen Cupulae des Seitenlinienorgans stehen parallel zueinander. Der Großteil der Haarsinneszellen wird von jeweils einer afferenten Faser innerviert. Zusätzlich gibt es efferente Fasern, die bei Eigenbewegung des Frosches inhibierend auf die Haarsinneszellen einwirken.

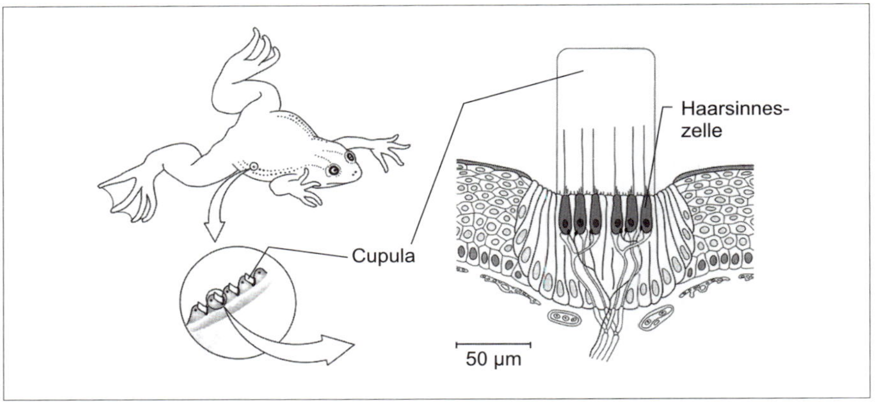

Zusammengestellt und verändert aus:
Eckert, R., Randall, R., Burggren, W., French, K.: Tierphysiologie. Georg Thieme Verlag, Stuttgart New York 2002, S. 259.
Lingenheil, M.: Theorie der Beuteortung beim Krallenfrosch. Diplomarbeit, TU München, 2004.

M 3b: Das Rezeptorpotenzial bei mechanischer Ablenkung der Cilien einer Haarsinneszelle

Die Cilien (Kinocilium und Stereocilien), die durch einen Proteinfaden (Tip-Link) miteinander verbunden sind, lassen sich in zwei Richtungen durch einen mechanischen Reiz (z. B. Wasserbewegung) ablenken. Zur Vereinfachung der Darstellung ist die Cupula nicht mit abgebildet.

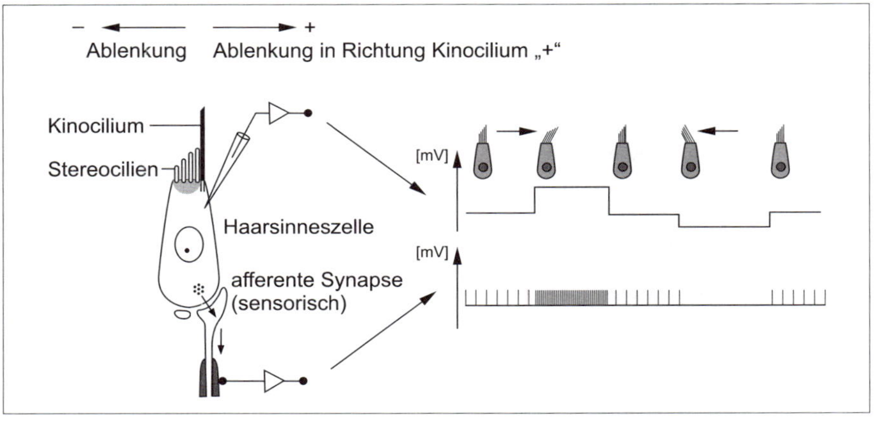

Zusammengestellt und verändert aus:
Eckert, R., Randall, R., Burggren, W., French, K.: Tierphysiologie. Georg Thieme Verlag, Stuttgart, New York 2002, S. 259.
Heldmaier, G. Neuweiler, G.: Vergleichende Tierphysiologie, Band 1. Springer-Verlag, Berlin, Heidelberg 2003, S. 137.

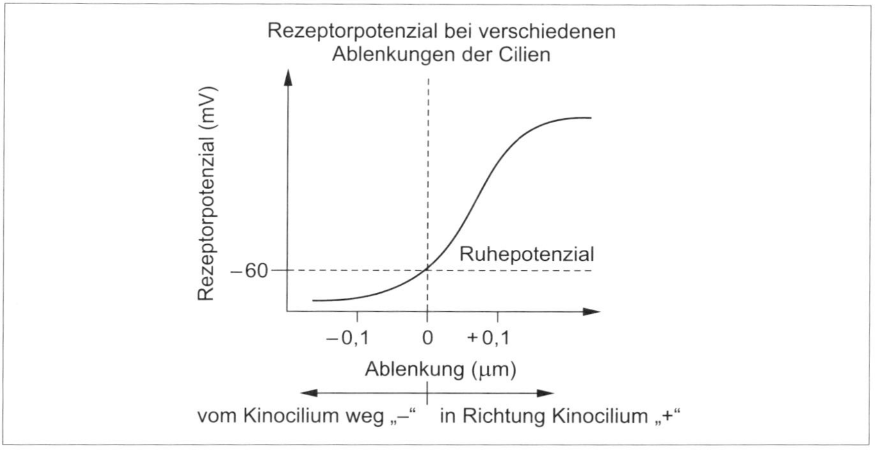

Zusammengestellt und verändert aus:
Eckert, R., Randall, R., Burggren, W., French, K.: Tierphysiologie. Georg Thieme Verlag, Stuttgart, New York 2002, S. 259.
Heldmaier, G. Neuweiler, G.: Vergleichende Tierphysiologie, Band 1. Springer-Verlag, Berlin, Heidelberg 2003, S. 137.

M 3c: Prozess der Umwandlung von Reiz in Erregung bei einer Haarsinneszelle des Seitenlinienorgans

Die Wasserströmung führt zu einer Ablenkung des Cilienbündels in Richtung Kinocilium. Dabei öffnen die Tip-Links Ionenkanäle an der Spitze der Stereocilien. Im nicht abgelenkten Zustand sind diese Ionenkanäle stets zu etwa 15 Prozent geöffnet. Im umgebenden Wasser ist naturgemäß eine Vielzahl positiver Kationen (K^+, Mg^{2+} …) gelöst. Zur Vereinfachung werden nur die positiven Kalium-Ionen im Außenmedium angegeben. Die Ziffern geben die Reihenfolge der Vorgänge bei einer Ablenkung der Cilien in Richtung Kinocilium (+) an.

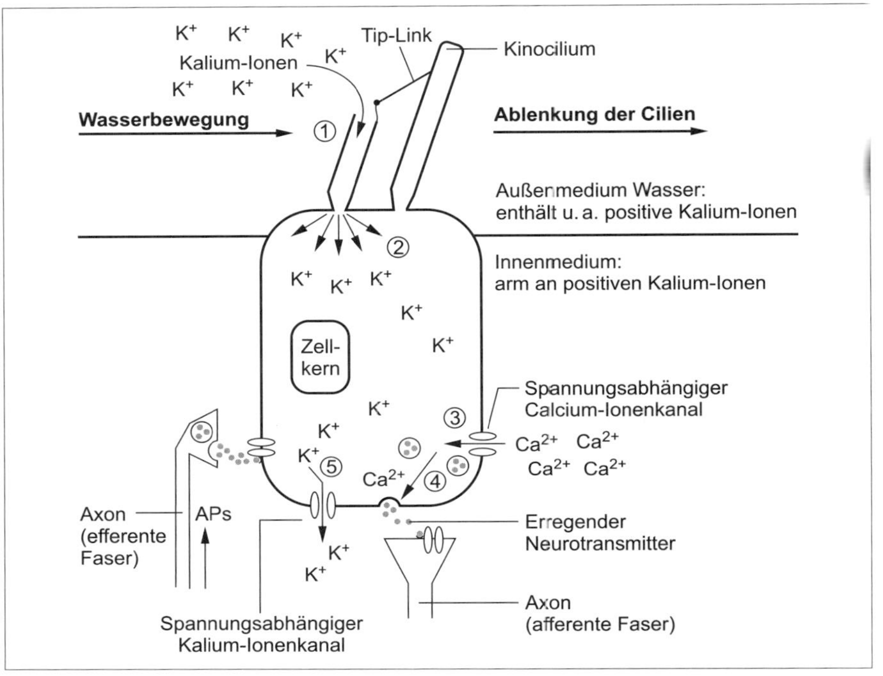

Zusammengestellt und verändert aus: Ewert, Prof. Dr. J. P.: Skript zur Vorlesung „Einführung in die Tierphysiologie", Universität Kassel 2006.
Heldmaier, G. Neuweiler, G.: Vergleichende Tierphysiologie, Band 1. Springer-Verlag, Berlin, Heidelberg 2003, S. 138.

M 4: Amphibien wehren sich mit ihrer Haut

Amphibien sind neben den Schlangen die größte Gruppe Gift produzierender Wirbeltiere. Frösche der Familie *Dendrobatidae* besitzen zum Teil ein recht effektives Hautgift. Das Gift wird seit Jahrhunderten von den Indianern im Dschungel Kolumbiens sowie den Stämmen der Choco-Indianer verwendet. Sie reiben die Speerspitzen ihrer Blasrohrpfeile an der Haut der sehr auffällig gefärbten kleinen bunten Frösche. Diese Arten produzieren in ihrer Haut das Alkaloid Batrachotoxin (BTX), eine Substanz, die zu den wirksamsten Giften überhaupt gehört. Die größte Menge des Giftes produziert der Pfeilgiftfrosch, *Phyllobates terribilis*. Er besitzt auf seiner Haut so viel Batrachotoxin, dass damit 20 000 Mäuse oder aber zehn Erwachsene getötet werden könnten. BTX ist ein komplexes Ringmolekül, das das Schließen von Natriumionen-Kanälen verhindert.

Zusammengestellt aus: Dannefelser, B., Leder, K.: Amphibien wehren sich mit ihrer Haut. In: Unterricht Biologie, Heft 242 (1999), S. 38–44.
Putzier, I., Frings, S.: Vom Jagdgift zur neuen Schmerztherapie. In: Biologie in unserer Zeit, Heft 3 (2002), S. 148–158.

M 5: Schlangengifte

Schlangentoxin	Mechanismus am Wirkungsort
Bungarotoxin (Gift des Gelben Bungars)	blockiert den Acetylcholinrezeptor in der postsynaptischen Membran
Fasciculin (Gift der Schwarzen Mamba)	hemmt allosterisch das Enzym Cholinesterase
Dendrotoxin (Gift der Schwarzen Mamba)	blockiert Kaliumionen-Kanäle der präsynaptischen Axonmembran

Zusammengestellt aus:
Putzier, I., Frings, S.: Vom Jagdgift zur neuen Schmerztherapie. In: Biologie in unserer Zeit, Heft 3 (2002), S. 148–158.
http://www.merian.fr.bw.schule.de/Beck/scripten/12/bs12-32.html (Stand: 07/2009)

M 6: Modellexperiment zur Untersuchung der Überwinterung bei Fröschen

Der Teichfrosch ist ein Frosch der gemäßigten Zonen, kommt aber vereinzelt auch bis nahe dem nördlichen Polarkreis vor. Der Teichfrosch ist wechselwarm. Seine Körpertemperatur entspricht immer etwa der Außentemperatur. Im Herbst ziehen sich die Frösche, wenn es kühler wird, in den Schlamm am Grund der Seen zurück, wo sie überwintern. Ungewöhnlich milde Wetterbedingungen während des Winters können sie vereinzelt zwar an die Wasseroberfläche locken, aber erst Mitte Februar erscheinen sie wieder in größerer Zahl am Ufer.
Um diese Überwinterungsstrategie zu untersuchen, wurden u. a. folgende Versuche durchgeführt:

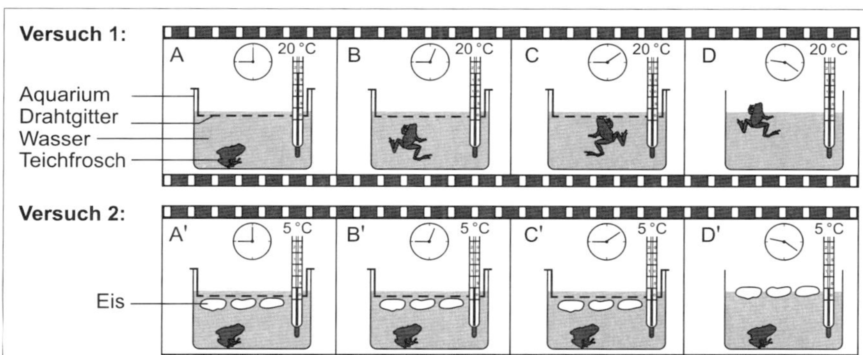

Zusammengestellt und verändert aus:
Perkins, L.: Amphibien und Reptilien. Octopus Books Limited, Bel Air 1974, S. 7.
Jaenicke, J. (Hrsg.): Materialien Handbuch Kursunterricht Biologie, Band 3/1
Aulis Verlag, Köln 1998, S. 141.

M 7: Osmoregulatorische Angepasstheiten

M 7a: Osmoregulatorische Prozesse beim Süßwasserfrosch, die die Stabilisierung des inneren Milieus gewährleisten

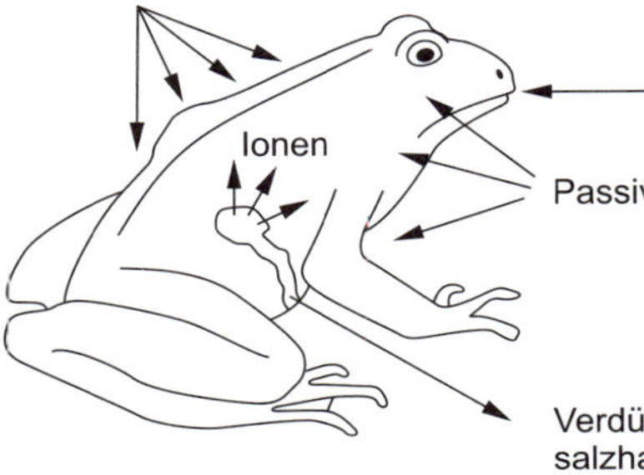

Verändert aus: Eckert, Roger, Randall, David, u. a., Übersetzer: Apfelbac, H. Raimund, Ganslosser, Udo: Tierphysiologie. Georg Thieme Verlag, Stuttgart, New York 2002, S. 593.

M 7b: Aquatisch lebende Organismengruppen im Vergleich

Hinweis: Hypoton ist gleichbedeutend mit hypoosmotisch. Dies gilt entsprechend für die anderen Fachbegriffe.

Tiergruppe	**Konzentration des Blutes im Verhältnis zur Umgebung**	**Konzentration des Urins im Verhältnis zum Blut**	**Aktive Wasseraufnahme**
Marine Knochenfische	Hypoton	Isoton	Trinken viel Salzwasser
Süßwasser-frösche	Hyperton	Stark hypoton	Trinken kein Wasser

Passive Wasserverluste über Haut, Lungen und Verdauungskanal sind in der Tabelle nicht angegeben.

Verändert aus: Eckert, Roger, Randall, David, u. a., Übersetzer: Apfelbac, H. Raimund, Ganslosser, Udo: Tierphysiologie. Georg Thieme Verlag, Stuttgart, New York 2002, S. 593.

Lösung

Die Aufgabe beinhaltet die folgenden Schwerpunktthemen:

Stoffwechsel des Menschen
- *Zellatmung*
- *Sportbiologie: Feinbau und Funktion des quer gestreiften Muskels, molekulare Grundlagen und energetische Prozesse bei der Muskelkontraktion, Temperaturregulation*

Gesundheit des Menschen
- *Reizaufnahme, Erregungsbildung und -weiterleitung, Synapsenvorgänge*

Aquatische Ökosysteme
- *Nahrungsbeziehungen: Nahrungsketten, Nahrungsnetz im See*
- *Anthropogene Einflüsse: Struktur eines Sees: jahreszeitenabhängige Schichtung und Veränderungen der Faktoren Temperatur, Sauerstoff, Nährsalze im Ökosystem See, Eutrophierung eines Sees*
- *Ökologische Toleranzen: Angepasstheiten von Lebewesen an Temperaturgrenzbereiche aquatischer Ökosysteme, Osmoregulation bei limnischen und marinen Wirbeltieren*

Am Beispiel von Süßwasserfröschen sollen Sie in dieser Aufgabe sehr unterschiedliche stoffwechselphysiologische, nerven- und sinnesphysiologische sowie ökologische Aspekte der Biologie gleichermaßen bearbeiten. Sie müssen für diese Aufgabe also einen guten Überblick über die verschiedenen Inhalte der drei Schwerpunktthemen haben und wesentliche Details einbringen können. Da die Aufgabe sehr umfangreich ist, sollten Sie bei der Bearbeitung besonders auf die Zeitökonomie achten und versuchen, sich möglichst kurz zu fassen.

1.1 *In dieser Einstiegsaufgabe geht es zunächst darum, den Frosch in die Nahrungsbeziehungen eines einheimischen Froschgewässers einzuordnen. Sie sollen allerdings keine umfassende, detailreiche Beschreibung dieser Beziehungen im abgebildeten See liefern, sondern die gegebenen Informationen nur nutzen, um in Form eines Fließdiagramms ausschnittsweise ein Nahrungsnetz zu erstellen. Dazu muss anhand von Text und Abbildung die Zugehörigkeit der verschiedenen Lebewesen, einschließlich des Frosches, zu bestimmten Trophiestufen erschlossen und jeweils zusammengefasst werden. Dann ergänzen Sie die entsprechenden Nahrungspfeile zwischen den Trophieebenen beginnend von einer Pflanzenart der Produzentenebene bis zu den Arten auf der Ebene der Konsumenten 3. Ordnung. Daraus ergibt sich z. B. das auf der nächsten Seite skizzierte Nahrungsnetz.*

Skizzieren:

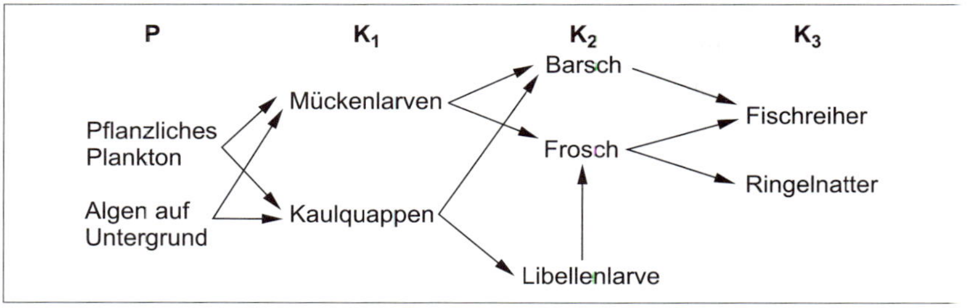

1.2 *Hierzu müssen Sie Ihre Kenntnisse und Einsichten zur Zonierung, temperaturabhängigen Schichtung und zu den Stoffwechselvorgängen in einem See während verschiedener Jahreszeiten einsetzen. Die geforderte jahreszeitliche Zuordnung der Tabellen lässt sich am besten auf der Basis einer Analyse der jeweiligen Temperaturveränderungen in Abhängigkeit von der Tiefe des Sees vornehmen. Die Erläuterung dieser Werte ist auch eine wesentliche Voraussetzung, um Erklärungsansätze für den tiefenabhängigen Verlauf der anderen, in den Tabellen wiedergegebenen abiotischen Faktoren zu finden. Denken Sie dabei auch an die Zonierung eines Sees in trophogene und tropholytische Zone (bzw. Nährschicht und Zehrschicht). Erläutern Sie jede Tabelle für sich. Ein Vergleich der Tabellen untereinander wird in diesem Arbeitsauftrag nicht von Ihnen erwartet.*

Erläutern:

Tabelle 1 gibt die Verhältnisse eines Sees im Sommer mit Sommerstagnation wieder. Die relativ hohen Temperaturwerte weisen starke Unterschiede mit einer Sprungschicht bei 6–9 m auf, innerhalb der die Temperatur deutlich abfällt. Die daraus resultierenden Dichteunterschiede verhindern einen Austausch zwischen dem Oberflächenwasser und dem schwereren Tiefenwasser und dadurch auch einen Stoffaustausch zwischen der trophogenen und der tropholytischen Schicht. Die fotosynthetisch aktiven Organismen produzieren aufgrund der abnehmenden Lichtintensität in der Tiefe nur im Oberflächenwasser Sauerstoff. In der tropholytischen Zone des Tiefenwassers wird durch den Abbau von organischem Material Sauerstoff nur verbraucht und nicht produziert. Aufgrund der fehlenden Zirkulation ergibt sich demzufolge ein deutlicher Abfall der Sauerstoffkonzentration im Tiefenwasser bei 9 m gegenüber den Verhältnissen bei 0–6 m. Nitrat-, Ammonium- und Phosphationen werden dem Seewasser als Nährsalze für das Phytoplankton der Nährschicht besonders bei starkem Lichteinfall im Frühjahr und Sommer entzogen. Dadurch ist ihre Konzentration in den oberen sechs Metern des Sees relativ gering. Durch den Abbau des organischen Materials in der Tiefe werden dort Phosphat- und Ammoniumionen, die aufgrund der fehlenden Zirkulation nicht in das Oberflächenwasser (Nährschicht) gelangen können, angereichert. Die Konzentration von Nitrationen bleibt hier jedoch auch relativ

gering, da im Tiefenwasser Sauerstoffmangel herrscht und die freigesetzten Ammoniumionen kaum weiter oxidiert werden können.
Tabelle 2 verdeutlicht die Verhältnisse eines Sees im Winter mit Winterstagnation. Auf dem mit ca. 2–3,5 °C etwas wärmeren und damit dichteren Tiefenwasser liegt kälteres und damit weniger dichtes Oberflächenwasser. Austauschprozesse zwischen diesen Schichten sind weitgehend unterbunden, sodass es zur Stagnation hinsichtlich der Verteilung der im Wasser gelösten Stoffe kommt. Sauerstoff und Nährsalzionen sind aber aufgrund der vorherigen Herbstzirkulation im gesamten Wasserkörper gleichmäßig verteilt. Wegen der geringen Temperaturen im Winter kommen die im See sonst ablaufenden Sauerstoff bzw. Nährsalz verbrauchenden oder produzierenden Stoffwechselprozesse der Lebewesen fast vollständig zum Erliegen. Die Verteilungsverhältnisse sind in allen Tiefen gegenüber dem Ergebnis der Herbstzirkulation kaum verändert.

2.1 *Zur Lösung dieser recht komplexen neurobiologischen Aufgabe müssen Sie zunächst das gesamte Material 3a–c sehr sorgfältig sichten, um die dargestellten Feinstrukturen des Seitenlinienorgans mit seinen sinnesphysiologischen Funktionen gezielt verknüpfen zu können. Setzen Sie sich zunächst mehr beschreibend damit auseinander, wie die angegebenen Ablenkungsreize auf elektrophysiologischer Ebene zu Rezeptorpotenzial-Veränderungen und dann zur Bildung von Aktionspotenzialen im afferenten Neuron führen. Erst dann sollten Sie zur Erklärung dieser Reiz-Erregungs-Verknüpfungen auf die molekularen Feinheiten der Ionenverteilungsveränderungen und die Transmitterfreisetzung eingehen. Beachten Sie auch, dass der Begriff „Ruhepotenzial" hier das Membranpotenzial im „Ruhezustand" der Sinneszelle mit nicht ausgelenkten Cilien, aber leicht geöffnetem Kaliumionen-Kanal bezeichnet.*

Erläutern:
M 3b zeigt, dass die Cilien der Haarsinneszellen des Frosches durch Wasserbewegungen in zwei Richtungen abgelenkt werden können. M 3b (und c) liefern die Information, dass als Reaktion darauf über eine Synapse der Haarsinneszelle an einem angeschlossenen, afferenten Neuron Aktionspotenziale (AP) ausgelöst werden können, die dem ZNS zugeleitet werden. Je nach Stärke und Richtung der Ablenkung wird das Membranpotenzial der Sinneszelle verändert und die Zahl der AP im nachgeschalteten Neuron entweder erhöht oder erniedrigt. Schon ohne Ablenkung der Cilien gibt es im Ruhezustand eine in 3b als „Ruhepotenzial" bezeichnete Polarisation von −60 mV in der Sinneszellmembran und damit eine AP-Folge im afferenten Neuron. Erfolgt eine Ablenkung in Richtung Kinocilium, ergibt sich eine Depolarisation der Sinneszellmembran und dadurch eine erhöhte AP-Frequenz im afferenten Neuron. Erfolgt eine Ablenkung vom Kinocilium weg, wird eine Hyperpolarisation der Membran der Haarsinneszelle ausgelöst, die zur Verringerung bzw. Auslöschung der AP-Folge führt. Die mögliche Depolarisation ist dabei deutlich stärker als die mögliche Hyperpolarisation. Eine Erklärung für diese elektrophysiologischen Beobachtungen ergibt sich aus den Informationen in M 3c zu den modellhaft dargestellten, molekularen Vor-

gängen an der Sinneszellmembran: Im Ruhezustand sind an den Stereocilien Kaliumionen-Kanäle zu etwa 15 % geöffnet, sodass es entlang des Konzentrationsgradienten ständig zu einem geringfügigen Kaliumionen-Einstrom aus dem umgebenden Wasser im Bereich der Cupula kommt. Daraus resultiert ein Membranpotenzial von −60 mV mit der Folge, dass an der Sinneszellmembran spannungsabhängige Calciumionen-Kanäle geöffnet werden. Der Einstrom von Calciumionen bewirkt eine Verschmelzung von transmittergefüllten Vesikeln mit der Sinneszellmembran und in der Folge eine Ausschüttung der Transmitter. Diese Transmitter lösen auch im Ruhezustand der Sinneszelle an der postsynaptischen Membran des nachgeschalteten, afferenten Neurons erregende, postsynaptische Potenziale (EPSP) und damit AP dieses Neurons aus.
Bei einer Ablenkung der Cilien in Richtung des Kinociliums wird über einen Tip-Link der Kaliumionen-Kanal je nach Stärke der Ablenkung weiter geöffnet sodass vermehrt Kaliumionen einströmen. Die Depolarisation der Membran nimmt zu und auch die Öffnung der Calciumionen-Kanäle wird in Abhängigkeit von der Ablenkung intensiviert. Durch die damit einhergehende Verstärkung der Transmitterausschüttung wird auch das EPSP im nachgeschalteten Neuron verstärkt und die AP-Frequenz gesteigert. Zur Repolarisation der Membran kommt es, weil durch die Depolarisation der Membran auch spannungsabhängige Kaliumionen-Kanäle in der Sinneszelle geöffnet werden, sodass Kaliumionen auch aus der Sinneszelle in den interzellulären Raum diffundieren können.
Wenn die Stereocilien durch die Wasserströmung vom Kinocilium weg abgelenkt werden, werden die Kaliumionen-Kanäle bis zur vollständigen Schließung verändert, sodass der Kaliumionen-Einstrom ganz zum Erliegen kommen kann. Die Membran wird dann gegenüber dem Ruhezustand weiter hyperpolarisiert, sodass die Calciumionen-Kanäle weniger bis gar nicht mehr geöffnet werden und damit auch weniger bis keine Transmitter mehr ausgeschüttet werden können. In der Folge kommt es zu einer Abschwächung der AP-Frequenz bis auf den Nullwert.

Hypothese entwickeln:
Durch die Eigenbewegung des Frosches kommt es zur Ablenkung der Cilien in Richtung Kinocilium und damit zu einem verstärkten Einstrom von Kaliumionen in die Zelle. Laut M 3a wirken bei Eigenbewegungen aber efferente Fasern inhibierend auf die Sinneszellen. Daraus ist zu schließen, dass hierdurch die Freisetzung des erregenden Transmitters abgeschwächt bzw. ganz unterbunden wird. Z. B. könnte der inhibierende Transmitter der efferenten Faser zu einem Einstrom von negativ geladenen Ionen (z. B. Chloridionen) führen, sodass die durch die Eigenbewegung zunächst ausgelöste Depolarisation abgeschwächt bzw. ausgeglichen wird. Dadurch wird eine zusätzliche Erregungsübertragung auf die afferente Faser verhindert.

2.2 *Im Fließdiagramm sollen entsprechend Ihrem hierzu angeeigneten Wissen die einzelnen Phasen der Muskelkontraktion auf molekularer Ebene knapp beschrieben und die zeitliche Abfolge mithilfe von Pfeilen dargestellt werden.*

Darstellen (Beispiel):

Ausgangssituation: Sarkomere bestehen aus Aktin- und Myosinfilamenten, wobei die Aktinfilamente mit einem Ende an den Z-Scheiben befestigt sind, während das andere frei bleibt. Zwischen den Aktinfilamenten liegen die Myosinfilamente. ATP ist an den seitlichen Köpfchen der Myosinfilamente gebunden, Aktin und Myosin sind getrennt.

↓

Nervenimpuls bewirkt ein Ausströmen von Calciumionen aus dem Sarkoplasmatischen Retikulum.

↓

Die Erhöhung der Calciumionen-Konzentration bewirkt, dass Myosin in Kontakt mit Aktin tritt.

↓

Es erfolgt die Spaltung von ATP in ADP und P_i.

↓

Die Myosinköpfchen klappen um und nehmen einen spitzen Winkel zum Myosinhals ein. Dabei kommt es zur Ablösung des ADP.

↓

Durch die Stellungsänderung der Myosinköpfchen verschieben sich die Aktinfilamente. Die Z-Scheiben rücken aufeinander zu. Die Sarkomere verkürzen sich.

↓

Bei Aufnahme eines neuen ATP-Moleküls lösen sich die Myosinköpfchen vom Aktin und gehen in die Ausgangsstellung.

2.3 *Für diesen Arbeitsauftrag müssen Sie umfassende Kenntnisse zur Erregungsleitung und -übertragung über Neuronen einschließlich der Rolle von Synapsen und Transmittern einbringen. Sie sollten auch wissen, wo und inwiefern Natriumionen-Kanäle wesentlich für die Funktion eines Neurons sind, um die Folgen der Gifteinwirkung und möglicher Gegenmittel auf den Körper in geeigneter Weise abschätzen zu können.*

Erläutern:

BTX ist ein Gift, das die Natriumionen-Kanäle langfristig offen hält. Dadurch kommt es zu einem ständigen Natriumionen-Transport durch die Membran, je nach Konzentrationsgefälle. Bei der Erregungsleitung über ein Axon kommt es demnach zu einem andauernden Natriumionen-Einstrom und damit zur dauerhaften Depolarisation der Axonmembran. Dadurch werden an der präsynaptischen Membran die Calciumionen-Kanäle dauerhaft geöffnet, was zu einem massiven Einstrom von Calciumionen in das synaptische Endknöpfchen führt. Die Folge ist eine übermäßige Ausschüttung von Transmittern, sodass in der postsynaptischen Membran viele Natriumionen-Kanäle geöffnet werden, die ihrerseits durch die Wirkung des BTX zusätzlich geöffnet bleiben. Eine geordnete Informationsleitung und -übertragung kann daher nicht mehr stattfinden. Liegt die postsynaptische Membran an einer neuromuskulären Synapse, erfolgt ein dauerhafter Einstrom von Natriumionen in die Muskelzelle, sodass es in der Folge zur andauernden Kontraktion des Muskels, d. h. zu Krämpfen kommt.

Prüfen:

Bungarotoxin verhindert durch die Blockierung der Acetylcholinrezeptoren zwar die Öffnung der Natriumionen-Kanäle, da diese aber durch die BTX-Wirkung schon offen gehalten werden, hat Bungarotoxin keine therapeutische Wirkung.

Da Fasciculin durch die Hemmung der Acetylcholinesterase den Abbau von Acetylcholin verhindert, welches seinerseits die Natriumionen-Kanäle öffnet, hat es eine verstärkende und keine therapeutische Wirkung.

Dendrotoxin blockiert die Kaliumionen-Kanäle an der präsynaptischen Axonmembran und verhindert dadurch die Repolarisation der durch BTX depolarisierten Axonmembran. Es verstärkt also die BTX-Wirkung und kann ebenfalls nicht therapeutisch eingesetzt werden.

3.1 *Zur Lösung dieser Teilaufgabe müssen Sie Ihre Kenntnisse zur Temperaturregulation auf die Verhältnisse beim Frosch übertragen. Dazu ist es besonders wichtig, dem Material die Informationen zur Temperaturabhängigkeit von Fröschen als wechselwarmen Tieren zu entnehmen. Außerdem sollten Sie, z. B. aus der Wasseranalytik, wissen, dass die Löslichkeit von Sauerstoff im Wasser mit der Temperatur abnimmt und dass Stoffwechselprozesse durch Temperaturerhöhungen beschleunigt werden. Zur Beschreibung der Versuche fassen Sie zunächst den jeweiligen Versuchsansatz zusammen und beschreiben dann den Ablauf des Versuchs anhand der Abbildungen, ohne sich in Details zu verlieren. Zur Interpretation müssen Sie die beiden Versuchsansätze miteinander in Beziehung setzen und zu einer zusammenfassenden Deutung der Beobachtungen kommen, die Sie Ihre Überlegungen auf die Verhältnisse eines Sees im Winter übertragen.*

Beschreiben:

Versuch 1: In einem Gefäß, welches Wasser mit einer Temperatur von 20 °C enthält, befindet sich ein Teichfrosch. Knapp unter der Wasserfläche ist ein Drahtnetz flächendeckend eingehängt. Der zunächst untergetauchte Frosch versucht nach kurzer Zeit (10 min) an die Wasseroberfläche zu gelangen. Durch das eingehängte Drahtnetz wird er aber daran gehindert. Nach Entfernen dieses Hindernisses hält er den Kopf über die Wasseroberfläche.

Versuch 2: Der Versuchsansatz ist ähnlich wie bei Versuch 1. Allerdings wird das Wasser durch Eisstücke auf 5 °C abgekühlt. Unter diesen Versuchsbedingungen bleibt der Frosch nach 10 min auf dem Boden sitzen. Auch nach längerem Aufenthalt im Versuchsgefäß und dem Entfernen des Drahtnetzes versucht er nicht, an die Oberfläche zu schwimmen.

Interpretieren:
Durch die höhere Temperatur im Versuch 1 wird der Stoffwechsel des wechselwarmen Frosches gegenüber den Verhältnissen im kalten Wasser von Versuch 2 deutlich beschleunigt und sein Sauerstoffbedarf erhöht sich. Warmes Wasser enthält aber weniger Sauerstoff als kaltes. Die Hautatmung des Frosches reicht deshalb bei 20 °C nicht aus, um ausreichend Sauerstoff aus dem Wasser aufzunehmen. Er muss zusätzlich über die Lungen Sauerstoff einatmen. Dies ist ihm jedoch nur an der Luft möglich und er muss auftauchen.
Im kalten Wasser ist der Sauerstoffbedarf des Frosches durch die verlangsamten Stoffwechselprozesse deutlich geringer, außerdem ist bei 5 °C auch mehr Sauerstoff gelöst. Daher reicht die Hautatmung für die Sauerstoffversorgung aus, sodass der Frosch nicht auftauchen muss, was ihm aufgrund des stark verlangsamten Stoffwechsels auch schwerfallen dürfte. Ähnliche Verhältnisse wie in Versuch 2 findet der Frosch in seinem Habitat auch im Winter vor. Im kalten Wasser wird der Stoffwechsel erheblich verlangsamt, sodass die Hautatmung für den Sauerstoffbedarf ausreicht. Da der See von oben her zufriert, ist der Frosch im etwas wärmeren Tiefenwasser vor dem Erfrieren weitgehend geschützt.

3.2 *In der letzten Teilaufgabe müssen Sie nun die im Unterricht thematisierten Angepasstheiten bei limnischen und marinen Fischen durch Osmoregulation aktivieren und auf die Verhältnisse bei Süßwasserfröschen übertragen. Unter dem innerem Milieu ist hier die Salzkonzentration der Körperflüssigkeiten, wie Blut und Urin, zu verstehen. Gehen Sie am besten von den Angaben in der Tabelle bezüglich der osmotischen Verhältnisse beim Süßwasserfrosch und bei marinen Knochenfischen aus und arbeiten Sie zunächst die Unterschiede heraus. Zur weiteren Erklärung der Osmoregulation beim Frosch ziehen Sie dann die Informationen aus der Abbildung sowie Ihre Kenntnisse zur Osmoregulation bei Fischen heran, ehe Sie abschließend auf die Verhältnisse bei marinen Fischen eingehen.*

Erläutern:
Das Blut des Frosches ist hyperton gegenüber dem Außenmedium, also höher konzentriert. Der Frosch trinkt kein Wasser und sein Urin ist stark hypoton gegenüber seinem Blut. Das Blut des marinen Fisches ist hypoton gegenüber dem Außenmedium, also geringer konzentriert. Der Fisch trinkt viel salzhaltiges Wasser, sein Urin ist isoton gegenüber seinem Blut.

Für den Frosch ergeben sich zwei Probleme: Aufgrund des Konzentrationsunterschiedes zwischen Innen und Außen strömt über die Haut verstärkt Wasser in den Froschkörper und bringt ihn zum Anschwellen. Durch die notwendige Urinabgabe verliert er außerdem laufend gelöste Salze an das Außenmedium, das nur eine geringe Salzkonzentration aufweist. Da bereits ein passiver Wassereinstrom

stattfindet, trinkt der Frosch kein zusätzliches Wasser. Außerdem muss er den Ionenverlust durch den aktiven Transport von Ionen aus dem Außenmedium entgegen dem Konzentrationsgradienten ausgleichen. Dieser Transport findet über die Haut statt, wie die Abbildung zeigt. Außerdem kann der Frosch über aktive Transportprozesse Salzionen aus dem Urin zurückgewinnen.
Bei marinen Knochenfischen ergibt sich das Problem, dass sie aufgrund des Ionenkonzentrations-Gradienten Wasser an das Außenmedium verlieren. Um diese Verluste auszugleichen, sind sie gezwungen, Meerwasser zu trinken. Die hierdurch aufgenommenen überschüssigen Ionen werden über aktive Transportprozesse aus dem Körper ausgeschieden, während der Urin isoton zum Blut ist, also nicht der zusätzlichen, aktiven Salzausscheidung dient.

Pseudomonas, geschätzt und gefürchtet

Die zur Gruppe der Pseudomonaden gehörenden Bakterien sind in sehr vielen Lebensräumen anzutreffen. Während sie z. B. in aqatischen Ökosystemen eine große Bedeutung für den Stoffkreislauf haben, können sie als Krankheitserreger Verursacher von tödlich verlaufenden Infektionen sein. Mitverantwortlich für ihre Vielseitigkeit ist ihre erstaunliche Flexibilität im Hinblick auf die von ihnen genutzten Energiequellen. Im Folgenden sollen Sie sich mit ökologischen sowie immun- und stoffwechselbiologischen Aspekten dieser Bakterien beschäftigen.

1 Stoffwechselphysiologische Aspekte

1.1 Vergleichen Sie die Glykolyse mit dem in M 1 b dargestellten Entner-Douderoff-Weg von *Pseudomonas aeruginosa* (M 1 a) hinsichtlich der Endprodukte und der Energieausbeute einschließlich der Reduktionsäquivalente.

1.2 Entwickeln Sie eine begründete Hypothese zur Aktivität des Pyruvat-Dehydrogenase-Multi-Enzymkomplexes bei *Pseudomonas aeruginosa* im anaeroben Bereich unter Berücksichtigung von M 1 a.

2 Ökologische Aspekte

2.1 Fassen Sie die prinzipiellen Vorgänge in den in M 2 a dargestellten Reinigungsstufen einer Kläranlage zusammen.

2.2 Ermitteln Sie anhand der Daten aus M 2 b die Veränderungen der Ammonium- und Sauerstoffkonzentration sowie die Veränderung des BSB_5-Wertes nach Einleitung des Abwassers.

2.3 Deuten Sie unter Berücksichtigung von M 3 a die Messwerte aus M 3 b aus ökologischer Sicht. Entwickeln Sie eine begründete Hypothese zur Erklärung der jahreszeitlichen Schwankungen des bakteriellen Planktons in M 3 c unter Berücksichtigung von M 3 b.

2.4 Skizzieren Sie den Stickstoffkreislauf im Hinblick auf Ammonifikation, Nitrifikation, Denitrifikation, Stickstofffixierung und Stickstoffassimilation.
Werten Sie die experimentellen Befunde aus M 4 a und M 4 b unter Berücksichtigung von M 1 a im Hinblick auf die Stellung von *Pseudomonas aeruginosa* im Stickstoffkreislauf aus.

3 **Immunbiologische Aspekte**

3.1 Beschreiben Sie, wie es bei einer bakteriellen Infektion zur Bildung spezifischer Antikörper kommt.

3.2 Erläutern Sie das Herstellungsprinzip der in M 5a genannten monoklonalen anti-IgG-spezifischen Antikörper.
Erklären Sie anhand von M 5a und M 5b den Vorteil des ELISA-Tests bei der Bekämpfung einer Sepsis, bei der *Pseudomonas aeruginosa* als Erreger in Betracht kommt, aber noch nicht sicher identifiziert wurde.

M 1: Eigenschaften von *Pseudomonas aeruginosa*

M 1a: Allgemeine Information

Pseudomonas aeruginosa ist ein weitverbreitetes Bakterium feuchter Lebensräume. Man findet es in allen Arten von Gewässern und im Boden, wo es als Destruent eine wichtige Funktion hat. Bei Mensch und Tier kann es zu Infektionen führen. *Pseudomonas aeruginosa* kann als heterotrophes Bakterium viele Arten von Kohlenstoffverbindungen als Energiequelle nutzen. In Gegenwart von Sauerstoff zeigt es seine höchste Stoffwechselleistung. Es kann aber auch in Abwesenheit von Sauerstoff existieren und sich vermehren. Dabei betreibt *Pseudomonas* jedoch keine Gärung.

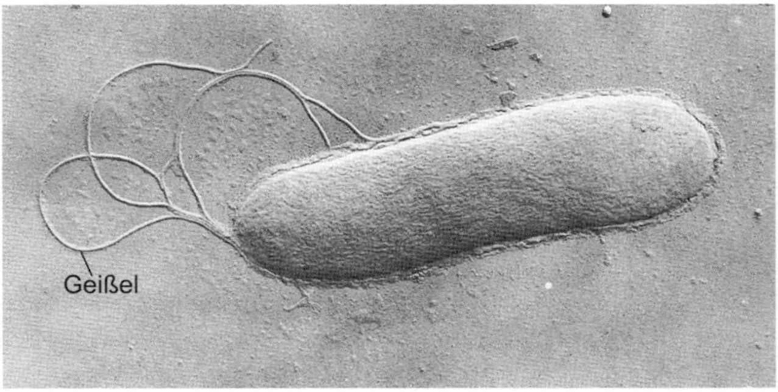

Abbildung: Elektronenmikroskopisches Bild von Pseudomonas aeruginosa

Courtesy D. L. Charbonneau and W. C. Ghiorse. Reproduced from Compendium of Turfgrass Diseases, 3rd ed. 2005. American Phytopathological Society, St. Paul, MN

Zusammengestellt und verändert aus:
Brock, T. D. u. a.: Biology of Microorganisms.
Prentice-Hall International Editions, London 1991, S. 755.
http://www.apsnet.org/bookstoretitles/EPPCS/Images/3-2i.htm (Stand 08/2009)

M 1b: Glucoseabbau über den Entner-Douderoff-Weg von *Pseudomonas aeruginosa*

Pseudomonas aeruginosa vermehrt sich im aeroben Milieu rasch. Glucose wird nicht über die Glykolyse, sondern über den Entner-Douderoff-Weg abgebaut.

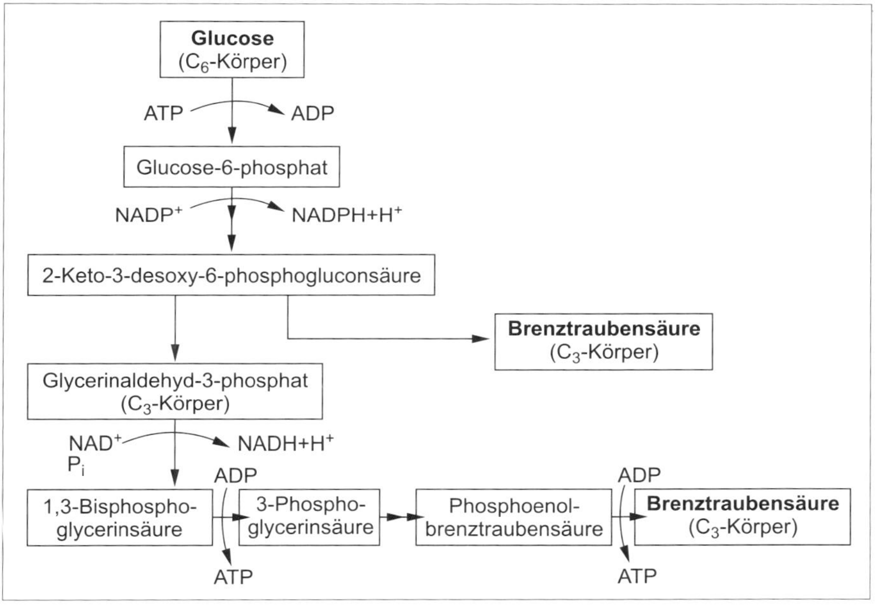

Verändert aus: Eschbach, M.: Molekulare Regulation und Biochemie des anaeroben Langzeitüberlebens von Pseudomonas aeruginosa. Dissertation Technische Universität Braunschweig, Braunschweig 2004, S. 8.

M 2: Fließgewässer

M 2a: Schemaskizze einer Kläranlage

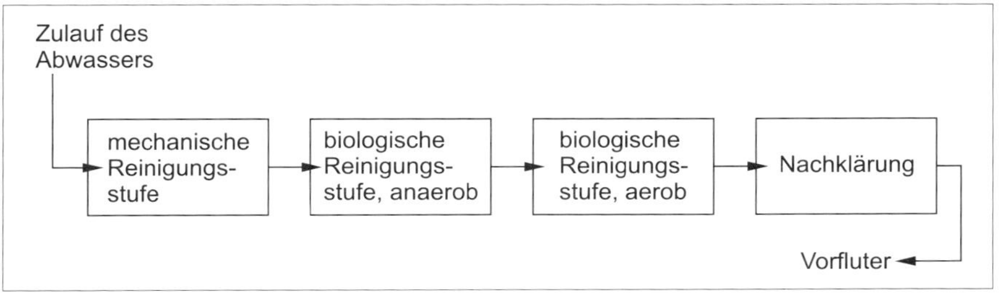

M 2b: Bakterienaufwuchs in einem Bach

Hinweis: Unter dem BSB_5-Wert versteht man den biologischen Sauerstoffbedarf einer Wasserprobe, ermittelt nach fünf Tagen. Dargestellt ist die Anzahl von Bakterien, die sich nach Aufnahme von organischen Verbindungen (Kohlenhydraten, Proteinen) durch deren Abbau ernähren. Das in den Bach eingeleitete Brauereiabwasser (bei 0 km in der nebenstehenden Abbildung) ist reich an organischen Verbindungen, es enthält aber praktisch kaum Bakterien. Die Strömungsgeschwindigkeit ist in dem gesamten Gewässerabschnitt annähernd konstant.

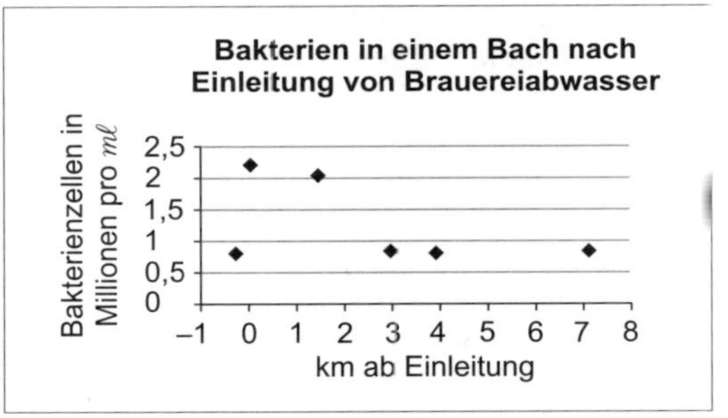

Verändert aus: Reichardt, W. und Simon, M.: Die Mettma – ein Gebirgsbach als Brauereivorfluter. Mikrobiologische Untersuchungen entlang eines Abwassersubstratgradienten. In: Archiv für Hydrobiologie / Supplement 42/1972), S. 129.

M 3: Ammonifikation durch Bakterien

M 3a: Bestimmung der bakteriellen Aktivität

Versetzt man eine Eiweißlösung mit Flusswasser, so stellt man fest, dass sich nach einiger Zeit Ammonium bildet. Diese Ammonifikation ist auf verschiedene Eiweiß spaltende Bakterienarten im Flusswasser zurückzuführen. Das Ausmaß der Ammoniumbildung hängt einerseits von der Stoffwechselleistung der Bakterien, andererseits von der Anzahl der im Flusswasser befindlichen Bakterien ab.

M 3b: Stoffwechselleistung ammonifizierender Bakterien

Die nebenstehenden Messergebnisse gehen auf eine Untersuchung zurück, die entsprechend dem Material M 3a durchgeführt wurde. Hier wurde eine Flusswasserprobe auf sieben Teilproben aufgeteilt und eine bestimmte Zeit lang bei unterschiedlichen Temperaturen gehalten. Danach wurde die Ammoniumkonzentration bestimmt.

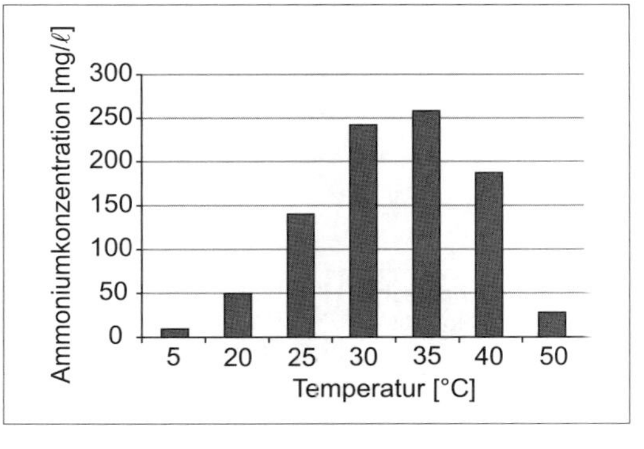

Verändert aus: Rheinheimer, G.: Mikrobiologische Untersuchungen in der Elbe. In: Archiv für Hydrobiologie/Supplement 29 (1965), S. 215.

M 3c: Bakteriendichte von Elbwasser im Jahresverlauf

In der unten stehenden Abbildung ist die bakterielle Aktivität von Elbwasser dargestellt. Der Versuchsansatz entspricht dem in M 3a beschriebenen. Hierzu wird eine Elbwasserprobe am Probenort (Bleckede, Niedersachsen) entnommen und eine bestimmte Zeit lang bei einer konstanten Temperatur von 36 °C gehalten. Die Menge des gebildeten Ammoniums kann dabei als ein Maß für die Bakteriendichte verstanden werden. Der Zufluss an organischen Verunreinigungen war im gesamten Beobachtungszeitraum weitgehend konstant.

Hinweis: Anders als das bakterielle Plankton vermehrt sich das Zooplankton erst oberhalb einer Temperatur von ca. 10 °C.

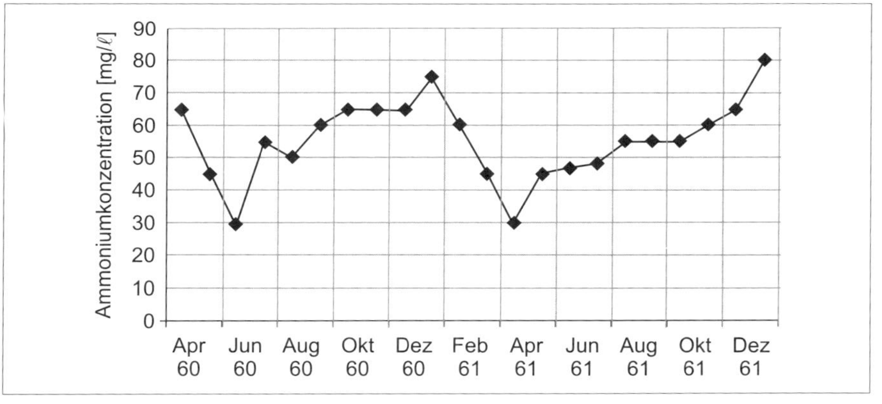

Verändert aus: Rheinheimer, G.: Mikrobiologische Untersuchungen in der Elbe. In: Archiv für Hydrobiologie/Supplement 29 (1965), S. 212.

M 4: *Pseudomonas aeruginosa* und Nitrat

M 4a: Experiment zur Wirkung von Nitrat auf *Pseudomonas aeruginosa*

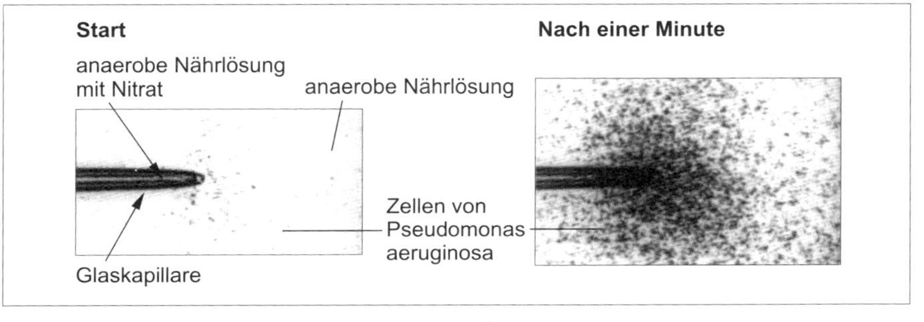

Verändert aus: Kato, J.: Pseudomonas Motility and Chemotaxis. In: Rehm, B. H. A.: Pseudomonas. WILEY-VCH Verlag, Weinheim 2008, S. 110.

M 4b: Vermehrung von *Pseudomonas aeruginosa*

Pseudomonas aeruginosa wurde unter zwei verschiedenen Bedingungen kultiviert. Die Nährlösung enthielt beide Male neben einer energiereichen Kohlenstoffverbindung noch Nitrat. Nach einiger Zeit wurde der Nitratabbau bestimmt.

Kulturbedingung	Abbau von Nitrat
aerob	30 nmol/min
anaerob	120 nmol/min

Verändert aus: Davies, K. J. P., Lloyd, D., Boddy, L.: The Effect of Oxygen … and Pseudomonas aeruginosa. In: Journal of General Microbiology 135 (1989), S. 2 448.

M 5: *Pseudomonas aeruginosa* als Krankheitserreger

M 5a: Diagnose einer Pseudomonas-Infektion

Bakterielle Erreger lassen sich durch Anreicherung in einem spezifischen Medium nachweisen. Dieses Laborverfahren liefert frühestens nach einem Tag ein sicheres Ergebnis. Außerdem lässt sich eine Infektion mit *Pseudomonas aeruginosa* mit Hilfe eines ELISA-Tests diagnostizieren. Hierbei wird die Eigenschaft ausgenutzt, dass alle bekannten Stämme von *Pseudomonas aeruginosa* mindestens eines der Antigene AP, Ela oder Exo besitzen. Hierzu wird zur Zeit folgendes Verfahren angeboten: Verdünntes Blutserum des Patienten wird auf drei Proben aufgeteilt und jeweils auf Testplatten pipettiert, die mit dem *Pseudomonas aeruginosa*-Antigenen AP, Ela und Exo beschichtet sind. Nach zweistündiger Inkubationszeit bei 37 °C werden die Testplatten gewaschsen und mit markierten anti-IgG-spezifischen Antikörpern versetzt. Die Inkubationszeit bei 37 °C beträgt zwei Stunden. Danach wird erneut gewaschen, gemessen und ausgewertet.

Verändert aus: Firma Mediagnost: Enzymimmunoassay für die qualitative und quantitative Bestimmung von humanen Antikörpern gegen Pseudomonas aeruginosa, Packungsbeilage, Reutlingen 2009, S. 5.

M 5b: Sepsis durch *Pseudomonas aeruginosa*

Wenn das Immunsystem des Wirts eingedrungene Bakterien nicht eliminieren kann, so weiten sich lokale Entzündungsherde aus, es kann zur Sepsis kommen. Eine Sepsis ist ein akut lebensbedrohlicher Krankheitszustand, der ohne Antibiotikabehandlung innerhalb sehr kurzer Zeit zum Tod des Patienten führen kann. Eine Sepsis kann durch verschiedene Bakterienarten ausgelöst werden, wobei aus den Symptomen der Sepsis nicht auf den Erregertyp geschlossen werden kann. Die meisten Erreger sind mit herkömmlichen Antibiotika zu behandeln. *Pseudomonas aeruginosa* dagegen ist gegen viele handelsübliche Antibiotika resistent. Gegen dieses Bakterium wirken Antibiotika, die aufgrund ihrer Nebenwirkungen sonst nicht zum Einsatz kommen.

Verändert aus: Brock, T. D. u. a.: Biology of Microorganisms, Prentice-Hall International Editions, London 1991, S. 755 f.

Lösung

Die Aufgabe beinhaltet die folgenden Schwerpunktthemen:

Stoffwechsel des Menschen

- *Zellatmung und Gärung: Prinzipielle Reaktionen in Glykolyse, Tricarbonsäurezyklus und Endoxidation; Regulation der Pyruvat-Dehydrogenaseaktivität, NADH als allosterischer Hemmstoff*

Gesundheit des Menschen

- *Zelluläre und humorale Immunantwort*
- *Vielfalt von Antikörpern und Immunzellen*
- *Moderne Analysemethoden der Biologie: Prinzip der Herstellung monoklonaler Antikörper, ELISA-Test*

Aquatische Ökosysteme

- *Ökologische Toleranzen: Toleranzkurven, stenök, euryök, ökologische Potenz*
- *Wechselwirkung zwischen Lebewesen: Nahrungskette, Nahrungsnetz; Produzenten, Konsumenten verschiedener Ordnung und Destruenten in ihrer funktionellen Bedeutung in einem aquatischen Ökosystem*
- *Veränderungen von Ökosystemen: Stickstoffkreislauf im Ökosystem See: Ammonifikation, Nitrifikation, Denitrifikation, Stickstofffixierung und -assimilation, Kenntnis entsprechender Moleküle und Ionen; Wirkungsweise einer Kläranlage*

1.1 *In dieser Teilaufgabe sollen Sie den Metabolismus der Glykolyse mit dem im Material dargestellten Dissimilationsprozess vergleichen.*

Sowohl die Glykolyse als auch der Entner-Douderoff-Weg nutzen als Ausgangsstoffe für die anaerobe Energiegewinnung die Glucose. Diese wird in beiden Dissimilationsprozessen zu zwei Molekülen Brenztraubensäure (BTS = Pyruvat) abgebaut. Als weitere Gemeinsamkeit wird in beiden Stoffwechselvorgängen unter Verbrauch von einem Molekül ATP im ersten Schritt Glucose-6-phosphat hergestellt. Außerdem wird für keinen der beiden Abbauwege elementarer Sauerstoff benötigt.

Die Energiebilanzen der Glykolyse und des Entner-Douderoff-Wegs unterscheiden sich in der Anzahl der gebildeten ATP-Moleküle. Bei der Glykolyse wird die Glucose zunächst unter Verbrauch von 2 ATP in zwei C_3-Körper gespalten, ein Molekül DHAP (= **Di**h**y**droxy**a**ceton**p**hosphat) und ein Molekül GAP (= **G**lycerin**a**ldehyd-3-**p**hosphat). Diese beiden Moleküle stehen in einem chemischen Gleichgewicht zueinander. Mithilfe einer Isomerase wird DHAP in GAP umgewandelt, wenn dessen Konzentration durch Weiterverarbeitung zu BTS sinkt. Dadurch wird die Glucose in der Glykolyse vollständig zu BTS abgebaut, wobei letztlich 4 ATP pro Glucosemolekül gebildet werden. Im Entner-Douderoff-Weg wird die zunächst aktivierte Glucose (Glucose-6-phosphat) in 2-Keto-3-desoxy-6-phosphogluconsäure umgewandelt, die daraufhin in ein Molekül BTS und ein Molekül GAP zerlegt wird. Die Umwandlung des GAP in BTS liefert 2 ATP, von denen eines aber für die Aktivierung der Glucose benötigt wird.

Die Bilanz dieses Stoffwechselweges weist also nur 1 ATP auf, das anderen Stoffwechselprozessen als Energieäquivalent zur Verfügung steht.
Auch hinsichtlich der Reduktionsäquivalente gibt es zwischen den beiden Glucoseabbau-Wegen Unterschiede. Während in der Glykolyse pro Glucosemolekül zwei Moleküle [NADH + H^+] hergestellt werden, entstehen auf dem Entner-Douderoff-Weg ein Molekül NADH und ein Molekül NADPH.

1.2 *Hier gilt es eine Vermutung aufzustellen, die die Aktivität des Multi-Enzym-Komplexes der Pyruvat-Dehydrogenase erklärt.*
Im Material findet sich keine Aussage über den Unterschied zwischen Pro- und Eukaryonten bezüglich der hier angesprochenen Stoffwechselvorgänge. Sie können daher davon ausgehen, dass Prokaryonten, analog zu den Ihnen bei Eukaryonten bekannten Abläufen, dazu in der Lage sind, Pyruvat mithilfe des Multi-Enzym-Komplexes abzubauen.

Der Multi-Enzym-Komplex der Pyruvat-Dehydrogenase katalysiert bei aeroben Eukaryonten die oxidative Decarboxylierung des Pyruvats zu Acetyl-Coenzym A. Dabei wird als Oxidationsmittel NAD^+ benötigt. Da das Bakterium beim Abbau von Glucose zu Pyruvat $NADP^+$ und NAD^+ reduziert, müssen diese Substanzen zunächst regeneriert werden, bevor sie als Cosubstrat für den Enzym-Komplex fungieren können.

Ausgehend davon, dass *Pseudomonas aeruginosa* unter aeroben Bedingungen die Elektronen des [NADH + H^+] auf Sauerstoff überträgt, unter anaeroben Verhältnissen aber keine Gärung durchführt, steht bei Sauerstoffzehrung kein NAD^+ für die Katalyse-Reaktion des Enzym-Komplexes zur Verfügung. Das Bakterium benötigt also einen anderen Elektronenakzeptor für die Reduktion des in der Glykolyse gebildeten [NADH + H^+]. Da *P. aeruginosa* zu den Denitrifikanten zählt (vgl. Aufgabe 2.4), könnte es Nitrat als Elektronenakzeptor verwenden, wodurch NAD^+ für die Pyruvat-Dehydrogenase bereitgestellt werden könnte.
Auf diese Weise ist gewährleistet, dass dem Multi-Enzym-Komplex stets genügend Cosubstrat zur Verfügung steht. Das Pyruvat, als Substrat der Pyruvat-Dehydrogenase, kann dann weiterverarbeitet werden. Dabei erhöht sich mit steigender Pyruvatkonzentration die Aktivität des Multi-Enzym-Komplexes. Die Aktivität bleibt erst ab einer Pyruvatkonzentration konstant, bei der alle Enzym-Moleküle durch Bindung des Substrats an ihr aktives Zentrum (nach dem Schlüssel-Schloss-Prinzip) einen Enzym-Substrat-Komplex bilden. Die Aktivierungsenergie für die Umwandlung von Pyruvat zu Acetyl-Coenzym A wird herabgesetzt.
Liegt jedoch zu viel [NADH + H^+] vor, da dieses aufgrund eines Mangels an Elektronenakzeptoren, wie z. B. Nitrat, nicht reduziert werden kann, kann NADH allosterisch inhibierend auf den Multi-Enzym-Komplex wirken. Seine Aktivität wird folglich herabgesetzt.

2.1 *In dieser Teilaufgabe müssen Sie Ihre Vorkenntnisse zu den Prozessen der Abwasserreinigung in einer Kläranlage in konzentrierter Form zusammenfassen.*

In der mechanischen Reinigungsstufe einer Kläranlage werden grobe Bestandteile des Abwassers, wie Sand, Schlamm und aufschwimmende Feststoffe, entfernt. Dies geschieht zumeist durch Rechen, die auf der Wasseroberfläche schwimmende Festkörper „abharken“ bzw. auf den Beckenboden sedimentierte Feststoffe zurückhalten.
In der anschließenden biologischen Reinigungsstufe werden gelöste organische Verunreinigungen durch Bakterien entfernt. Diese Verbindungen werden von den Bakterien unter Zufuhr von Luftsauerstoff dissimiliert. So werden Kohlenhydrate und Fette zu CO_2 und Wasser abgebaut. Beim Abbau von Proteinen fallen zusätzlich Ammonium- (NH_4^+) und Nitrationen (NO_3^-) an. Die Ammoniumionen werden durch die Bakterien mithilfe von elementarem Sauerstoff, der in das Belebungsbecken der Kläranlage geblasen wird, nitrifiziert. Das dabei entstehende Nitrit (NO_2^-) wird, ebenso wie Nitrat, aus der Proteindissimilation in einem anaeroben Bereich der biologischen Klärung zu elementarem Stickstoff (N_2) denitrifiziert, der als Gas entweicht. Die Bakterien verwenden die gelösten organischen Stoffe dabei als Nährstoffe zum Zweck der Energiegewinnung. Auf der Basis dieser Nahrungsgrundlage können sich die Bakterien vermehren.
In einem Nachklärbecken sinken die Bakterien zu Boden, von wo aus sie als Belebtschlamm aus dem Abwasser entfernt werden. Das so gereinigte Abwasser gelangt danach in den Vorfluter.
In dem vorgegebenen Beispiel erfolgt die aerobe Reinigung nach der anaeroben Klärung des Wassers durch denitrifizierende Bakterien. Der anfallende Belebtschlamm aus der aeroben Reinigungsstufe wird in solchen Kläranlagen nochmals dem anaeroben Bereich zugeführt, sodass hier sowohl genügend anaerobe Denitrifizierer vorliegen als auch genügend organisches Material.

2.2 *Diese Aufgabe verlangt die Formulierung eines Ergebnisses auf der Basis grafisch dargestellter Versuchsergebnisse.*

In dem Bereich vor dem Zufluss des Brauereiabwassers beträgt die Bakteriendichte ca. $0{,}8 \cdot 10^6$ Zellen pro $m\ell$ Bachwasser. Dicht hinter der Einleitungsstelle ist die Bakterienzahl fast dreimal so hoch ($2{,}2 \cdot 10^6$). Im weiteren Verlauf des Baches nimmt die Bakteriendichte wieder ab. In ca. 1,5 km Abstand zum Abwasserzulauf beträgt die Bakterienzahl etwas mehr als zwei Millionen pro $m\ell$. Nach 3 km Entfernung entspricht die Bakteriendichte wieder dem Ausgangswert vor der Einleitung des Brauereiabwassers.
Die große Bakterienzahl nach dem Abwasserzufluss ist auf die hohe Vermehrungsrate dieser Organismen zurückzuführen, die eine Folge des guten Nährstoffangebots durch das Brauereiabwasser darstellt. Die Bakterien zersetzen das organische Material des Abwassers unter Bildung von Ammoniumionen, weshalb deren Konzentration im Bachwasser nach der Abwassereinleitung steigt. Für diesen Ammonifikationsprozess benötigen die Destruenten Sauerstoff, sodass es im Bereich des Abwasserzulaufs zu einer erhöhten Sauerstoffzehrung

kommt. Der BSB_5-Wert einer Wasserprobe aus diesem Bereich ist folglich ebenfalls hoch. Im weiteren Verlauf des Baches sinkt die Bakterienzahl wieder, da Sauerstoff verbrauchende Dissimilationsprozesse abnehmen. In diese Bereiche gelangt nur noch wenig organisches Material aus dem Brauereiabwasser. Folglich sinkt auch der NH_4^+ -Gehalt im Wasser, während die Sauerstoffkonzentration wieder ansteigt. Der BSB_5-Wert des Gewässers sinkt somit bei zunehmender Entfernung von der Einleitungsstelle. Da die Bakteriendichte nach etwa 3 km den gleichen Wert wie vor dem Abwasserzulauf annimmt, ist davon auszugehen, dass das aus der Brauerei zugeführte organische Material auf dieser Strecke vollständig entfernt wird. Die Ammoniumkonzentration erreicht wieder ihren Ursprungswert. Der Sauerstoffgehalt des Gewässers und auch dessen BSB_5-Wert entsprechen den Werten im Bereich vor der Abwassereinleitung.

2.3 *Hier sollen Sie Untersuchungsergebnisse im Hinblick auf ökologische Zusammenhänge interpretieren. Anschließend gilt es, eine Vermutung aufzustellen, die die jahreszeitlichen Schwankungen der Messwerte erklärt.*

Die Grafik zeigt die Abhängigkeit der Ammoniumionen-Konzentration von Flusswasserproben von der Temperatur. Da der NH_4^+ -Gehalt ein Maß für die Stoffwechselaktivität ammonifizierender Bakterien darstellt, lässt sich aus dem Material folgern, dass der Toleranzbereich dieser Bakterien für die Eiweißspaltung die Temperaturspanne von 5 °C bis 50 °C umfasst. Oberhalb und unterhalb dieser Kardinalpunkte, die als Temperaturminimum und -maximum bezeichnet werden, kommt die Ammonifikation zum Erliegen. Temperaturen von etwa 35 °C stellen das Temperaturoptimum der Bakterien in Bezug auf diesen Dissimilationsprozess dar, da der Gehalt des Wassers an NH_4^+ bei dieser Temperatur am höchsten ist.

Das untersuchte Elbwasser zeigt im Jahresverlauf eine Abnahme der NH_4^+ -Konzentration vom zeitigen Winter bis zum späten Frühjahr (April, Juni) Anschließend steigt der NH_4^+ -Gehalt bis zum Januar des nächsten Jahres wieder. Da der NH_4^+ -Gehalt eines Gewässers als Maß für seine Bakteriendichte angesehen werden kann, muss auch die Bakterienzahl in diesem Gewässer vom Winter zum späten Frühjahr abnehmen und ab dem Frühsommer bis zum Ende des nachfolgenden Winters wieder steigen.
Das stellt zunächst einen Widerspruch zu dem Ergebnis dar, dass die Bakterien ihre höchste NH_4^+ -Produktivität bei warmen Temperaturen um 35 °C besitzen, weshalb zu erwarten ist, dass auch die Vermehrungsrate bei höheren Temperaturen am höchsten ist. Die Bakterien stellen jedoch die Nahrungsgrundlage des Zooplanktons dar, das sich im Verlauf des Frühjahrs bei steigenden Temperaturen und gutem Nährstoffangebot zu vermehren beginnt. Als Folge davon verringert sich die Bakterienzahl und damit auch die von diesen produzierte NH_4^+ -Menge. Der Anstieg der Bakteriendichte ab dem Frühsommer ist auf die Verminderung der Zooplanktonmenge durch sogenannte Sekundärkonsumenten zurückzuführen. Die sinkende Zooplanktonkonzentration zieht wiederum eine Erholung der Bakterienpopulation nach sich. Die ammonifizierenden Bakterien

können sich bereits bei Temperaturen von 10 °C gut vermehren. Diese Tatsache, zusammen mit der Verringerung der Zahl ihrer Fressfeinde, führt zu einer starken Erhöhung der Bakteriendichte in den Wintermonaten.

2.4 *Hier sollen Sie zunächst den Stickstoffkreislauf in Form eines Schemas darstellen. Anschließend geht es um die Einordnung von Pseudomonas aeruginosa in diesen Kreislauf auf der Basis der experimentellen Untersuchungsergebnisse zum Stoffwechsel des Bakteriums.*

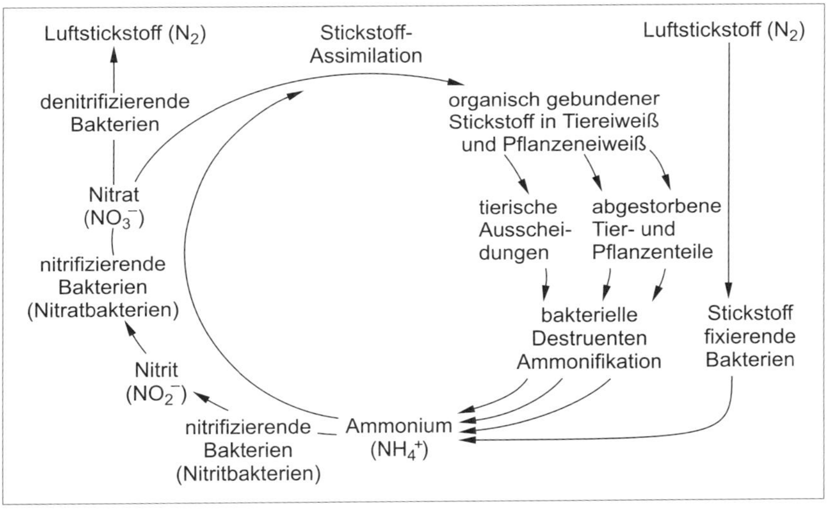

Pseudomonas aeruginosa bewegt sich unter anaeroben Bedingungen auf eine nitrathaltige Mineralsalzlösung zu, wenn diese dem Bakterium angeboten wird. Die Bakterienkonzentration um die Pipettenöffnung, über die die Nitratlösung zugeführt wird, steigt binnen einer Minute nach der Zugabe drastisch an (siehe M 4 a). Die chemotaktische Reaktion der Bakterien erfolgt durch den Schlag ihrer Geißel (vgl. Abbildung in M 1 a). Aus M 4 b ist ersichtlich, dass *P. aeruginosa* unter anaeroben Bedingungen, im Vergleich zu aeroben Verhältnissen, die vierfache Menge an Nitrat abbaut. Das Bakterium führt unter Sauerstoffmangel keine Gärung durch (siehe M 1 a). Es lässt sich folgern, dass es unter diesen Bedingungen seine Oxidationsäquivalente NAD^+ und $NADP^+$, die beim Glucoseabbau zu NADH und NADPH reduziert werden, regeneriert, indem es das Nitrat als Elektronenakzeptor verwendet. Unter aeroben Umweltverhältnissen wird das NADH zu NAD^+ oxidiert, wobei elementarer Sauerstoff als Elektronenakzeptor fungiert. Da aber in einem solchen Milieu auch Nitrat abgebaut wird, lässt sich vermuten, dass das Bakterium Nitrat zum Aufbau stickstoffhaltiger, organischer Verbindungen nutzt oder aber zur Oxidation des NADPH zu $NADP^+$.
Unter diesen Gesichtspunkten kann *Pseudomonas aeruginosa* im Stickstoffkreislauf sowohl als Denitrifikant als auch als Stickstoffassimilierer fungieren.

3.1 *In dieser Teilaufgabe geht es um die Darstellung der Prozesse der zellulären Immunabwehr, die die humorale Immunabwehr auslösen.*

Nach der Infektion mit einem Bakterium erfolgt eine erste Abwehr durch Makrophagen, die den Erreger phagozytieren. Anschließend präsentieren die Fresszellen Antigenfragmente (Epitope) des Erregers zusammen mit MHC-KlasseII-Proteinen auf ihrer Zellmembran. An diese Oberflächenstrukturen binden sogenannte T-Helferzellen. Sie besitzen auf ihrer Zelloberfläche spezifische Rezeptoren, die nach dem Schlüssel-Schloss-Prinzip an die Epitope des Antigens binden, das von den Makrophagen über das MHC-II-Protein präsentiert wird. Für diese Wechselwirkung besitzen die T-Helferzellen als weitere Hilfsstrukturen sogenannte CD4-Rezeptoren, die ihnen das Erkennen von Antigen tragenden MHC-II-Proteinen erleichtern. Durch die Bindung einer T-Helferzelle an einen das Antigen präsentierenden Makrophagen wird letzterer dazu angeregt, Interleukin 1 abzugeben. Dieser Botenstoff veranlasst die T-Helferzelle zur Vermehrung und zur Produktion von Cytokininen und Interleukin 2. Diese Botenstoffe stimulieren die B-Lymphozyten, die auf ihrer Membranoberfläche spezifische Antikörperstrukturen tragen, mithilfe derer sie ebenfalls nach dem Schlüssel-Schloss-Prinzip an die Antigene des Erregers binden können. Hat ein zu den Erregerantigenen passender B-Lymphozyt an das Erregerantigen gebunden, so präsentiert auch diese Immunzelle auf ihrer Oberfläche Antigenfragmente in Kombination mit MHC-II-Proteinen. Kommt es zum Kontakt zwischen einer zuvor aktivierten T-Helferzelle und dem Antigen tragenden B-Lymphozyten über ihre komplementären Oberflächenstrukturen, sezerniert die T-Helferzelle Cytokinine, die die B-Zellen zur Vermehrung anregen. Die daraus entstehenden Tochterzellen sind als Plasmazellen in der Lage, Antikörper zu produzieren, die die bakteriellen Erreger agglutinieren. Ein geringerer Teil der Tochterzellen verharrt über Jahrzehnte in Form von Gedächtniszellen, die bei einem Zweitkontakt mit dem Erreger umgehend mit der Produktion neuer Antikörper beginnen, die das Bakterium sofort inaktivieren. Durch Bindung eines Antikörpers an zwei Bakterienzellen kommt es zur Agglutination des Infektionserregers, wodurch dieser an der Vermehrung gehindert wird. Die Agglutinate werden nachfolgend von Fresszellen phagozytiert.

3.2 *Hier sollen Sie zunächst die Herstellung monoklonaler Antikörper veranschaulichend darstellen. Daran anschließend sollen Sie den Vorteil des ELISA-Tests bei einer P. aeruginosa-Infektion verständlich machen.*

Ein Mensch, der sich mit *Pseudomonas aeruginosa* infiziert hat, bildet in seinem Blutserum verschiedene Antikörper gegen die Erregerantigene. Da das Bakterium mindestens eines der Antigene AP, Ela oder Exo besitzt, werden unter den produzierten Antikörpern auch solche der Klasse IgG sein, die gezielt gegen eines dieser Antigene gerichtet sind. Da die Antikörperproduktion bei einer Erstinfektion zeitverzögert einsetzt, die Erkennung des Erregers aber möglichst schnell erfolgen muss, um eine Sepsis zu verhindern, müssen bereits geringe Konzentrationen der Antikörper im Blut nachgewiesen werden. Dazu benötigt man sogenannte anti-IgG-Antikörper. Diese werden hergestellt, indem einem Kaninchen das Blutserum des Patienten injiziert wird. Das Kaninchen bildet daraufhin Antikörper gegen die menschlichen Plasmaeiweiße und damit auch gegen eventuell vorhandene IgG-Antikörper, die gegen die spezifischen Erreger-Antigene gerichtet sind. Aus der Milz des Tieres werden anschließend die Antikörper produzierenden B-Lymphoyzyten entnommen und mit besonderen Krebszellen verschmolzen. Die daraus resultierenden Hybridzellen besitzen neben der Fähigkeit der Antikörperproduktion unbegrenzte Teilungsfähigkeit. Die so hergestellte Mischkultur unterschiedlicher Antikörper produzierender Hybridzellen wird auf ein Nährmedium aufgebracht. Auf diesem Medium vermehren sich nur die Hybridzellen, die Antikörper gegen die Immunglobuline G herstellen, die wiederum gegen die spezifischen Erreger-Antigene gerichtet sind.

Mithilfe des ELISA-Tests kann binnen vier Stunden ermittelt werden, ob *Pseudomonas aeruginosa* als Erreger vorliegt. Weil sich dieses Bakterium gegen viele handelsübliche Antibiotika als resistent erwiesen hat, ist seine schnelle Erkennung lebensnotwendig. Eine durch das Bakterium ausgelöste Sepsis kann nur durch den gezielten Einsatz eines speziellen Antibiotikums verhindert werden. Aufgrund der unterschiedlichen Nebenwirkungen von Antibiotika ist eine gezielte Abwägung der Vor- und Nachteile für den infizierten Organismus von wesentlicher Bedeutung. Wird das Medikament zu spät verabreicht, kann es das Immunsystem nicht mehr wirkungsvoll unterstützen, da dieses erst zeitverzögert effizient reagiert. Hat sich der Erreger bereits stark vermehrt, wäre gegebenenfalls ein Antibiotikumeinsatz in hoher Konzentration notwendig, was bei schweren Nebenwirkungen durch das Arzneimittel nicht mehr möglich wäre.

Sicher durch das Abitur!

Klare Fakten, systematische Methoden, prägnante Beispiele sowie Übungsaufgaben mit schülergerechten, kommentierten Lösungen zur Selbstkontrolle.

Mathematik

Analysis – LK	Best.-Nr. 940021
Analysis – GK	Best.-Nr. 94001
Analysis mit CAS	Best.-Nr. 540021
Analytische Geometrie (G9)	Best.-Nr. 40075
Analytische Geometrie und lineare Algebra 1	Best.-Nr. 94005
Analytische Geometrie und lineare Algebra 2	Best.-Nr. 54008
Stochastik (G8)	Best.-Nr. 94009
Stochastik – LK (G9)	Best.-Nr. 94003
Stochastik – GK (G9)	Best.-Nr. 94007
Wahrscheinlichkeitsrechnung und Statistik GK	Best.-Nr. 40055
Kompakt-Wissen Abitur Analysis	Best.-Nr. 900151
Kompakt-Wissen Abitur Analytische Geometrie	Best.-Nr. 900251
Kompakt-Wissen Abitur Wahrscheinlichkeitsrechnung und Statistik	Best.-Nr. 900351
Klausuren Mathematik Oberstufe	Best.-Nr. 900461

Deutsch

Gedichte analysieren und interpretieren	Best.-Nr. 944091
Dramen analysieren und interpretieren	Best.-Nr. 944092
Epische Texte analysieren und interpretieren	Best.-Nr. 944093
Erörtern und Sachtexte analysieren	Best.-Nr. 944094
Abitur-Wissen Prüfungswissen Oberstufe	Best.-Nr. 94400
Abitur-Wissen Deutsche Literaturgeschichte	Best.-Nr. 94405
Abitur-Wissen Textinterpretation Lyrik, Drama, Epik	Best.-Nr. 944061
Abitur-Wissen Erörtern und Sachtexte analysieren	Best.-Nr. 944064
Kompakt-Wissen Rechtschreibung	Best.-Nr. 944065

Französisch

Sprachmittlung · Übersetzung	Best.-Nr. 94512
Landeskunde Frankreich	Best.-Nr. 94501
Literatur	Best.-Nr. 94502
Themenwortschatz	Best.-Nr. 94503
Textarbeit Oberstufe	Best.-Nr. 94504
Abitur-Wissen Französische Literaturgeschichte	Best.-Nr. 94506
Kompakt-Wissen Kurzgrammatik	Best.-Nr. 945011
Kompakt-Wissen Abitur Themenwortschatz	Best.-Nr. 945010

Latein

Abitur-Wissen Lateinische Literaturgeschichte	Best.-Nr. 94602
Abitur-Wissen Römische Philosophie	Best.-Nr. 94604
Abitur-Wissen Prüfungswissen Latinum	Best.-Nr. 94608
Wiederholung Grammatik	Best.-Nr. 94601
Wortkunde	Best.-Nr. 94603
Kompakt-Wissen Kurzgrammatik	Best.-Nr. 906011

Physik

Mechanik	Best.-Nr. 94307
Elektrisches und magnetisches Feld – LK	Best.-Nr. 94308
Elektromagnetische Schwingungen und Wellen – LK	Best.-Nr. 94309
Atom- und Quantenphysik – LK	Best.-Nr. 943010
Kernphysik – LK	Best.-Nr. 94305
Elektromagnetische Felder, Schwingungen und Wellen · Photonen – GK	Best.-Nr. 94321
Quanten-, Atom- und Kernphysik – GK	Best.-Nr. 94322
Physik – Übertritt in die Oberstufe	Best.-Nr. 80301
Abitur-Wissen Elektrodynamik	Best.-Nr. 94331
Kompakt-Wissen Abitur Physik 1 Mechanik, Wärmelehre, Relativitätstheorie	Best.-Nr. 943012
Kompakt-Wissen Abitur Physik 2 Elektrizität, Magnetismus und Wellenoptik	Best.-Nr. 943013
Kompakt-Wissen Abitur Physik 3 Quanten, Kerne und Atome	Best.-Nr. 943011

Englisch

Themenwortschatz	Best.-Nr. 82451
Grammatikübung	Best.-Nr. 82452
Übersetzung	Best.-Nr. 82454
Grundlagen, Arbeitstechniken und Methoden mit CD	Best.-Nr. 944601
Sprechfertigkeit mit CD	Best.-Nr. 94467
Sprachmittlung	Best.-Nr. 94469
Klausuren Englisch Oberstufe	Best.-Nr. 905113
Abitur-Wissen Landeskunde Großbritannien	Best.-Nr. 94461
Abitur-Wissen Landeskunde USA	Best.-Nr. 94463
Abitur-Wissen Englische Literaturgeschichte	Best.-Nr. 94465
Kompakt-Wissen Kurzgrammatik	Best.-Nr. 90461
Kompakt-Wissen Abitur Themenwortschatz	Best.-Nr. 90462
Kompakt-Wissen Abitur Landeskunde/Literatur	Best.-Nr. 90463

Spanisch

Kompakt-Wissen Abitur Themenwortschatz	Best.-Nr. 945401

Sprachenzertifikat · DELF

Sprachenzertifikat Englisch Niveau B1 mit Audio-CD	Best.-Nr. 105550
Sprachenzertifikat Englisch Niveau A2 mit Audio-CD	Best.-Nr. 105552
Sprachenzertifikat Französisch DELF B1 mit MP3-CD	Best.-Nr. 105530

Interpretationen zu Schwerpunktthemen

Die optimale Vorbereitung auf das Abitur in Niedersachsen: Interpretationen zu Schwerpunktthemen in Deutsch. Mit Informationen zu Autor und Werk, ausführlicher Inhaltsangabe sowie einer systematischen Interpretation des Textes.

Dürrenmatt: *Die Physiker*	Best.-Nr. 2400651
Kleist: *Die Marquise von O.*	Best.-Nr. 2400471

(Bitte blättern Sie um)

Geschichte

Geschichte 1 – Deutschland vom 19. Jahrhundert bis zum Ende des Nationalsozialismus .... Best.-Nr. 84763
Geschichte 2 – Deutschland seit 1945 · Europäische Einigung · Weltpolitik der Gegenwart .... Best.-Nr. 84764
Methodentraining Geschichte .... Best.-Nr. 94789
Abitur-Wissen Die Antike .... Best.-Nr. 94783
Abitur-Wissen Das Mittelalter .... Best.-Nr. 94788
Abitur-Wissen Französische Revolution .... Best.-Nr. 947812
Abitur-Wissen Die Ära Bismarck: Entstehung und Entwicklung des deutschen Nationalstaats .... Best.-Nr. 94784
Abitur-Wissen Imperialismus und Erster Weltkrieg Best.-Nr. 94785
Abitur-Wissen Die Weimarer Republik .... Best.-Nr. 47815
Abitur-Wissen Nationalsozialismus und Zweiter Weltkrieg .... Best.-Nr. 94786
Abitur Wissen Deutschland von 1945 bis zur Gegenwart .... Best.-Nr. 947811
Abitur Wissen USA .... Best.-Nr. 947813
Abitur Wissen Naher Osten .... Best.-Nr. 947814
Kompakt-Wissen Abitur Geschichte Oberstufe .... Best.-Nr. 947601
Lexikon Geschichte .... Best.-Nr. 94787

Politik

Abitur-Wissen Demokratie .... Best.-Nr. 94803
Abitur-Wissen Sozialpolitik .... Best.-Nr. 94804
Abitur-Wissen Die Europäische Einigung .... Best.-Nr. 94805
Abitur-Wissen Politische Theorie .... Best.-Nr. 94806
Abitur-Wissen Internationale Beziehungen .... Best.-Nr. 94807
Kompakt-Wissen Abitur Politik/Sozialkunde .... Best.-Nr. 948001

Biologie

Biologie 1 – LK K 12 Genetik · Stoffwechsel · Ökologie .... Best.-Nr. 94701
Biologie 2 – LK K 13 Verhaltensbiologie · Evolution .... Best.-Nr. 94702
Biologie 1 – GK K 12 Zellbiologie · Genetik · Stoffwechsel · Ökologie ... Best.-Nr. 94715
Biologie 2 – GK K 13 Neurobiologie · Verhaltensbiologie · Evolution ... Best.-Nr. 94716
Methodentraining Biologie .... Best.-Nr. 94710
Chemie für den LK Biologie .... Best.-Nr. 54705
Abitur-Wissen Genetik .... Best.-Nr. 94703
Abitur-Wissen Neurobiologie .... Best.-Nr. 94705
Abitur-Wissen Verhaltensbiologie .... Best.-Nr. 94706
Abitur-Wissen Evolution .... Best.-Nr. 94707
Abitur-Wissen Ökologie .... Best.-Nr. 94708
Abitur-Wissen Zell- und Entwicklungsbiologie .... Best.-Nr. 94709
Kompakt-Wissen Abitur Biologie Zellen und Stoffwechsel · Nerven · Sinne und Hormone · Ökologie .... Best.-Nr. 94712
Kompakt-Wissen Abitur Biologie Genetik und Entwicklung · Immunbiologie · Evolution · Verhalten .... Best.-Nr. 94713
Kompakt-Wissen Biologie Fachbegriffe der Biologie .... Best.-Nr. 94714
Kompakt-Wissen Biologie – Mittelstufe .... Best.-Nr. 907001

Zentralabitur 2011

Optimale Unterstützung für Schülerinnen und Schüler bei der selbstständigen Vorbereitung auf das **Zentralabitur 2011 in Niedersachsen:**

- Wertvolle **Hinweise** zum Ablauf des Zentralabiturs 2011.
- **Original-Prüfungsaufgaben und Übungsaufgaben im Stil des Abiturs** machen mit den Inhalten vertraut und geben Gelegenheit zum selbstständigen Üben unter Prüfungsbedingungen.
- Ausführliche, **schülergerechte Lösungen** sowie hilfreiche Tipps und Hinweise zum Lösen der Aufgaben.

Abiturprüfung Mathematik EA mit CD-ROM Niedersachsen .... Best.-Nr. 35000
Abiturprüfung Mathematik GA mit CD-ROM Niedersachsen .... Best.-Nr. 35100
Abiturprüfung Physik mit CD-ROM Niedersachsen .... Best.-Nr. 35300
Abiturprüfung Deutsch – Niedersachsen .... Best.-Nr. 35400
Abiturprüfung Englisch – Niedersachsen .... Best.-Nr. 35460
Abiturprüfung Französisch – Niedersachsen .... Best.-Nr. 35500
Abiturprüfung Latein – Niedersachsen .... Best.-Nr. 35600
Abiturprüfung Biologie EA – Niedersachsen .... Best.-Nr. 35700
Abiturprüfung Biologie GA – Niedersachsen .... Best.-Nr. 35710
Abiturprüfung Politik-Wirtschaft – Niedersachsen Best.-Nr. 35800
Abiturprüfung Geschichte – Niedersachsen .... Best.-Nr. 35760
Abiturprüfung Erdkunde – Niedersachsen .... Best.-Nr. 35900

Pädagogik/Psychologie

Erziehungswissenschaft .... Best.-Nr. 94941
Grundwissen Pädagogik .... Best.-Nr. 92480
Grundwissen Psychologie .... Best.-Nr. 92481

Erdkunde

Erdkunde Atmosphäre · Relief- und Hydrosphäre · Wirtschaftsprozesse und -strukturen · Verstädterung .... Best.-Nr. 94909
Abitur-Wissen Entwicklungsländer .... Best.-Nr. 94902
Abitur-Wissen Die USA .... Best.-Nr. 94903
Abitur-Wissen Europa .... Best.-Nr. 94905
Abitur-Wissen Der asiatisch-pazifische Raum .... Best.-Nr. 94906
Abitur-Wissen GUS-Staaten/Russland .... Best.-Nr. 94908
Kompakt-Wissen Abitur Erdkunde .... Best.-Nr. 94901
Lexikon Erdkunde .... Best.-Nr. 94904

Wirtschaft/Recht

Wirtschaft – Unternehmen im Wirtschaftsgeschehen · Internationale Wirtschaftsbeziehungen .... Best.-Nr. 8485[illegible]
Abitur-Wissen Volkswirtschaft .... Best.-Nr. 9488[illegible]
Abitur-Wissen Rechtslehre .... Best.-Nr. 94882
Kompakt-Wissen Abitur Volkswirtschaft .... Best.-Nr. 948[illegible]1
Kompakt-Wissen Abitur Betriebswirtschaft .... Best.-Nr. 924[illegible]1

Bestellungen bitte direkt an:

STARK Verlagsgesellschaft mbH & Co. KG · Postfach 1852 · 85318 Freising
Tel. 0180 3 179000* · Fax 0180 3 179001* · www.stark-verlag.de · info@stark-verlag.de
*9 Cent pro Min. aus dem deutschen Festnetz, Mobilfunk bis 42 Cent pro Min.
Aus dem Mobilfunknetz wählen Sie die Festnetznummer: 08167 9573-0

Lernen · Wissen · Zukunft
STARK

20-V03